身边的数学译丛

数学与现实世界：进化论的视角

[以] 兹维·阿特斯坦（Zvi Artstein） 著
程晓亮　张传兴　胡兆玮 译

机 械 工 业 出 版 社

本书以历史顺序，展现了从古至今数学与现实世界之间的重要联系. 书中包含丰富的现代数学及其应用，同时揭示了人类进化对于数学既是一种促进又是一种障碍，数学严密的逻辑结构与人类进化所塑造的思考方式背道而驰，从而也解释了数学学习的困难所在和正确的数学学习方式.

Mathematics and the Real World: The Remarkable Role of Evolution in the Making of Mathematics.

Amherst, NY: Prometheus Books, 2014. Copyright© 2014 by Zvi Artstein.

All rights reserved. Authorized translation from the English-language edition published by Prometheus Books. China Machine Press recognizes the following registered trademarks mentioned within the text: IBM®, NBA®, and Philadelphia 76ers®.

本书由 Prometheus Books 授权机械工业出版社在中华人民共和国境内（不包括香港、澳门特别行政区及台湾地区）出版与发行. 未经许可之出口，视为违反著作权法，将受法律之制裁.

北京市版权局著作权合同登记：图字 01-2016-6516 号。

图书在版编目（CIP）数据

数学与现实世界：进化论的视角/（以）兹维·阿特斯坦（Zvi Artstein）著；程晓亮，张传兴，胡兆玮译. —北京：机械工业出版社，2018.12
（身边的数学译丛）
书名原文：Mathematics and the Real World: The Remarkable Role of Evolution in the Making of Mathematics
ISBN 978-7-111-61513-2

Ⅰ. ①数… Ⅱ. ①兹…②程…③张…④胡… Ⅲ. ①数学 Ⅳ. ①O1

中国版本图书馆 CIP 数据核字（2018）第 267970 号

机械工业出版社（北京市百万庄大街 22 号 邮政编码 100037）
策划编辑：韩效杰 责任编辑：韩效杰 陈崇昱 任正一
责任校对：郑 婕 封面设计：陈 沛
责任印制：孙 炜
北京联兴盛业印刷股份有限公司印刷
2019 年 8 月第 1 版第 1 次印刷
169mm×239mm · 18 印张 · 298 千字
标准书号：ISBN 978-7-111-61513-2
定价：69.00 元

电话服务	网络服务
客服电话：010-88361066	机 工 官 网：www.cmpbook.com
010-88379833	机 工 官 博：weibo.com/cmp1952
010-68326294	金 书 网：www.golden-book.com
封底无防伪标均为盗版	机工教育服务网：www.cmpedu.com

译者序

本书作者阿特斯坦是以色列魏茨曼科学研究所杰出的教授，原书是希伯来文，本次的中文翻译参照的是英文翻译版本. 这既是一部以进化论观点阐述数学发展的著作，又是一部探讨数学在进化中的重要角色的论著. 全书从历史和哲学的视角，游走于数学的发展与自然选择之间，涵盖了纯粹数学与应用数学、天文学、物理学、生物科学、认知科学和教育科学等众多领域.

全书以简明的语言、严密的论述以及详细的注解生动活泼地讲述了数学与现实世界之间的重要联系，包括人类重大建筑中的数学、从古至今天体模型中的数学、现代物理学中的数学、人类行为中的随机数学、数学与计算机、教育行为中的数学，等等. 通过阅读这部著作，我们能以全新的角度审视数学与现实世界，认识各门学科与数学之间千丝万缕的联系与渗透，无论是出于简单了解还是专门研究，研读本书都将受益匪浅.

在本书的翻译过程中，我们得到了机械工业出版社的充分信任以及热情鼓励与支持，还得到了吉林师范大学数学学院同事们的大力帮助，在此表示衷心的感谢. 同时也要特别感谢众多学生在本书的初稿形成与修改中给予的帮助，他们既是翻译过程的参与者，又是本书的第一批读者. 由于译者语言文字水平以及对全书的把控能力有限，翻译中定会有诸多纰漏与不足之处，恳请读者批评指正！

译者

前　言

有许多与数学有关的幽默故事. 其中我最喜欢的一个是关于三个已经宣判要被绞死的人，这三个人中一个是工程师，一个是建筑师，一个是数学家. 在被执行死刑的前夜，看守询问他们死前的最后一个请求. 工程师的请求是展示他所设计的一款新机器，这款机器在不需要人类任何监管的情况下可以做各种类型的家务. 看守承诺在第二天执行绞刑之前，他将有一个小时的时间来向监狱里的工作人员以及那两个即将被执行死刑的狱友展示他的机器. 建筑师请求可以讲解他的新概念居所，一个能够保证冬暖夏凉，而且不需要制冷燃料的现代化住宅. 看守再次承诺在第二天执行死刑之前，他也将有一个小时的时间来对监狱员工以及他的那两个即将被执行死刑的狱友来阐明其想法. 而数学家说他最近证明了一个数学定理，这个定理将撼动整个数学的根基，他想在一次演讲中向聪明的观众解释他的证明. 看守最初同意了，但是建筑师和工程师开始咆哮抗议，“我们希望今天晚上能提前执行绞刑!”

这个故事之所以吸引我，是因为它反映了公众对数学的普遍态度，即就数学而言，我们寄希望于从课本和讲座中得到知识. 至于为何会有这样的态度，后面我们将给出一些原因，这里仅仅注意到，即使在学校中，数学知识还是在以课本和讲座的方式灌输给学生，而且它也与其他学科有很大的不同. 在学校，学生被期待通过做数学练习来显示他们已经理解了所学的数学内容. 其他学科，比如历史、文学，甚至是生物学却不会要求做这样的练习. 这就造成了人们的一种印象，如果不进行解题训练，听数学课或者数学演讲就是毫无意义的. 数学是这样一门学科，如果对于已经学习的内容不做练习，而只是直观上的理解，是不能被承认已经理解了所学内容的. 然而，对于其他学科和一般原理，我们却能够接受这样的事实，即不需要进行练习就能够通过直观来掌握所学知识. 这种观点是错误的，而且容易对人们产生误导，这对数学来讲也是不公平的．此外，这种观点也与职业数学家的认识相违背．当然，他们必须对其所研究的主题有深入的理解，但是对其他的数学领域有一个直观的理解也是有必要的．下面我将会做一个类比，当读者阅读这本书时，希望你们一直记住这个类比．

我喜爱古典音乐，会定期去听以色列爱乐乐团的音乐会，无论是现场的表演还是录音带我都非常喜欢．我不懂音乐，不知道音乐的详尽历史，也不知道不同作曲家们的生平．但我坚信的是，那些识乐谱并且非常熟悉音乐历史的人一定有自己欣赏音乐的方式，在某种程度上他们的欣赏方式与我的方式是不同的．我并不确信他们是否比我更加享受这些音乐，举个例子来说，对于弹奏的任何音符，稍微不够精准的，他们都会发觉，然而我却完全注意不到．虽然与专家对艺术的理解水平不在一个层面上，但是我却非常享受音乐．这种享受或许不是来自纸面上的音符，而是来自曲调．不是单纯的“树木”与“树木”，而是“森林”．同样，在这本书里几乎没有任何的“音符”或是“树木”，主要是“曲调”和“森林”．如果本书中有一个或者几个“音符”偶尔出现，在对整个文章大意不产生影响的情况下，可以把它跳过去．

本书的不同章节之间是有联系的，我是以这样的理念来呈现内容的，即书中的每一节也都是独立的，可以不依赖于其他章节来单独阅读．章标题和节标题都表明了其所阐述内容的中心思想．显然要从第一章开始阅读本书，但是随后读者就可以直接阅读第五章或者跳到第六章，甚至直接跳到最后一章．

自然地，像这样一本书不能在没有以下因素的情况下写就，如信息、观点的碰撞以及各种帮助，这些帮助来自于朋友、同事、学生，还有我所开设的有关书中主题的各种研讨会中那些听过演讲的人，我的翻译、编辑、出版团队，当然还有我的家庭．对我来说，还有太多的人，在此不能一一列举．真诚地感谢所有帮助过我的人．

整本书主要是讲述什么呢？这本书致力于阐述自然界中的数学和数学的本质，以及它们之间的内在关联．我们会同时从历史的视角和当前研究两个方面出发，来描述数学与现实世界以及我们社会生活之间的联系．书中的讨论也会涉及与数学息息相关的科学领域和社会领域．因此，我们也会用数学来描述科学事实与社会情况．当我们只是致力于阐述各个领域的数学问题时，这里的陈述就不会是透彻详尽的．书中的讨论也会不时地伴随着这样的问题，即人类的进化对数学发展与应用的影响程度．我们还会审视这样的观点，即在数百万年的进化中，人类思想被塑造的方式影响了人类的数学能力和数学形式，一种易于形成与理解的数学形式．我们也认为，很大程度上，人类理解数学的其他某个领域有一定的困难，其中进化是有责任的．我们会尝试着用最少的音符谱写出动人的乐章．

兹维·阿特斯坦
魏茨曼科学研究所

目　录

第一章

进化、数学与数学的进化

- 进化能够影响数学吗?
- 马会算术吗?
- 老鼠呢?
- 婴儿可以做加减法吗?
- 哪一种矩形会使我们感到愉悦?
- 为什么婴儿会觉得小丑可怕?
- 爱尔兰的绵羊是什么颜色的?
- 在4，14，23，34，42，50，59，…这个数列中，下一个数字是什么?
- 如何化圆为方（求与已知圆面积相等的正方形)?
- 怎样让视错觉为科学做贡献?

1. 进化

进化理论的提出归功于查尔斯·罗伯特·达尔文（Charles Robert Darwin，1809—1882)，但是达尔文也不是最先开始进行进化研究的人. 所罗门王（King Solomon）说："日光之下并无新事."（《传道书》Ecclesiastes 1:9）这是一条哲学的声明，暗指世界处于一种不断变化的状态中. 在任何给定的时间中，我们能看到我们周围的情景，我们也遵循发生在我们生命中的变化，并且我们可以意识到在一段时间内发生的变化，但我们却无法直接观察到. 那些有关过去发生的变化的证据常常让我们能够推断出这些变化发生的原因. 这适用于物质世界，比如岩石、植物和动物，也适用于社会，包括行为模式、时尚、文学、药物试验和科学. 这些改变都根据自身的原理而发生. 有时对于我们来说，什么生存下来了、什么变化了、什么消失了都是再明显不过的了，但要想辨别出它们的原理却并不总是那么简单.

让我们以地球表面为例. 一些岩石存在多年，然而其他岩石却被风化、侵蚀殆尽．是什么使它们变得不同的呢？显然是不同的质地决定了它们生存能力的不同．玄武岩会一直存在，然而石灰石却会粉碎．不会有沙丘存在于山顶，因为它们会被风吹走．我们可以说这是物竞天择，适者生存．我们可以推断出由玄武岩构成的山峰在生存竞争中具有更大的优势．这一关于岩石的论断在研究领域中是微不足道的，我们并不经常研究岩石的生存能力．但是我们得出的结论是，无论是岩石还是人类社会，更能适应环境就意味着更容易生存．历史学家穷尽了人类历史，试着去理解为什么一个特定的社会形态还存在，而其他的却消失了，他们的结论通常会提及通过战争而获得留存下来的优势．我们也可以了解到社会或者物种从它的本质特性中发展起来所需要的条件．同样地，从它发展的条件，我们也可以了解到让它在竞争中胜出的优势．

达尔文对进化论做出了重大贡献，他发现了不同物种改变和进化的原理．不像拉马克（Lamarck），他认为每一个物种都会去适应环境，并且它们的特征从诞生一直保留到灭绝．达尔文对于每个物种都会经历的改变提出了一种不同的原理．这种原理有两个主要因素：突变和选择．在繁衍过程中个体经历突变，这使得它们的自身特征产生一种随机而普遍的微小变化．拥有最适合环境特征的个体以最快的速度繁衍，这就构成了一种选择，这种选择导致每个物种在连续遗传过程后能更好地适应环境条件．在对同一种食物资源进行竞争的物种之中，只有最适应环境的物种才会生存下来．

查尔斯·罗伯特·达尔文出生于英国小镇什鲁斯伯里的一个颇有地位的家庭中，他的父亲罗伯特是一个富有的内科医生．他的祖父伊拉兹马斯·达尔文（Erasmus Darwin）在查尔斯出生之前就去世了，但是他的手稿被查尔斯获得．伊拉兹马斯是一个哲学家、自然主义者，他支持由法国自然主义者让-巴普蒂斯特·拉马克（Jean-Baptiste de Monet，Chevalier de Lamarck，1744—1829）提出的进化论．年轻的查尔斯接触到这些科学研究，但他并不是一个勤勉的学生．相对于投身研究，他更喜欢去探索自然，收集不同的标本，特别是不同种类的甲壳虫．23 岁时他作为科学家被邀请加入了一支航海探险队，船名叫作贝格尔号（Beagle）．探险的主要目的是为英国皇室画出澳大利亚和南美洲的海岸线．他的工作是收集和分类地质学、动物学和植物学的样本．在航海的过程中，达尔文记下了发现的相似且不同的物种，特别是在加拉帕戈斯群岛附近区域中．就是在那里他构思出了由突变和选择组成的进化论雏形．这也标志着达尔文的动植物进化论的发展受到了政治哲学家托马斯·马尔萨斯（Thomas Malthus，生活在达尔文时期的半个世纪以前）的人类社会的人口统计和经济发展相关理论的深远影响．在达尔文的自传中也表现出他是一个谦逊又有智慧的人，在他的陈述中充满了对于进化论的深刻理解，这超出了他所掌握的知识水平．例如，他提到，年长于他的同事莱纳德·杰宁斯（Leonard Jenyns），他们之间有过很多关于自然的讨论，他写道："最开始我不喜欢他，由于他有点尖刻和冷酷的表达，第一印象是难以改变的，但是我完全错了．"在这本书中还继续讨论了有关第一印象难以改变和进化之间的联系．

虽然达尔文向他的同事们分享了他对进化的看法和他所发现的能支撑进化理论的丰富论据，他的同事中不乏一些在那个时代非常知名的英国科学家，但达尔文却拒绝出版他的发现．达尔文同意只有在阿尔弗莱德·华莱士（Alfred Wallace）提交出版论文之后再出版他的理论．华莱士是一个年轻的自然研究学者，经历了很多次从南美到远东的航海，他的论文中包含了一些和达尔文相近的想法，但理论基础却十分薄弱．达尔文的朋友意识到这件事，并且催促他尽快出版他的书《物种起源》．因此，当这一理论首次发布时，华莱士的文章和达尔文的理论同时出现了．

达尔文之所以长时间犹豫要不要出版他的理论是有一些原因的．一方面是源自与宗教信仰之间可能产生的矛盾，即不同物种的存在是因为它们被创造出来时就是这样的．达尔文的妻子艾玛（Emma）有着十分热诚的宗教信仰，达尔文不希望让她伤心．他对于发表进化论的犹豫还有另一个同样重要的原因，那就是尽管他拥有的可支配的财富能维持进化论的研究，但这一理论的有些方面还是没有被论证的，而且缺少一个科学的依据．尤其是达尔文不能提供出导致突变的生物理论．这个生物理论直到20世纪中期才被发现，即某种DNA分子中的基因编码在重新组合时会产生随机性的突变．

基因的突变与选择是现代人们对植物与动物进化过程理解的基础．基因带来的特征对于每一个生物的生存和发展都是至关重要的．整体的基因和它们表现的方式有时是对环境的反应，这就确定了物种的特征．基因的改变使得物种发生变化，然而，除了基因自身的突变以外，关于进化还有很多需要学习的内容．通过学习物种生存、发展以及在物种竞争中存活下来的条件，我们可以了解到，物种的特征被编码到基因上并代代遗传．这一点换个角度看也是正确的，即在任何给定时刻，可见的基因特征都能让我们了解到在什么条件下物种才能够发展．

下面的例子显示了我们如何学习到物种发展的条件和它们如今的特征之间的联系．几年前，我去加拉帕戈斯群岛旅行时偶然发现了这样的例子，即有关于鸟类的求偶过程．

左边图片中岩石上的鸬鹚不会飞，它住在靠近海边的悬崖上，那里的风十分强劲．它所需要的能力就是找到小树枝来建造家园，这对于在严酷环境中生长的它们来说是至关重要的．在它的求偶期，雄性鸬鹚会向未来的配偶展示自己是如何收集小树枝的，以此显示其建造它们共同家园的能力．雌性鸬鹚只有当雄性向它展示了这一能力之后才会对其加以回应．中间的图片是军舰鸟，在它的求偶期，雄鸟会鼓起自己的喉囊直到它看起来像一个巨大的红色气球，它做这件事是为了向未来的配偶展示自己的肺部力量以及长途飞行时从水面上叼起鱼类的能力．右边的图片是蓝脚鲣鸟，在求偶期它展示了完全不同的能力，雄鸟培育鸟蛋并用大脚盖住鸟蛋来保护它们．因此，它会向自己的未来伴侣展示它脚的大小与形状，以此来证明它保护鸟蛋的能力．它们会一起抵御外敌、克服无处栖身以及恶劣的天气等困难．

这些例子都说明，我们如今所看到的动物特征和行为模式暗示了那些特性在动物进化过程中的重要性，也向我们展示了这些物种是如何在生存竞争中存活下来的．

使动物在物种竞争期间获胜的基本特征是被编码到基因中的，我们可以称其为天赋．猎豹的速度、鹰的眼睛、猫爬树的能力都是天赋．跑得快是猎豹与生俱来的最基本的能力．它也会从父母那里得到帮助来学习需要害怕什么、怎样打猎，甚至怎样奔跑更有效率．但是最基础的特征：速度和捕猎能力是被编码到基因中的．与之相同的是，猫的基因让它能够学习如何去抓住老鼠，一只老鹰先天的特征使得它有敏锐的视觉，使其能从一个很高的地方去鉴别一个隐藏着的猎物．学习只会改善和提高先天的特性，每个物种的特性能够使我们了解物种成长的条件．同样地，了解物种成长的条件能够使我们了解进化特性．

假设动物身体的特性是刻在基因中的先天特性的说法是合理的，同理，也可以将其应用于一些精神的特性上．精神和社会技能也在生存竞争中扮演着重要角色，所以这也是物种选择强化特性并以此来帮助其打败其竞争者的原因. 特别地，在繁殖过程中精神上的特性也能通过突变被改变，甚至被提高. 在接下来的部分中我们将从进化方面测试人类在数学上的能力. 我们将要讨论的是，理解并使用数学是否就是进化发展的结果，或者说数学是否是为了解一时之需而由大脑功能衍生出来的副产品.

2. 动物世界中的数学能力

如果数学能力在进化斗争中做出了贡献，并带来了当前人类在各个物种中所占据的优势地位，那么可以认为其他生物也拥有一定程度上的数学能力. 但是数学能力是什么意思呢？数学是一个广泛的话题和概念上的理论. 因此，问题是哪些数学特征能够提供进化的优势？后续的问题是，我们如何能鉴别动物中的这些数学能力？

最基本的数学能力是计数. 它是在理解了数字这一抽象研究对象的概念以及拥有进行简单算术运算（例如加法和减法）的能力之后才有的. 我们将从成年动物开始讨论这些简单计数能力的存在. 母猫把小猫从一个地方移动到另一个地方时，一般都不会忘掉一两只小猫，当它完成移动时，通常不会再回来检查是否移走了所有的小猫. 它可能是能够单独记住它们中的每一个，但母猫对数量很敏感这种说法更为合理. 定量估计的本能显然提供了进化优势，因此我们不该惊讶于成年动物能够拥有这种能力. 但是这种能力又能否延伸出计数和执行算术操作的能力呢？

在举出几个令人信服的例子来表明一些动物有数学能力之前，有一个警告. 一般的实验结果，特别是动物实验的结果应该非常小心地加以解释. 一个众所周知的例子是“聪明的汉斯（Clever Hans）”（关于这个故事以及本节后面提到的研究的更多细节和参考资料，可以在 Dehaene［1997］和 Devlin［2000］的专著中找到）. 19 世纪末，一匹被称为“聪明的汉斯”的马在德国巡回展览，其教练为威廉·冯·奥斯顿（Wilhelm von Osten）. 这匹马明显地展示出了其在加法、减法、平方、简单除法等方面的非凡能力，所有这些都具有非常高的成功率，这匹马有时也会出错，但是这些错误却出现得不是很频繁. 这匹马展示其能力的方法是：当读出或在板子上写出练习题时，它会用马蹄子的敲击次数对应答案中的正确数字. 有人怀疑，这种行为只是一个聪明的骗局，教练以某种方式或其他人设法给马正确的答案．为了验证这匹马的行为，人们成立了一个官方委员会，它由名为卡尔·斯图姆夫（Carl Stumpf）的心理学家领导，其成员包括柏林动物园的园长．委员会检查马是否可以在教练不在场的情况下解决问题，结果发现，教练不在场时，马仍然可以给出正确的答案．由此得出的结论是，一些动物具有相当高的数学能力．随后，在 1907 年由另一位名为奥斯卡·方斯特（Oscar Pfungst）的心理学家所做的更详细的测试表明，马并不知道数学．训练师确实可信赖并且诚实，但这匹马已经学会了去区分他的面部表情以及当其不在场时观众的面部表情中的无意识的变化．当马的蹄子敲击达到正确的数量时，马可以从那些人的面部表情中理解到．训练师或观众的存在是极其重要的．奥斯卡·方斯特发现，如果训练师看起来紧张的话就是答案错误，可见马作答的根据是面部表情而非正确答案．鉴于这种情况，他所开发的研究方法现在被认为是心理研究的突破．

更加坚实的科学实验已经证明，一些动物确实具有数学能力．德国动物学家奥托·科勒（Otto Koehler，1889—1974）早在 20 世纪 30 年代就证明，某些鸟类可以识别具有给定数量元素的集合．显然，训练一只鸽子在面对多堆种子时，从中选择出每三粒一堆的种子并不困难．松鼠也可以被训练，使得其面对包含不同数量的坚果的盒子时，可以选择具有正好五个坚果的盒子．这些动物的数字识别能力是有限的．科勒自己发现，即使是最有能力的动物也不能鉴别超过 7 个元素的集合．通过查阅相关文献，这个数字也与人类大脑可以处理的信息单元的数量有关．数字 7，将在类似的情况中再次出现．然而，这些实验证明了动物估计数量的数学能力，但是尚未证明它们计数或掌握数字的抽象概念的能力．

我们知道，成年乌鸦已经能够在一定限度内计数．食物放在建筑物附近，乌鸦很快就知道，当有人在建筑物内时，尝试接近食物是危险的．虽然它不能看到建筑中的情况以检查是否有人在里面，但它可以看到有人进入或离开．著名的文献资料中记载（必须说明，这是没有经过科学检验的）：几个人一个接一个地进入了建筑物．只要他们留在建筑物中，乌鸦就不会接近．建筑物里的人们一个一个地离开．只有当乌鸦准确地知道进入建筑物的所有人都已经离开后，它才会接近食物．显然乌鸦计数的准确性是有限度的，就像人类对于确定大数字的能力是有限度的一样．乌鸦以这种方式计数的量可高达 5 或 6，且具有高度的准确性．在这个示例中，乌鸦识别具有给定数量的元素的集合的能力，而这在其他物种的实例中也得到了证明，并且与进化优势是一致的.

计数的能力显然在生存斗争中会获得优势，但这在鸟类世界中是如何起源的我们不得而知. 毕竟，在乌鸦的进化中，并不知道它们多长时间才会遇到这种情况，即不得不计算进入和离开建筑物的危险动物的数量的情况. 具体来说，不清楚这种表面上的计算是否实际上是在做数学意义上的计算. 换句话说，乌鸦是否有能力了解进入建筑物的人数，无论这种行为是否是有意识的，还是只记住谁进来、谁出来?

猴子被发现有更强的计算和做比较的数学能力. 下面的实验是由宾夕法尼亚大学的盖伊·伍德拉夫（Guy Woodruff）和大卫·普利马克（David Premack）所做的（他们的论文于1981年发表）. 他们多次向一只黑猩猩展示全满和半满的玻璃杯，并且每次都教导它选择半满的玻璃杯. 随后让这只黑猩猩选择一整个苹果或半个苹果，它选择了半个苹果. 换句话说，它将数学原理从玻璃杯推广到了苹果. 以类似的方式教导黑猩猩展示简单的数学能力，例如认识到半个苹果和四分之一苹果的组合是苹果的四分之三. 在另一个实验中，将两个托盘放置在黑猩猩面前. 第一个盘子有两堆巧克力，一堆三块，另一堆有四块. 第二个托盘也有两堆巧克力，一堆五块，另一堆一块. 在大多数情况下，黑猩猩会选择具有更大总数的托盘. 这还不能证明黑猩猩能够理解数字的抽象概念或数字的加法，但却是黑猩猩具有数学能力的证据. 这并不奇怪，因为这种能力构成了进化优势.

另一个动物实验证明，抽象的数字概念在某些程度上是存在的，即使是在不太发达的动物中. 这个实验是由布朗大学的拉塞尔·丘奇（Russell Church）和沃伦·梅克（Warren Meck）进行的（研究结果发表于1984年）. 这种训练老鼠的方式并不难，当它们一个接着一个地听到两声嘟嘟声时，能够得到足够多的美味食物. 同样地，当它们看到两次闪光时也可以安全地吃到食物. 然而，它们被教导，当听到四次嘟嘟声或看到四次闪光时吃食物是危险的，因为会受到电击. 听觉或视觉信号，即嘟嘟声或闪光，通过两种不同的感觉——听觉和视觉在大脑中被接收和处理. 小鼠能够做出正确反应，并达到了很高水平，如果听到两次嘟嘟声或看到两次闪光时就会接近食物，听到四次嘟嘟声或看到四次闪光时就不会接近. 当小鼠受到充分训练时，听到两次嘟嘟声，紧接着两次轻微的闪光. 你认为它们会如何反应? 小鼠会认为信号是两次信号而去吃食物，还是会将它们理解为四次信号而远离? 如果它们的反应是后者，则可以假定它们将数字四认为是独立的概念，即使所接收的信号是两种不同类型的. 答案是：当它们收到四个信号，即使是通过不同的感觉接收到的，小鼠也清楚地确定了是数字四，没有接近食物.

该小鼠实验仍然不能表明这些动物具有算术能力，也不能明确证明这样的抽象计数是它们的固有属性，即它们的基因使其携带这种特殊能力，因为它还可能是由大脑为其他的目的而发展起来的训练的结果. 然而，似乎合理的解释是，这种能力具有先天性，主要是因为计数和认识数字概念的能力给予了进化上的优势. 为了毫无疑问地相信某一特定的能力是天生的，它应该在动物还很小的时候即被鉴别出来. 这样的实验要用动物幼崽和其他年纪小的动物，但这显然是很难执行的. 我们可以用人的幼崽（即婴儿）来进行这样的实验.

3. 人类的数学能力

在我们提出数学能力是人类先天的能力，也就是嵌入在他们的基因中的能力的证据之前，我们需要对讨论的问题做两个评论. 第一，我们在这里使用术语“基因”只是概念性的，并不涉及任何特定的基因或一组基因. 我们将把负责数学能力的基因的鉴定留给我们的生物学家. 对我们来说，只要确定它是天生的这一事实就足够了. 第二，在动物的例子和本节的讨论中，我们不涉及任何特定个人的能力. 我们不追问某个特定学生的数学成功是由他的基因单独决定，或者是由于环境条件，又或者是因为他的数学教师的水平高与不高而决定. 这个讨论涉及的是整个人类的数学能力以及这种能力与进化过程之间的联系，这一进程持续了数百万年，在此漫长的过程中形成了如今讨论的能力.

我们首先将讨论最简单的数学运算，即加法和减法运算. 经典心理学的基本原则之一是，婴儿出生时进化已经为学习准备好了大脑，但最初大脑中没有任何的信息. 婴儿最初通过观察，然后通过观察和经验的组合来了解世界. 更抽象的学习随后才会出现，其中伴随着语言的发展. 这种观点是由现代心理学之父西格蒙德 · 弗洛伊德（Sigmund Freud，1856—1939）提出和传授的. 他指出，数学能力与一般的知识有关，最开始只是呈现出能对数学对象的正确描述. 只有当他们是三岁或四岁时才获得计数的能力，稍后会加减法. 起初，他们只是背诵他们听到的，一、二、三等，而没有意识到可以计算. 更具体点就是，如果给出三个球，他们可以计数一个、两个、三个、四个、五个，相同的球会数好多次. 只有在较大年龄时, 孩子才开始理解什么是计算, 甚至后来他们才开始进行简单的算术运算.

这种方法的领先研究者和倡导者是著名的心理学家让·皮亚杰（Jean Piaget, 1896—1980）, 他建立了一套关于从儿童到成年逐渐获得数学能力的认知发展的完整理论（读者可以在书末列出的 Dehaene［1997］和 Devlin［2000］的专著中找到关于这个问题和本节后面提到的其他研究的细节）. 在他的一个实验中, 皮亚杰展示给孩子八朵花, 六朵玫瑰和两朵菊花, 并问"花和玫瑰哪个更多?"有相当多的孩子回答玫瑰. 皮亚杰总结说, 儿童还没有建立起集合之间相互包含的直觉. 换句话说, 孩子们没有理解对于给定的两个集合, 其中一个包含另一个——在我们的例子中, 花的集合包含玫瑰的集合——前者是更广泛的. 在皮亚杰的时代, 人们认为集合之间的关系正是数学的基础（在本书的最后一章中会有更多的叙述）. 因此皮亚杰得出结论, 小孩子不知道集合的大小和一个集合包含另一个集合的联系, 更不用说任何计数或简单算术的能力.

然而, 计数的能力直到儿童大些的时候才获得的事实不一定证明这个特征不是天生的. 在上述观察中, 包括皮亚杰的实验在内, 计数和算术是与交流以及使用给定语言（通常是母语）的能力一起获得的. 这并不奇怪, 用给定的语言沟通不是一个先天的特征, 而是后天学习的. 学习语言的能力是一个先天的特征, 但是获取语言本身却需要几年的时间. 在孩子学习语言之前, 他的算术能力不会发挥作用, 就如上面的实验所看到的. 这个障碍不是孩子缺乏计算能力, 而是他必须回答他不理解的问题, 或者他没有意识到预期的答案是什么, 直到他进行了多年的练习. 我们可以非常容易地设计出实验来显示理解问题在解释结果的过程中所扮演的重要角色.

展示给三岁到四岁之间的孩子四个弹珠, 在弹珠附近, 还有四颗纽扣; 他们被问到是弹珠更多还是纽扣更多. 大多数会回答弹珠和纽扣的数量是一样的. 然后, 把这四颗纽扣用更大的间隔放置, 即彼此间隔得更远, 并且再次提出问题, "现在是弹珠更多还是纽扣更多?"大多数年幼的孩子仍将给出相同的答案, 数量是相同的. 当这个实验面对较大的五六岁的孩子时, 他们中的许多会回答, 更多的是纽扣.

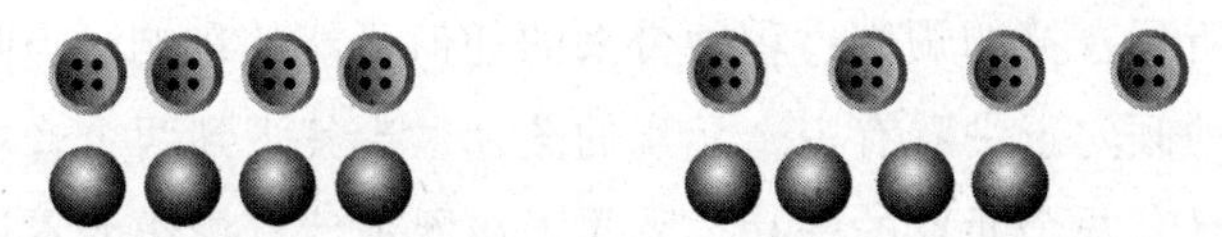

这并不表示他们的数学能力下降了. 正确的解释是年龄较大的孩子不习惯不止一次被问同样的琐碎问题. 他们因此得出结论是提问者期望得到不同的答案，并假定问题是关于物品之间的距离，而不是它们的数量，因此他们有了上述相应的回答.

有明确的证据表明，非常幼小的婴儿能够认识数字，甚至可以进行简单的加法和减法. 如何在只有几个月的婴儿中检查这种认知能力？有几个参照使得我们能够看到一个婴儿是否兴奋或惊讶. 一个是婴儿看某事物的时间长度. 婴儿可以看一个物体或情况几秒钟，然后他会将其注意力转移到别的东西上. 当他看见新的或令人惊讶的东西——对于几个月的婴儿，新的也是令人惊讶的——他会凝视更长的时间，会多几秒钟. 第二个参照是婴儿吮吸的比率，也就是说他吸奶嘴的情况. 当婴儿兴奋或惊讶时，他的吮吸会变得更用力，且更频繁.

兰卡·比耶利亚茨-巴比克（Ranka Bijeljac-Babic）和他在巴黎的同事（其结果发表于1991年）进行的一项实验表明，即使是新生儿对数量也是有所感知的. 他们测量婴儿听到三个音节的无意义的单词时吮吸的强度，例如“defantok”“alovo”“kamkeman”. 首先，当婴儿听到这些单词时，他们吮吸得更使劲，直到其习惯了这种声音，然后他们恢复到正常吮吸的情况. 然后说出两个音节的单词时，这又导致了更用力的吮吸. 这种模式重复着. 每当一系列单词中的音节数量改变时，婴儿的反应也改变了. 换句话说，即使在这样小的年龄，婴儿也可以认识到单词的发音是由音节组成，并且对一个系列和另一个系列之间的音节数量的变化做出反应. 单词中的音节是随机的，以避免它们有任何含义或者意义，所以对婴儿反应的唯一解释是音节的数量.

在宾夕法尼亚大学的 Prentice Starkey 实验室（其结果于1980年出版）中进行的更复杂的实验表明，区分不同的数字不限于一种信息获取途径. 向六个月大的婴儿展示包含两个或三个元素的图片，有两个元素的图片放在左边，有三个元素的图片放在右边. 每次显示不同的对象，有时只是几何形状，有时是点，等等，并且每次的颜色不同；这是为了中和图片内容带来的任何可能的影响. 在展示图片时，婴儿也能随机听到音符或声音，有时两个、有时三个，以便消除任何结构在听到音符的顺序过程中带来的任何可能的影响. 当听到三个音符时，婴儿明显地倾向于去看有三个元素的图片，当其听到两个音符时，他们会将注意力转向具有两个元素的图片. 婴儿正在展示计算操作或者说至少通过两种不同的感觉（视觉和听觉）来比较他们所感知到的量.

耶鲁大学的凯伦·温恩（Karen Wynn）（结果发表于1992年）进行的另一项复杂的实验表明，婴儿对加法和减法有天生的感觉. 一个屏幕放置在几个月大的孩子面前，他们看到一个数字在屏幕后面. 屏幕被移除，他们看到了这个数字. 接下来，在有一个数字的屏幕后面，再放上另一个数字. 屏幕被移开，婴儿看到了这两个数字. 这样重复了几次，直到婴儿习惯了发生的事情. 然后进行了不确定的算术活动. 一个数字在屏幕后面，然后第二个数字放在第一个数字后面. 当屏幕被移除时，只能看到一个数字. 非常明显地，几个月大的婴儿表现出了惊喜. 他们期望看到两个数字，但实际上只有一个！用许多变化来重复实验以消除婴儿仅仅用于特定锻炼的结果的可能性. 一个非常重要的结果是，算术的不正确结果获得了婴儿更多的注意. 随后，用成年恒河猴进行类似的实验. 它们也表现出惊喜的迹象，例如把一根香蕉放在一个盒子里、然后放入第二个，当盒子打开时里面只有一根香蕉.

这些实验被小心并严格地控制，从它们可以得出结论，人类的算术能力是遗传的. 显然，这些操作是对未开发的大脑进行的，没有用特定的语言来辅助，因此婴儿不可能与父母或朋友讨论结果. 当孩子成长时，他将必须学习如何用日常语言来表达这种数学能力，并用来与父母交流. 这种学习本身就是一个过程，但是简单的算术能力是婴儿天生的，而且它也不是为了各种完全不同的目的而开发的大脑的副产品. 由此可以推断，简单的算术能力在进化竞争中提供了优势. 这并不奇怪，对于食物的那些竞争需要数学能力，比如，区分大和小，多和少，等等，甚至加法和减法，这些都给出了进化上的优势. 具有这种能力的个体将比具有较低数学能力的同一物种中的其他成员更适合于竞争性的生存环境.

这一发现与一些原始部落环境中（包括最近在相对孤立的地区发现的一些原始部落）人们仅使用数字1、2和3来描述他们的生活，并且任何更大的数量都被称为“许多”的情况是一致的. 如果诸如鸟类或老鼠之类的生物能够区分大于三的数字，人们会期望人类能够更好地进行计算. 这个问题的答案很简单：语言在人类进化过程中发展得较晚，并强调较重要的事情与不太重要的事情相比较需要更优先的发展. 这些原始部落显然清楚地知道由五个或六个对象组成的集合之间的差异，但是他们的语言还不够丰富，不足以描述它们，因为他们不需要将术语用于大于三的数字. 这与事实并不矛盾，即在直观的水平上，他们的算术能力很高. 随着语言的发展，表达和运用更广泛的算术运算的能力也会随之增长. 语言在一般进化过程中发展得相对较晚，但它本身就是这个过程的一部分. 在生物的语言交流能力方面，人类的大脑与众不同. 例如，算术、计算加法和减法的能力是进化的直接结果，而不仅仅是语言的副产品，这一间接证据可以在先天患有大脑疾病者的记录案例中找到，他们虽然不能计数或进行加法和减法，但他们的其他语言能力却是完全正常的. 相反，存在语言能力缺陷的人却能够很容易地进行算术运算.

应当注意到，类似的数学研究方法可被用于发现能力和天性，其根源是进化，与数学本身无关. 2010 年，耶鲁大学的凯伦·温恩（Karen Wynn）和其合作伙伴保罗·布鲁姆（Paul Blum）发表的一篇研究报告表明，刚出生几个月的婴儿，存在利他主义和追求正义的愿望，这些特性并不是从外界环境中得到的. 这也不奇怪，对资源的公平分配的偏好是帮助社会在进化竞争中获得生存的本质属性，因此它是合理的，在遗传层面上看也是固有的.

4. 数学产生的进化优势

数学包含着方方面面的内容. 前面几节的讨论表明，进行算术计算的能力是进化的结果. 在本节中，我们将会指出数学在其他情形中所起到的作用，我们有理由假设数学为进化竞争提供了优势. 我们将会提出数学也是基因遗传中的组成部分的证据. 我们可以将数学的这个方面称为*自然数学*. 在下一节中，我们将描述非自然的数学运算，因为它们在形成人类基因组的数十万年中并没有提供任何进化优势.

我们有理由假设，认识几何因素的能力提供了进化优势. 由于食物资源和水资源有典型的几何外形，能够正确地识别这些形状就构成了在食物资源竞争中的优势. 但是有没有证据表明，作为进化的结果，几何形状的识别是由基因承载的？我们很快会把注意力转向这样的证据，但是首先要介绍所谓的黄金分割或黄金比例矩形.

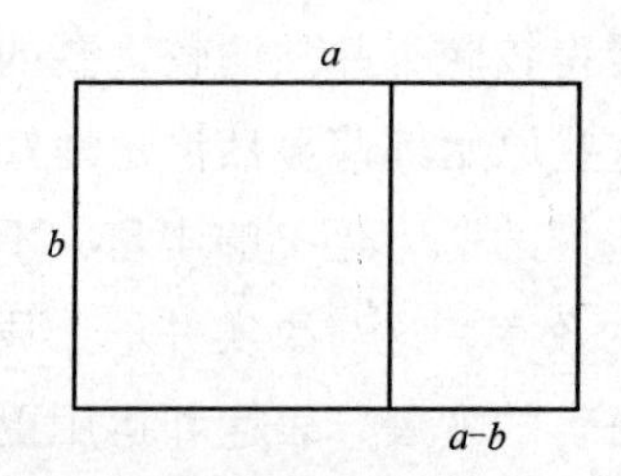

黄金分割比是长边 a 与短边 b 的比，在一个矩形的基础上，可以做出多个这样的比，例如，$b:(a-b)$. 我们注意到，黄金分割比有很大的数学价值. 黄金分割矩形则是这样的，它的长边与短边的长度之比等于该矩形去掉其中的正方形所剩下的小矩形的长边与短边的长度之比，其中这个正方形又是以原矩形的短边长为边长. 我们注意到，虽然这和我们之前的叙述无关，但却体现了黄金分割比极大的数学价值. （跳过下面的计算并不会影响你对接下来的内容的理解）

用 a 表示矩形的长，用 b 表示矩形的宽，黄金分割比被表示为 $\frac{a}{b}=\frac{b}{a-b}$. 如果我们用 x 来表示这个比值 $\frac{a}{b}$，那么未知数 x 满足方程 $x^2-x=1$，它的一个解为 $\frac{1+\sqrt{5}}{2}$，（回忆中学数学）这就是黄金分割比，约为 1.6180.

黄金分割出现在许多自然实例和进程中，它的几个贡献在古代非常有名. 在古代建筑中就出现过. 例如，雅典的帕特农神庙的尺寸就和黄金分割比惊人的相似，在列奥纳多·达·芬奇的画作中我们也可以将其辨认出来，虽然他并不承认这一点，但是在他的数学著作中也提到了黄金分割比例.

人们发现黄金分割比可以出现在各种各样的和不能预测的自然事物中，这也从而导致古人将它归因于神秘，他们甚至将其称为神圣的比例. 关于古代建筑师和艺术家是否有意将黄金分割比应用到他们的作品中，以及黄金分割比如此频繁地出现是否仅仅为了美观的争辩历经多年，一直延续至今天. 我们不想加入这场争辩，但是黄金分割比真的很美. 这已经在几十个实证研究中被证实. 研究表明，在面对黄金分割比时，相比较于其他不同比例的矩形，婴儿相对会更加开心和安静.

这需要解释说明. 我们习惯于这样的事实，即素描（绘画或图形）使得成年人的眼睛愉悦，很大程度上依赖于家庭和教育. 例如，对于现代艺术人们一开始几乎是持敌对态度的，但随着大众对它越来越熟悉，这一状态得到缓解. 婴儿没有时间熟悉任何特定的形状或形式. 那么他们偏爱黄金分割比的倾向起源于哪里？答案很简单：进化. 对人的头部尺寸的检验揭示了它们与黄金分割比十分接近，同样地，人脸部某些部分的比例中也存在着黄金分割比，例如，眼睛的宽和高的比例，耳朵的高和宽的比例，等等，都十分接近黄金分割比. 对于能够分辨和乐于发现这些图形比例的婴儿来说，他们的进化优势非常明显.

当小孩看见妈妈接近的时候都是安静的，作为对比，当他们看见附近有捕食的鸟类时则会大哭求助，这样的做法能为其制造更大的生存机会．因此，当面对与人脸有相似比例的矩形时是会有舒适感的，这被刻到人类的基因当中．这跟黄金分割比本身没有关系．实际上，研究表明婴儿对手的形状也感到舒服，其进化上的理由不证自明．进化使婴儿在被捕食者抓住时会感到不舒服，这与被人类抱着时的反应形成了对比．我大胆地猜测，对鸟类做类似的实验，我们将会发现所有的几何图形中，最令小鸡喜欢的会是锐角三角形．

在这个阶段，我们可能仍然怀疑婴儿是否在出生后的头几个星期内就已经感觉到与黄金比例相似的比率．答案在于当他们面对某种形状时的不适和恐惧的迹象．心理学家声称，大约有十分之一的儿童经历过对小丑原始的恐惧．最近，被称为医疗小丑的职业已经变得很普遍．它所涉及的小丑的活动，旨在放松和帮助需要住院的儿童．但是也有报道称，医疗小丑的活动只会伤害孩子，而且当孩子们看到小丑时，感到恐惧的他们的状况会更加恶化．这也与几何形状及其进化根源相关．小丑的标志是有明亮的颜色和非人类的嘴唇和脑袋的比例，当婴儿看见小丑时，他调用了在五彩缤纷的猛禽或老虎向其靠近的情况下用哭声向他的父母寻求帮助时的那种基因．所以，在现代世界中，认为孩子“学会”害怕小丑的观点是不合理的．这些先天的特征是从几何认知开始的．（我们下面将会经常提及简单的，但很有说明意义的，关于人与老虎相对抗的隐喻．）

在进化竞争中几乎肯定发挥作用的另一种基本数学能力是识别模式的能力．我对那些可以证明模式识别在基因中是根深蒂固的倾向和能力的可控实验不是很熟悉，但是想象一下，早期人类和偷偷尾随他的老虎在草地上留下的印记（即压平了的草），将这种痕迹识别为危险源的能力可以挽救人类生命．识别模式的能力不限于视觉模式．例如，考虑声音的模式．对于我们大多数人来说，听到很少的音符就足以识别一种模式，有时甚至可以识别整个曲调或旋律．因为识别模式是一个有助于进化竞争的属性，那些拥有这种能力的人比没有它的人会拥有更多的后代．因此，几乎可以肯定，认知模式的倾向是由基因决定的．失败地辨别一个已经存在的模式比预见一个不存在的模式会造成更大的伤害．因此，辨别模式方面的进化倾向也导致了可以辨别可预见的模式，包括并不存在的模式．仔细的统计检验证明这些模式没有科学意义上的现实性．然而从一开始，寻找模式的倾向就征服了科学的谨慎性，在后面的章节我们还将会遇见其他的来自根本就不存在的模式中的思想上的错误.

大部分的数学，无论是在研究还是在学习数学的各个阶段，重点是在数列模式的识别，这里有一些简单的练习，将数列继续下去：

2，4，6，8，10，….

在相对较小的年龄，孩子们将识别出这是偶数的数列，并将正确地给出数列中接下来的数字是 12 和 14. 但识别以下数列还需要更多的知识：

1，4，9，16，25，36，….

不难看出数列中的数字分别是 1，2，3，4，5，6 的二次方，因此下面的数字将是 49 和 64. 我们应该指出并强调这些数列不一定会像我们所预想的那样继续下去. 换句话说，这些数列的扩展不应该来自一个逻辑的必然性. 此外，这类问题的答案也有文化习俗方面的依赖性，下面就是这样的一个例子，它是由数学家和数学史家莫里斯·克莱因（Morris Kline）提出的. 继续下面的数列：

4，14，23，34，42，50，59，….

答案是什么？72. 数列中的数字是纽约的曼哈顿地铁 C 线沿途所停靠各站的街道号，下一站要停靠的是 72 街. 我猜想，如果常乘坐纽约地铁的人遇到这个习题，许多人会给出答案 72. 我故意避免说他们将会给出正确的答案，因为这不是正确与错误的事情，如果答案正确和问题预期一致，那么它就是正确的. 然而很容易看出人类有天生的直觉，以合理的方式以及自己对问题的理解来继续数列.（我们会在本书的最后章节再次讨论这个练习.）

显然，顺其自然地会想起一个有四个发动机的飞机从纽约飞往伦敦的故事. 起飞大约一个小时后，飞行员宣布四个发动机中的一个已经坏了，但是不用担心，其他三个发动机正常运行，飞机只是需要飞行 9 个小时而不是原来的 6 个小时. 不久飞行员宣布第二个发动机已经停止运转，但是不要担心，唯一的影响就是航班将会飞行 12 个小时. 过了一会儿轮到第三个发动机了，第三个发动机现在也坏了，飞行时间现在变为 15 个小时. 这让乘客都着急了，问道："如果第四个发动机坏了，飞机上有充足的食物和饮品吗？我们要飞行 18 个小时吗？"（如果让学数学的学生完成本次事件中的这个数列应该会很有趣，因为第四个发动机要是坏了的话，飞机就停止运行了.）

有时继续一个数列，即使没有必要的逻辑，也会直接与自然现象相联系. 让我们以下面的数列为例：

1，1，2，3，5，8，13，21，….

数列中从第三个数字开始每一个数字都是前两个数字的和，所以接下来的数是34和55，以此类推．这是斐波那契数列（Fibonacci sequence），以意大利数学家列奥纳多·斐波那契（Leonardo Fibonacci）而命名，或者叫比萨的列奥纳多（Leonardo of Pisa，1170—1250），他的著作《算盘全书》（*Liber Abaci*，1202年出版）中有关于这个数列的丰富内容，它反映了自然界中的许多方面，同时这也反映了数学本身的趣味性，在此我们叙述此数列的一个应用．

某些树木，包括一些类型的红树林，它们的树枝在地上生根长成大树，以此扩展数量．然而，一年之后，小红树的一个分支才会长成一棵新树．假设一棵小红树被种在地上．一年后红树还是只有一棵，但两年后第一棵树的分支也会成长，所以就会有两棵红树．这是数列起始1，1，2．下一年第一棵树的分支能够生根，所以第四年将有三棵树．一年后，两棵老红树都将会有新的分支，总共会有2+3=5棵树，这样就得到了数列1，1，2，3，5，…．每年新树的数量都等于老树的数量（超过一年的算老树），描述树的数量的数列正是斐波那契数列．我们不会超出这个引例的范围来扩展这个问题，但是我想补充的是，如果用这个数列的前一项去除后一项，沿着序列继续下去，其结果越来越接近上面讨论的黄金分割比．这是另一个令古人信服的事实，即他们观察到了神圣的比例．序列的延伸可以被直观地发现，其反映在自然现象中的这一事实，提高了整个后代发展辨别认知模式的能力的倾向．

我们将会总结出这些观察结果和以前章节中我们指出的情形，并且会在一定程度上通过实验来证实这些结果，数学能力经历成百上千年的演变为进化竞争中的生存提供了优势．进化通过突变和选择的过程塑造了人类，这一过程也使得人类具备了那些数学能力，这些能力被镌刻在了人类的基因上．

5. 数学没有进化优势

这一节我们将会研究数学的许多方面，显然，它们不是由我们的基因携带的，因为它们在人类形成过程中没有提供进化优势（稍后将讨论数学的其他非自然方面）．目前的讨论是推测出来的，但是我们会进一步通过确凿的证据来证明这些观察．再次强调，我们所提及的进化优势的缺失和由基因所决定的人类发展的历史进程紧密相关．这并不意味着数学的这方面不重要或不实用．恰恰相反，这种类型的数学能力为后来人类社会的进化提供了很大的优势，但是自人类社会发展以来，这段时间还不足以使这些能力被镌刻到基因中.

数学语言大量运用量词来表达，例如，出现在数学命题中的“每一个”或者“存在”. 例如，著名的毕达哥拉斯定理（勾股定理），早在两千五百年前就被证明了，即每一个直角三角形，两直角边的平方和等于斜边的平方. 强调“每一个”. 另一个有用的说明是，每一个正整数都是质数的乘积. 最近的一个著名例子是费马的最后定理. 早在17世纪的时候，该定理就被假定是正确的了，但直到1995年才被普林斯顿大学的安德鲁·怀尔斯（Andrew Wiles）所证明. 费马最后定理可叙述为，对任意的四个自然数（即正整数）X，Y，Z和n，其中n大于或等于3，则$X^n+Y^n\neq Z^n$. 在数学几千年的发展历史中，这个定理的证明被认为是一项特殊的成就.

然而，检验一个特殊情况总是正确的这件事是顺其自然的吗？当一些事在特定条件下重复发生，能够很自然地把问题推广到每次在那样的条件下，这件事都会发生吗？当然不能，经验告诉我们老虎是危险的捕食者，应该逃离或隐藏. 浪费时间和精力去抽象地考虑是否存在特定的老虎总是吞食它们的猎物，或者是否每只老虎都是危险的捕食者，这样做并不会提供进化上的优势.

另一个在数学里经常被提及的概念是无穷大. 希腊人证明，素数里有一个无穷大的数. 自然生活中需要去证明这个陈述吗？在观察许多事物时，需要问它们是否有无数个吗？我的回答还是否定的. 想象一下古人发现了老虎的聚集地，对他来说发现在自然数中是否有一个无穷大的数和尽可能远地逃离那个地方哪个是更值得的？问“这里有无穷只老虎吗?”，甚至问“有比我看见过的更大和更危险的老虎吗?”，这是学术问题，它只会伤害那些投入时间和精力的人，并在以后的进化竞争中影响他们的生存机会.

数学的另一发展是要求对不可能存在的事实进行表示. 例如“如果A不发生，那么B发生”是大多数老师、学生和数学研究者常见的问题. 我们将会进一步讨论类似的例子. 这种思维方式也是不自然的. 人脑的活动是在联系和回忆的基础上进行的. 以一件不会发生的事情做基础可能是有用的，但是不会简单而直观地得到结论. 当你进入一个房间，你看里面有什么，很少会去想里面没有什么. 我们应该重申，我们不是声称寻找数学中的无穷大数字，或证明某个属性总是成立，或者有关可能性的否定是不值得、不重要的，或者是没有趣的活动. 我们声称的是，那些活动是不自然的，没有一个数学框架来表明这些可能性，一个平常人或是未经训练的学生都不会直接问这样的问题.

另一个非先天的特征是人类对严格和精确的需求. 数学以其证明为傲，只要它不包含错误，就像一个绝对的真理. 因此，数学发展出了严格验证的方法，旨在更容易地推导出绝对真理. 像这样的方法不能从进化里派生出来. 因为基因不会促使人类的行为都十分严格，以消除任何疑问，以下的轶事是令人信服的，正说明了这一点.

一个数学家，一个物理学家，还有一个生物学家坐在爱尔兰的山上看风景. 两头黑山羊在他们面前漫步. 生物学家说："看，爱尔兰的山羊是黑色的." 物理学家纠正他说："在爱尔兰有黑山羊." 数学家说："不绝对，在爱尔兰至少有黑色的山羊."

数学家的说法可能是严格和正确的，然而它在日常生活中也同样合理和有用吗？当然不，从这个意义上来说，生活不是数学. 生活里，即使是在古代，为了实现高效率而放弃严格性，甚至是允许错误的发生都是可取和值得的. 如果在灌木丛上方看见老虎的头，人不应该坚持说因为没有看见老虎的腿就该继续向前走，而是应该以最快的速度逃到较远的地方去.

我们已经声称，量词的使用和对否定的兴趣，以及对不存在的事进行参照，在进化过程中不被纳入人脑中，且并不直观. 支持这种说法的间接证据来源于一个研究，即测试人的大脑可以连续执行多少数学运算，像加法和减法这样的运算大脑可以一个接一个地、几乎无限制地进行. 可以要求一个人执行一系列长的乘法、加法、除法运算，等等，并且如果他设法记住该顺序，例如通过发现其中的模式，他可以内化该指令并产生关于下一步的直觉操作. 这些并不适用于量词和否定，"每条狗都有项圈，但不是绿色的." 这句话应用了三种逻辑观念：*每一条*、*有*和*不是*. 研究表明，即使有人能记住操作的顺序，人脑所能理解量词的最大数量也只有 7 个. 除此之外，即使最有能力的人也无法评估操作的结果. 有趣的是，人类大脑可以理解的逻辑操作数量的限制是 7，与动物可以识别的事物的最大数量相同（参见前面的第 2 节）. 其他间接证据来源于某些特殊群体的存在，他们其中一些是自闭症患者，另一些是患有阿斯伯格综合征的患者，他们可以用惊人的速度和准确度进行复杂的算术计算. 然而，我们却没有能够找到执行类似的复杂逻辑运算的个体. 原因显然是，执行算术计算的能力存在于大脑中，并且对于某方面发展受限制的人，这一能力被不成比例地强化了. 而逻辑不是那些极端的能力之一.

为什么识别由于进化而有的先天的数学能力和识别其他非先天的属性是十

分重要的？人们的思维是直观的，具有综合性的，在先天能力的基础上发展直觉是可能的并且容易的. 基因中所包含的能力更容易开发、培养和使用. 而发展人类物种所不具备的能力却很难. 认识到这两种类型的数学运算之间的区别，并且理解这种区别的原因对于理解和利用人类思想是很重要的. 在下面的章节，我们将会看到这些差异对数学的发展是多么的有意义，在本书的最后一章，我们将讨论认识这些差异对数学教学的影响.

6. 早期数学文明

在这一节我们将会回顾巴比伦、亚述、埃及王国的数学发展历史. 我们还将回顾中国各个朝代独立发展的数学. 尽管这些回顾不能完全覆盖那些朝代所创造的所有数学，但至少也能正确地反映出数学发展的状态. 特别是，我们将会清晰地看到它们的发展轨迹，就是我们所谓的进化优势. 这些数学的优势不仅仅影响人类的生存优势，还给发展数学的那些社会提供了优势. 处于统治地位的正是那些开发了最新的数学，并且用其来建立和扩张自身权利的社会.

参照巴比伦和埃及文明之前存在的数字和算法，有关数学存在或发展水平的直接证据并不存在. 基于过去几个世纪发现的那些偏远的部落，其语言中只包括数字 1，2，3 和许多，我们可以假定这些偏远部落所使用的数学是很少的. 与此形成鲜明对比的是，1960 年人们在比属刚果发现了可以追溯到公元前两万年的人类骨头，其上的信息使得考古学家和人类学家相信那时的人们已经可以计数超过 20 的数字. 因此我们可以总结出，当人类还是游牧民族，通过在小群体居住和发展并以打猎为生的时候，他们就使用甚至发展了简单的数学，根据前面的章节中我们所提到的说法，这具有进化优势.

巴比伦是一个强大的王国，这从它存在的时间就可以看出来. 它起源于公元前 4700 年，其文化来自于苏美尔文化. 后来，阿卡德人的文明成了主体，为文化、金融和社会进步做出了重大贡献. 阿卡德人的贡献主要归功于汉谟拉比国王，其著名的《汉谟拉比法典》是世界上第一本全面的有关于社会行为规范的法典. 大约公元前 1000 年，亚述人开始向今天的伊朗（波斯）移民，最终主宰了中东地区，直到公元前 330 年希腊人被马其顿帝国的亚历山大（即后来被人们所熟知的亚历山大大帝）所征服.

我们对巴比伦人所掌握的数学知识的了解主要是以发现的大量陶片为基础，这些陶片是当时书信往来的主要载体．在古老的苏美尔城市尼普尔（Nippur）的遗址上人们发现了大量的特殊陶片，其大部分已转移到耶鲁大学，直到现在破译工作还没有完成．巴比伦的文字是楔形文字，其中有数字的迹象．所使用的系统是基于数字的位置的，类似于今天的十进制系统，但由于未知的原因，其数字系统是60进制的．（十进制系统大约是在公元6世纪的印度发展起来的，在大约公元8世纪由阿拉伯人传到西方，但是直到16世纪才完全被欧洲人所采纳．）巴比伦时期没有零的表示方法，如果我们采用巴比伦系统，数字24可能表示成“二十四”，也有可能表示成“二百四十”．读者需要从上下文了解作者想要传达的意思．在作者意图不清楚的情况下，将会用空格来表明区别，但是这也仅仅是在巴比伦王国的最后几个世纪才会这样做．因此，在上述的例子里2和4之间的空格将会代表作者所写的二百四十．（在一些陶片里，发现在我们现在写“0”的地方有一个符号，可能是空格或是分离的两个数字，有些人解释说，这是第一次使用零的标志．）此外，60进制不是唯一被使用的运算系统，有时还会使用20进制和25进制．在这些情况下，越来越多的读者决定从上下文中找到作者所使用的系统．这种做法离今天的我们比较遥远，看起来这样的使用方法对于读者来说是比较陌生和难懂的．然而，我们应该意识到，这与非数学写作中所使用的方式十分类似，在说话和写作上缺少清晰度，甚至模棱两可．这也是十分常见的，读者通常可以从上下文中理解作者的写作意图．这种缺乏清晰度的原因是显而易见的．不让人误解的精确说法需要大量的努力，而这相对于通常获得的收益来说并不值得．较低的精度是更有效的，因此在进化竞争中它是更可取的．巴比伦人认为数学表达是他们语言的一部分，并不认为他们的数学表达应该比非数学表达更精确．

在发现的数十万块陶片中，有许多包含表格和计算．计算包括数字加法的表格，还有数字乘法的表格、贷款利息的表格，甚至是复利运算的演算．我们对陶片上的记录的理解是清晰的．这些内容本身不包括解释．我们通常假设这些计算是有商业需求的，但是我们也发现了一些计算目的不清楚的陶片．有一块陶片上镌刻有这样的计算，用我们现在的符号可表示成：

$$1+2+2^2+2^3+\cdots+2^9=2^9+(2^9-1)=2^{10}-1.$$

[直到16世纪才使用符号来表示数字的幂，这是勒奈·笛卡儿（René Descartes）发明的.] 其中包含幂的运算也都已经被发现．很明显，巴比伦人知道怎样进行

不同次幂的数字运算，但是对于执行运算的解释或公式却并未见到. 其他地区的陶片有矩形的面积和对角线的计算，也有圆的半径的计算. 在今天的术语中，这就是把圆的周长和它的直径之比视为3或者$3\frac{1}{8}$. 这些值与后来发现的圆周率π的真实值很接近，但是没有证据证明巴比伦人知道圆的周长与直径的比是常数，或者他们试图证明这一点. 巴比伦人的数学缺少证明，无论是严格的或是不严格的.

在尼普尔被发现的一块著名陶片，被誉为普林顿322，以下数字取自耶鲁大学所收集的陶片的目录. 下面所示的是完整的表格；在原始的陶片中，左列是缺失的.

(120)	119	169
(3456)	3367	4825
(800)	4601	6649
(13500)	12709	18541
(72)	65	97
(360)	319	481
(2700)	2291	3541
(960)	799	1249
(600)	481	769
(6480)	4961	8161
(60)	45	75
(2400)	1679	2929
(240)	161	289
(2700)	1771	3229
(90)	56	106

这块陶片可以追溯到公元前1800年. 解读陶片上的内容并非易事，但是除了其中出现的三处错误外（可以解释为作者的笔误），其他的内容还是可以接受的，因为陶片展示的是毕达哥拉斯三元数组的后两个数，即三元数组中的正整数A，B，C，满足方程$A^2+B^2=C^2$. 它与毕达哥拉斯定理（这是我们进一步要讨论的内容）的联系是清晰的：方程适用于直角三角形的两条直角边和斜边.

我们能看出，生活在大约四千年前的巴比伦人试图去找出这些数字之间的模式，计算和呈现数字非常大的毕达哥拉斯三元数组，并证明他们理解了毕达哥拉斯三元数组的几何意义. 在陶片中也发现了下面的练习：一根杆平行于墙竖直放置，它长 13 腕尺（古时的长度单位），从顶端下滑 1 腕尺后靠在墙上，那么杆的底端和墙的距离是多少？答案是 5 腕尺，这是通过使用毕达哥拉斯三元数组 5、12 和 13 得到的. 在目前人们所发现的所有这类练习中，似乎三元数组都被用到了. 没有证据证明巴比伦人使用了这一公式（或者说方法）去进行计算，也没有证据证明他们对毕达哥拉斯关系式的普遍性提出了假设.

除了公式和证明缺少严谨性，巴比伦人对他们的计算也不是特别严格. 在乘法表格中，我们发现错误明显源于作者不认为答案精确是重要的，得到与实际目的近似结果就足够了. 他们认为数学是一个实用工具，而不是一个内在的理论体系.

中国人也发展和使用数学，在那个时候他们的数学是非常先进的. 他们比巴比伦和埃及发展得晚，但是和那些文化没有直接的联系，而是独立发展的. 我们所能了解到的中国的数学知识是以印度公元前 1 世纪的作品为基础的，在第一个千年的后期又被阿拉伯人修改. 印度人和阿拉伯人关注巴比伦和埃及的数学，后期关注希腊的数学发展，在考察他们对中国数学的解释时，应该牢记这一点. 我们将会考虑只有一种元素的情况，就是直角三角形的各边之间的关系. 与巴比伦的文献相似，在公元前 12 世纪出现的有插图的中国文献表明，许多计算长度和面积的问题都是基于毕达哥拉斯定理中的比例关系. 例如，一个长 6 曹（中国古代的一种计量单位）的木杆靠着墙，杆的底部向远离墙的方向移动 2 曹，那么杆的顶端与墙的底部的距离是多少呢？这些教科书显示怎样去找木杆的顶端与墙的底部的距离，然后基于不同的数字给出具体的问题. 尽管教材编写者的目的很清晰，并采用了通用的一般方法，但书中并没有迹象表明他们试图证明其方法总是有效的，甚至连概括性地陈述其方法的尝试都没有.

追溯到公元前 4200 年，埃及王朝被很多王朝统治，直到公元前 4 世纪被希腊统治. 没有直接的证据证明埃及王朝早期数学的发展，但是间接的证据能够使我们了解埃及数学的水平. 例如，金字塔的建造，不但要有广博的几何知识还要有高超的计算能力. 在开罗附近的吉萨金字塔建于大约公元前 2560 年. 它的地基是正方形的，如果我们将地基的周长除以金字塔的高度的两倍，答案是非常接近 π 的．但以此来证明金字塔的设计者知道 π 是什么，这是不太可能的．埃及南部的阿布辛贝神庙位于现在的纳赛尔湖西岸，它的建设肯定需要大量的工程学和天文学知识，才能使得太阳的光芒以一年两次的频率在下午照亮埃及第十九王朝法老拉美西斯二世的石雕巨像．许多人被金字塔巨大的规模所震惊，思考在那时埃及人是怎样用可利用的资源建立起来的．我个人不太会被金字塔的巨大规模所吸引．今天的白蚁山同样是不朽的，它相对于白蚁的大小来说不仅是巨大的，而且从工程学的角度来说甚至更复杂，因为白蚁山将风向以及该地区发生洪水的危险，在隧道中通风的需要，等等都列入考虑范围之内．我们了解构造白蚁山这些建筑的能力是怎样被进化和发展起来的．由于时间过于久远，我们对法老的金字塔的建筑方法了解得更少了，因此我们欣赏这个成果．但我却十分感叹埃及人创建如此巨大建筑，并且让太阳的光芒以一年两次的频率照射到雕像上的能力．虽说试验和错误是进化发展的基础，可这些对于像建筑国王的雕像那样的庙宇来说却没有太大的帮助．正是埃及人对工程学和计算的理解，才使他们达到了如此令人印象深刻的学术成就．

我们对埃及数学知识的了解是从幸存的纸莎草纸上获得的．这些纸上也含有大量的练习．大多数知名的纸莎草纸都来自《莱因德纸草书》，它于 1858 年被英国古文物收藏者发现，也叫阿梅斯纸草书，以埃及早期的一名抄写员阿梅斯命名，因为这是他撰写的．纸草书被收藏在英国伦敦博物馆．它包含很多数学练习，包括加法运算和含有未知数的方程．古埃及所使用的文字系统是象形文字，主要包含象形图（或者是象形文字，或者是用来写作的图片），它通常代表文字，有时也应用于音符或书信．象形文字通常雕刻在兽骨上．随着象形文字一起发展起来的一种更简单、更流行的写作方式是僧侣文，是用墨水写在纸莎草纸上，也被应用于《莱因德纸草书》上．僧侣文是从右往左写，就像今天的希伯来语和阿拉伯语，以数字 10 为基础，但数字的位置不重要．例如，10 的标志是“∩”，而且“_”代表 4．因此，数字 28 就可以被表示成“_ _∩∩”．对于简单的分数有特殊的标记，但是加法没有标志．当数字相加时，就并排写在一起，读者应该从上下文中理解加法．我们看到的埃及有关于数学的文献和巴比伦的相似，就如同他们的语言也相似一样．换句话说，相比正常的书写语言，没有必要对数学的精度要求过高．

《莱因德纸草书》里一个著名的练习是 7 间房子，49 只小猫，343 只老鼠，

2401袋小麦，16807个砝码，给出答案19607[⊖]，我们用符号来表示就是$19607 = 7 + 7^2 + 7^3 + 7^4 + 7^5$. 我们能够得出的结论是，埃及人已经知道数的方幂求和运算，但我们不知道他们是怎样求出结果的，对于进行这样的加法运算或其他练习的通用公式并没有被给出. 读者和学生需要通过那些例题的解答方式来学习如何解决其他的问题，而解答过程的正确性也没有被证明.

埃及人在建筑方面的能力也暗示了他们在几何学方面的数学能力. 纸莎草纸书中也包含了计算领域的练习，圆的面积的计算能够使我们推导出埃及人所给出的圆的周长与直径的比值 π 的数值，在其中一个练习中显示这一数值是16/9的平方，即大约是3.16049. 这是相当接近正确结果的，然而没有证明过程，也没有任何证据证明埃及人知道或假设圆周长和直径的比是常数.

7. 接下来是希腊人

从公元前600年到公元前4世纪马其顿帝国的亚历山大（即亚历山大大帝）崛起的这段时间被称为希腊数学的古典时期，主要反映在接触数学的途径，数学的发展方法、分析以及使用上的巨大变化. 那段时期构造出的方法在接下来的几个世纪都在服务于希腊人自己，并且被保留下来，几乎没有改变，直到现在仍是数学中的主导体系. 在我们给出一个简明的发展方向之前，我们应当注意到，在学习和使用希腊人介绍的方法的两千五百年后，我们已经习惯了这样的一种分析和讨论的体系. 有时候难以评价在那之后所发生的巨大转变的重要性. 从今天来看，希腊人铺就的路看起来是自然的，不证自明的，但当时的新理念却与人类发展过程中原本被期望的“符合进化的基本原理应占主导地位”的观点背道而驰，希腊数学产生了一个尖锐的、与更早的几千年的数学活动的偏差，而且其通过健全的直觉提出了一个与规定的道路有巨大矛盾的理论. 因此，新理论的熟悉过程、理论自身的融合与发展为什么要耗费数千年的时间也就可以理解了. 本节处理主要发展这一方面. 下一节将会讨论是什么导致希腊人发起了这一场数学革命.

相比于巴比伦和埃及时期，我们没有得到过古希腊时期留下的书面材料. 那时是用墨汁在纸莎草纸上书写，这是一种学自埃及的方法，但纸莎草纸没有

⊖ 原书给出的答案19507是错误的，应为19607. ——编辑注

保存下来．我们从发现的晚得多的书面材料和后来的古典文献的译本，来学习古典时期的数学发展，尽管那些译本是古代原本的复制品，那时的惯例并不要求抄写员精确地抄写，他们可以随意地插入或省略文本以批改错误（并产生新的错误），等等，一切都会与他们对材料的理解一致，甚至对于数学上最著名的书《几何原本》，我们也是通过欧几里得几百年之后的译本知道的，那一时期的历史研究是基于与后来版本的比较，各种抄写员抄录的早期版本的复制品，尽管我们得到的图片不是清晰的，但它们看起来还是完整而可靠的．

米利都（在今天的土耳其）的泰勒斯（Thales of Miletus）和他的继承人以及门徒阿那克西曼德（Anaximander）、阿那克西美尼（Anaximenes）一样，都是来自米利都．因开始改革而被后世记住，泰勒斯（Thales，前 640—前 546）的信息来自于后人．公元 1 世纪的普鲁塔克（Plutarch）写道，泰勒斯是第一个哲学家而不是政治家，在别处有记载泰勒斯是第一个将他的智慧用于实际目的的人，今天的我们应当如何去理解这些描述还不得而知，但似乎泰勒斯经商，非常富有．他在古代世界四处游历，向巴比伦人和埃及人学习，并在埃及生活过数年时间．他因测量出吉萨金字塔的高度而出名．他用的方法是等到立杆的影长等于杆的长度，然后利用三角形的相似（即相似三角形的性质），他断言金字塔的影长与它的高度是相等的．因为他能直接测得影子的长度，所以泰勒斯可以得到金字塔的高度．基于这点，他发展了相似三角形的几何学并利用这些原理计算船的尺寸和船到岸的距离．泰勒斯没有止步于此，他还证明了有相同底边且在这个底边上的两个角也相等的所有三角形全等．巴比伦人、中国人、埃及人也曾完成了类似的工作，但他们中却没有人发现确切地阐述一个与几何形状联系起来的普遍理论的重要性，或者证明出他们的计算方法总能给出正确的结果．

无论泰勒斯是否是第一个提出证明概念的人，还是后来人认为他是，其革命性影响怎么评说都不为过．如果你相信某一主张是正确的，那么回头来严密地证明它将是一种时间与资源的浪费，尤其是如果你试图证明它总是成立的．未加证明的命题可能是错误的，但明确地排除错误需要工作，而这种工作的效用通常是不合理的．绝对证明的要求是发展过程中的一大阻碍．有这样一个原因，在泰勒斯以前的数学发展的数千年里，数学家们没有尝试去证明他们认为正确的那些命题，然而，在泰勒斯走出了第一步之后，随后的几代希腊数学家都在沿着他的路，证明的概念也成为数学的基础．

在数学新概念的规划中其他关键性的里程碑是毕达哥拉斯及其学派的贡献．

毕达哥拉斯来自萨摩斯岛，离现在的土耳其海岸不远. 据传说，他出生于公元前572年，这是可信的，一般认为他是米利都的泰勒斯的学生. 他曾前往埃及学习，当他回到萨摩斯岛的时候，他发现这里已经被僭主[⊖]统治了，于是前往处于希腊统治之下的小镇克罗托内（位于现在的意大利），并发现了毕达哥拉斯定理. 各种各样的神秘都被归到那条定理，在当时的环境下，将神话与真理区分开是困难的，它包含在当地的政治中，并且被认为是精英或社会上层的一部分. 这条定理也因此被卷入了与在镇上掌权的民主政体的矛盾，根据通俗历史，毕达哥拉斯在公元前497年被谋杀. 驱散名单上的成员加入了希腊的各种神学院，但他们仍根据毕达哥拉斯的惯例继续数学活动大约两百年. 他们习惯上把一切重要的理论或数学成果归功于规则的发现者，所以我们不清楚哪些是毕达哥拉斯自己的贡献，哪些是他的追随者的贡献.

毕达哥拉斯对数学最著名的贡献之一是以他的名字命名的毕达哥拉斯定理（中国称勾股定理）：在一个直角三角形中，两直角边的平方之和等于斜边平方. 这是最著名的数学定理之一，到现在为止，已经发现了它的数百种不同的证明方法. 超过数学上一般定理性质的发现，毕达哥拉斯在这个问题上的主要贡献是他对一般性质的探索. 正如我们所看到的，巴比伦人知道毕达哥拉斯三角形，即三角形的边长是自然数，满足这个定理，他们更是列出了这样的一张表. 中国人留下了书面说明：如果其他两边的长度是已知的，如何计算一个三角形另一边的长度，并且他们还给出了许多数值的例子和各种三角形的图解. 而由埃及人留下的计算也表明，在很多特定的例子中，他们知道很多直角三角形边长的关系. 即便如此，他们之中也没有任何人怀疑过这个特征是否适用于所有的直角三角形，或者说，即使是对于计算出结果的三角形，他们之中也没有人曾经想过去证明毕达哥拉斯定理. 虽然他们知道两个边长之间的联系，但他们只在特定的计算背景下才会使用它.

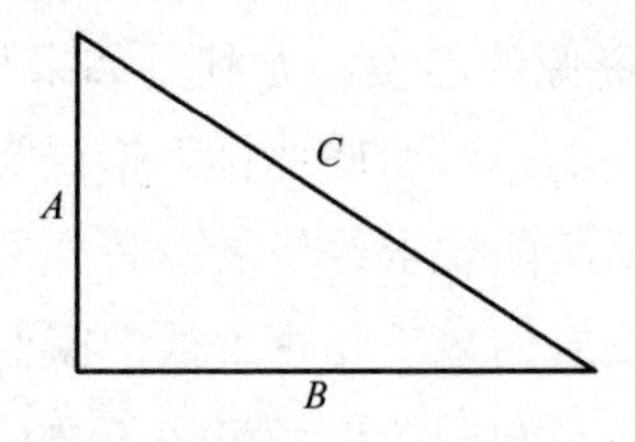

⊖ 古希腊独有的统治者称号，是指通过政变或其他暴力手段夺取政权的独裁者. ——译者注

此外，毕达哥拉斯学派（可能是毕达哥拉斯自己）不仅证明了三角形的边之间的关系，还根据所有毕达哥拉斯三角形可以被计算而发现了一个公式.

公式（用今天的符号）：对任意两个自然数 u 和 v，且 $u>v$，定义

$$A=2uv,\ B=u^2-v^2,\ C=u^2+v^2.$$

一个简单的结论是 $A^2+B^2=C^2$，或者换句话说，A，B，C 是一个毕达哥拉斯三角形的边长. 毕达哥拉斯证明了所有毕达哥拉斯三角形都满足这个规律（这在欧几里得的书中出现过，但没有证明）.

注意概念上的飞跃，巴比伦人和中国人编写出许多毕达哥拉斯三角形，而希腊人则发现了一个包含他们所有发现的证明. 巴比伦人在发现毕达哥拉斯三角形上做了很大的努力，但没想到找出一个可以计算所有问题的公式，实际上，每个人都应该试图找到所有的三角形的公式吗？对于渴望找到能够表示所有数字的这件事上，什么样的进化优势将会被表达？

毕达哥拉斯学派的一个主要观念上的贡献和证明的方法有关. 在下一章我们将讨论毕达哥拉斯学派及其世界观之间的联系. 在这个阶段，我们会注意到，他们相信数字和几何之间的密切联系，世界皆为自然数和它们之间的比率（即分数），或者说在希腊人的语言中，数的大小可以被表达. 让他们吃惊的是，有些数的大小竟然不能表达，而在我们的术语中，这些数称为无理数. 例如，一个边长为 1 的正方形的对角线的长度. 有一种说法，毕达哥拉斯一直在保守这个秘密，之后把他的门徒希帕索斯（Hippasus）扔进了海里，起因就是他在毕达哥拉斯学派之外走漏了这类数的存在. 另一个版本的故事是希帕索斯自己发现无理数的存在，因为他发现了异端所以被抛进大海，他的发现破坏了世界体系的基本信仰. 不管怎样，我们感兴趣的是下面的分步假设证明.

a. 取由一个边长为 1 的正方形的两边及其对角线组成的三角形.

b. 根据毕达哥拉斯定理，直角三角形斜边长是 2 的算术平方根，记作$\sqrt{2}$.

c. 假定$\sqrt{2}$是有理数，换句话说，可以写成一个分数或两个正整数之比，即$\frac{a}{b}$.

d. 设分子或分母是奇数（因为如果都是偶数，那就可以都除以 2，直到其中一个为奇数）.

e. 取$\frac{a}{b}$的平方，根据假设它等于 2，有等式 $a^2=2b^2$.

f. 因此 a 是偶数，记作 $2c$.

g. 用 $2c$ 代替 a 可得 $4c^2=2b^2$.

h. 约去 2 可以得出一个结论 b 也是偶数.

i. 但我们明确了 a 和 b 不能同时为偶数，从而得出了与$\sqrt{2}$是有理数的假设矛盾的结论.

j. 结论：假定$\sqrt{2}$是有理数得出矛盾，因此$\sqrt{2}$不能写作分数，$\sqrt{2}$是无理数.

这种证明被称为*归谬法*. 这种利用矛盾的论点不仅在当时非常具有创新性，而且它与人类大脑的自然工作方式背道而驰，一种以“假设 X 不存在”开始的断言该如何进行下去呢？除了数学课堂之外，请读者试想一下，何时何地还直观地用到了假设事物不存在这样的思考过程. 直觉思维是建立在对当前观察和先前情况认识之间存在关联的基础上的. 一个不存在的事件自然不会产生关联性. 在数学上得到发展多年以后，也很难评估这种方法具有怎样的革命性. 毕达哥拉斯隐藏无理数的发现的真正原因可能是因为他们没有通过定理完全确定归谬法的证明是正确的. 对于证明的不确定在现在也重复着，在本章中我们将在数学基础上对此加以讨论.

毕达哥拉斯学派也十分熟悉素数，即那些仅被本身和 1 整除的自然数. 希腊人证明了素数的数目是无穷的. 他们的证明是简单的

a. 首先，注意到每个自然数都能表示成素因子的乘积.

b. 将 n 个素数相乘，再将结果加 1，我们得到一个数 M.

c. 如果 M 是素数，我们就得到了一个不同于已有的 n 个素数的新素数.

d. 如果 M 不是素数，取 M 的一个素因子.

e. 这个素因子能把 M 分解，并且没有余数. 因此 M 的这个素因子不同于已有的那 n 个素数，因为当用它们分解 M 时，余数为 1.

f. 于是，按照第二种可能（即步骤 d），我们还可以再找到一个不同于做乘法的 n 个数的素数.

g. 因此我们得到了超过 n 个的素数，而 n 是任意的，所以素数的个数不是有限的，关于素数的数目不是有限的证明完成.

但为什么每个人都应该对素数是否是无穷的这个问题感兴趣，哪里有进化哪里就会有这样一个问题，是否任何特定对象的无理数都是有意义的？对素数的数学性质感兴趣，包括明显无用的性质，开始于希腊人，而且贯穿于几代数学家，至今仍是数学研究的一个重要组成部分. 在当今时代，除了抽象的数学

兴趣外，人们还发现了素数的使用，包括商业用途如编码，我们将会进一步讨论. 几千年来的兴趣纯粹是数学. 然而，对希腊人来说，涉及不同数字似乎不止是出于好奇心，更是出于他们能更好地理解他们周围的世界的信仰.

在下一次惊人的飞跃中，希腊人在数学上的发展可以归功于雅典学院及其原则，特别是它的创始人——柏拉图（Plato），他的朋友欧多克斯（Eudoxus），以及他的学生亚里士多德（Aristotle）. 这一团队在概念上的贡献可以总结为方法的公理化，即在演绎证明系统中，将数学公理和逻辑作为基本工具. 我们将尽量在本书的这部分内容和以后的内容中建立起这两个与人类思维的自然直觉冲突的贡献.

柏拉图（Plato，前427—前347）出身于一个有影响力的贵族家庭，他是苏格拉底（Socrates）的学生，后者被认为是西方政治哲学之父. 在他的青年时期，柏拉图怀有政治志向，但他放弃了，也许是因为他看到了在苏格拉底身上发生的事（苏格拉底因为反对和批评雅典统治者而被判处死刑）. 柏拉图周游世界，游览埃及和西西里岛的希腊殖民地，在那里他学到了埃及数学并结识了毕达哥拉斯. 回到雅典后，他建立了西方世界的第一所学院. 该学院在当代科学和哲学方面有决定性的影响. 柏拉图主要是哲学家，他对数学的兴趣源于他的信念，即自然科学的真理. 在学院的入口写着“不懂几何者不得入内”. 柏拉图更进一步，按照他在其他领域发展的哲学，声称数学或数学结果在思想世界中是独立存在的，而这些想法并不一定与日常生活所体验到的现实世界有关. 具体来说，柏拉图认为，我们不是数学结果的发明者，而是发现者. 正确的方法是建立假设，我们称之为公理，并通过它们从演绎逻辑中提取数学真理，由此，公理应该是简单和不言自明的. 公理的数量越少越好. 在现代数学中，这是一种被普遍接受的观点（诚然，并不是对所有的研究人员），研究人员可以自由选择他们的公理. 柏拉图是否赞同是值得怀疑的. 他认为，公理是人与数学真理之间的联系，它们必须是“正确的”.

建立公理和在规定的情况下假设检验是今天公认的分析方法，不仅在数学也在许多其他领域得到了应用. 然而，我们应该意识到这种方法与人类的自然思维相悖. 很难理解进化论如何给一个人以优势，这个人曾说：“在附近看不到老虎，所以我认为这个地区没有老虎.”可这对于那些忽略了这些属性的人来说，会有什么好处呢? 即使是对在这样的系统下成长的数学家，公理也不能限制他们对其他公理的直觉. 首先，他们要解决自己面临的直观的问题，或者思考如何去解决它，这样，他们才能检查这些解决方案是完全基于公理的，还是基于附加假设的，抑或是基于不符合公理的属性．在后者的情况下，他们必须寻找另一种解决办法．在柏拉图时代，重点放在了抽象的数学问题上，如化圆为方（求与已知圆的面积相等的正方形），把一个角分成三个相等的角，或者是倍立方体问题（如计算一个是给定的立方体体积两倍的立方体的边长），而所有这些只能通过直尺和圆规完成．换句话说，他们试图只用尺子和圆规来画一个与给定圆面积相等的正方形（对其他问题也如此）．

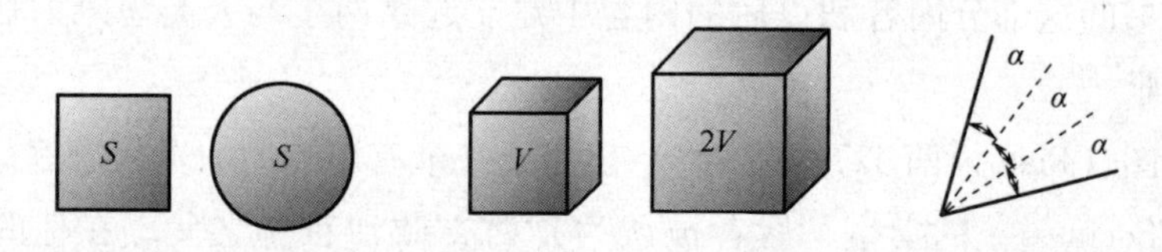

这些问题早在柏拉图之前就为人所知了．化圆为方（求与已知圆面积相等的正方形）问题可归因于哲学家阿那克萨戈拉（Anaxagoras），这是他因为不敬之罪而被关在监狱里时思考出来的．在柏拉图的时代，这些问题受到了更多的关注，这也正是在尽可能少的假设基础上尽可能地建立数学证明的努力．这个问题的答案是不可能仅用一把尺子和一个圆规就能完成的．完整的证明直到 19 世纪才获得．这些以及与之类似的问题促使着人们从希腊时代一直研究到了今天．

问题产生了，是什么使希腊人对这些问题产生了兴趣？有个故事说的是一个立方体的体积的问题，希腊的统治者由于羡慕相邻城邦的统治者，而要求建筑师为其建造一座是已知立方体体积双倍的陵墓．这个故事并不是很有说服力，因为统治者没有理由限制他的建筑师只用一把尺子和一个圆规．舍弃使用一切可能手段的思想在进化竞争中是站不住脚的．想象一个古代人正想着如何从老虎身边逃出来时的想法“我好想知道我能不能只用一条腿跑．”这样的个体将无法生存．另一个版本的这些问题的来源则是在普鲁塔克的著作中找到的．根据这个故事，得洛斯城的居民寻求当地神谕的建议，如何才能化解他们之间的纠纷．神谕的答案（并不奇怪，他很可能会这样说）是他们应该在城市中增加一倍的阿波罗的祭坛．居民们只好去问柏拉图如何做到这一点，柏拉图认为，神谕无疑有其独道的数学意图，他解释了神谕的指示，意思是人们应该只使用一把尺子和一个圆规去建造（也不奇怪，因为柏拉图想促进他的方法）．关键的一点是，无论是从哪个版本开始，显然不切实际的问题从那时起就已经在数学家那里占据了位置.

欧多克斯（Eudoxus，前 408—前 355）出生在尼多斯，曾向阿尔希塔斯（Archytas）学习几何，公元前 368 年他在雅典加入柏拉图学院，欧多克斯对天文学和数学做了许多贡献. 在这里，我们将仅关注他在哲学和数学实践中的一些重大贡献. 他的两项创新源于他对无理数的研究. 在他那个时代，人们已经知道许多几何尺寸不能表示为两个整数的比（柏拉图已经证明了多达 17 个素数的平方根是无理数）. 现在我们把有理数和无理数都称为实数，但在当时，人们并不清楚无理数在何种意义上也是数. 欧多克斯一方面发展了一个数学理论用于区分计算两个独立元素的数字（今天称为自然数）及其比率，另一方面发展了用数字来测量几何长度. 根据欧多克斯的观点，两系统中的数学运算有不同的意义. 在几何意义上，对加法、乘法等运算的解释是几何的. 例如，在乘法中，$\sqrt{2}$乘以$\sqrt{3}$表示边长为$\sqrt{2}$和$\sqrt{3}$的矩形的面积. 对于自然数，欧多克斯定义了两个数字的比例：说 n 除以 m 其实就是在求 m 量尽 n 的次数；再说两个数 n 和 m 的乘积，结果就是数 n 个元素 m 次. 这样区分的结果是几何与代数或算术的分离，直到 17 世纪才由笛卡儿建立起两者的联系. 值得注意的是，即使在今天，我们也使用“平方”的几何概念来表示一个数与它本身相乘. 之所以要区分两种类型的数字，是由于欧多克斯使用的概念今天仍被认为是数学的基础，也就是定义和公理. 他定义了有理数、点、线、长度，等等，并清晰地建立了几个公理. 这显然是首次提出精确定义和公理的尝试之一.

给出确切定义的需要并不是自然的. 在人与人的讨论中，足以达到这样一种形式，即参与者知道他们正在讨论的内容，并且没有必要把时间浪费在讨论主题的准确定义上. 当大家都知道这些术语是什么意思的时候，浪费时间和精力来定义点、长度、平面似乎是多余的. 显然，在希腊人之前的几千年的数学发展中，给出定义的过程似乎没有必要，但雅典的学者们并没有这样做，数学从他们那里继承了实践，一直到今天还得以保存.

欧多克斯的另一项贡献，本质上是技术上的，被称为“穷竭法”. 这是对毕达哥拉斯学派的一项发展的延伸，他们发现无理数不能用自然数来表示，但是它们可以用自然数的比近似表示. 欧多克斯发现了一种计算一般封闭曲线面积的方法，如一个圆，通过移动它里面的区域，将其变成矩形或其他面积可以简单计算的形状，直到总面积的计算“穷竭”. 因此，面积可以被近似地计算出来. 欧多克斯的方法非常接近现代的极限的概念，但他并没有达到它. 而这是多年后由阿基米德发展起来的，今天仍然被用作微积分学的基础．除了穷竭法的技术贡献之外，一般方法的表述其本身就是一个重要的贡献．

雅典学院荣誉榜的第三位人物是柏拉图的学生亚里士多德，亚里士多德出生于公元前384年，像柏拉图一样，他也来自一个贵族家庭．他的父亲是马其顿国王的御医．在早期，亚里士多德移居雅典，成为柏拉图的学生．在柏拉图生命的最后，或者在他死后（这还不够清楚），亚里士多德离开了雅典．他离开柏拉图学院显然是对学院科学方向有不同意见的结果．他的决定也有可能是受到了他没被指定为柏拉图继任者的影响．他还担心被雅典人迫害，因为他认为自己是马其顿人，是雅典的敌人．之后，他创立了马其顿皇家学院并在那里给亚历山大大帝授课，他成为当时世界上最杰出的人物．后来，亚里士多德回到了雅典，创立了自己的学院，在现在的雅典，人们依然可以看到它的遗迹，亚历山大死后，雅典人指责亚里士多德支持马其顿，他再次逃亡，回到马其顿，死于公元前322年．

亚里士多德对新数学的主要贡献在于把逻辑作为分析和得出结论的工具．亚里士多德的三段论仍然是逻辑的基础，经过漫长时间洗礼，我们对这些规则早已非常熟悉，以至于这些公式看起来简单、正确、无可争辩．我们认为，这些规则中的一些，即使通过有条理的想法也很容易与它们达成一致，但它们却不能与直觉思维或自然发展的语言一致．我们现在就来处理其中的一些规则．

按照公认的惯例，我们将会用字母P或Q表示断言或陈述．我们有时会缩写．例如，“P蕴含Q”的意思为，在任何情况下如果P成立，那么Q一定成立（使用数学术语为，在任何情况下，如果P是真的，那么Q一定是真的）．类似地，我们有时写“P”意味着P成立（或是正确的），我们有时写“非P”意味着P不成立（也就是说，P是错的）．

第一个规则被称为*假言推理*，它是直观的逻辑断言的一个例子，这个断言可以被猜测是印证进化结果的一个依据．

如果P蕴含Q，
并且如果P成立，
那么Q成立．

接着是这样一个断言：如果下雨，人行道是湿的；现在正在下雨，因此人行道是湿的，这种说法是直观的，因为每一个人都知道这种关系成立．巴甫洛夫效应是假言推理：铃响了意味着食物来了．从这个例子到数学的假言推理的影响并不远，正如上面举的动物和人的例子.

下一个三段论，即否定式，是不同的，如下：

如果 P 蕴含 Q，

并且如果 Q 是错误的，

那么 P 是错误的.

接着是这样一个断言：如果下雨，人行道是湿的；人行道不湿，天没有下雨. 从数学逻辑层面来看，像之前的那个一样，这个断言是正确的. 然而大脑接受起来却很难. 困难的原因在于对不存在的事情的陈述. 大脑更容易直观地接受发生的事并从中得出结论. 而从未发生的事情中得出结论则要困难得多. 许多事情没有发生，进化也没有教会大脑如何扫描那些不存在的事情，并从中得出结论.

显然，我们必须区分两种看似相同的否定. “人行道不湿”，我们的思想中理解为“人行道是干的”，但比起“人行道没湿，没有下雨”这个断言，我们更容易得出“人行道是干的，没有下雨”这个断言. 我们可以从这一点获得一个建议，告诉或者说服某些人这样的事：避开基于“不”的争论.

直观运用三段论的困难已经被哲学家承认，他们发明了识别这样的错误或推理谬误的技术. 下面是从许多可信的实例中选出的一个. 一个人的表述如下：

没有教养的人读小报.

我不读小报.

他暗示自己是一个有文化的人. 很多人至少会在直觉上同意这一点，但这个结论不是他的陈述的逻辑结果.

这两个三段论的联系在接下来的两个规则中是固有的，也是亚里士多德制定的. 第一个被称为*排中律*：

每一个命题 P 或者成立或者不成立，也就是说命题 P 或者正确或者错误.

第二个是*矛盾定律*：

一个命题不能同时正确或错误，也就是说 P 和非 P 不能同时存在.

上面谈论的这个证明通常叫作归谬法，并且，正如我们所说，基于这些规则，有些断言是很难直观理解的. 我们想证明 P，然后由假设非 P 得到矛盾，从而得出 P 成立的结论. 这听起来简单，直观有序地分析这个命题也是简单的，但直观运用这个原理绝不是简单的. 从直观上发展这个原则，人们将获得什么样的进化优势？如下所示，在 20 世纪的数学基础研究中，排中律将起到至关重要的作用.

亚里士多德对数学、物理学和哲学也做出了其他的贡献，我们将在本书后面对此做一些描述. 这里，我们将提到他对无限概念的介入. 早期的人类对无限并没有一个明确的概念. 当他们提到无穷时，他们的理解是集合太大，不能计算或被包含. 然而，无限这个概念却大大激发了希腊人的兴趣，尤其是将其与世界的物理结构以及它所存在的时间联系起来. 芝诺（Zeno）跟随他的老师巴门尼德（Parmenides)，间接地在他的悖论中提到过无限. 我们在第 51 节中将会提到二分法悖论，这里只简单陈述，一个人永远到不了他想要去的地方，他已经到了距离的第一个二分之一，之后是距离的四分之一，然后是八分之一，……无限多的步骤. 在这个所谓的悖论之后，亚里士多德提出了一个复杂的无限理论，我们不在这里描述，因为它与数学无关. 它对数学的贡献是区分潜在的无限和无限元素的集合. 在亚里士多德的术语中，潜在的无限指的是不限制大小的有限集合，如增加素数的有限集合. 他把这些与一组无限大的数区别开来. 无限的后一种类型是不可接受的数学概念，服从逻辑操作. 因此，根据他的观点，“质数多还是偶数多”并不是一个合理的问题. 数学家们在 19 世纪和 20 世纪又重新研究了这些概念.

希腊数学在古典时期的贡献是由欧几里得（Euclid）总结的. 关于欧几里得的生平，我们所知道的不多. 他生活在公元前 300 年，曾在雅典学院学习过，但他在埃及的亚历山大完成了自己的大部分工作. 他是这座城市著名学术中心的创始人之一. 尽管欧几里得活跃在古典时期以后，但他的主要数学著作（包括十三卷)——《几何原本》却有序而又详细地呈现出了古典希腊时期数学知识的发展. 此外，《几何原本》也组织、编排和介绍了那个时代人们提出的一些新奇的方法. 除了搜集一些令人印象深刻的数学发现之外，这本书还发展出了基于定义、公理、演绎证明，以及三段论的定义. 写在欧几里得时期的《几何原本》所有版本都没有副本. 所有的版本中（其中最早的片段是公元第一世纪的，即大约欧几里得时代的四百年后；而最古老的完整版本则是公元 9 世纪的）都发现含有那些抄写书籍的备注、修改和增补. 比较不同的版本，我们可以得出这样的结论：欧几里得根据不同的主题组织和编排了这本书，给出了定义，建立了他自己的证明方法，从而奠定了整个方法的基础. 难怪《几何原本》会成为有史以来世界上传播最广的书籍之一，显然它也已经成为除《圣经》之外被翻译语言最多的书籍.

8. 希腊人的动机是什么

为什么希腊人会提出一些目的不明确的问题，并尝试通过不直观的方法去回答它们?

在文献中提到的一个原因是技术. 希腊人发现了巴比伦人和埃及人计算中的错误、不一致和矛盾，为了解决这些，他们开发了一种更为精确的数学形式. 我不相信这就是原因. 如果你不确定两种计算中哪种正确或者你怀疑计算的准确性，那么你可以更精确地进行计算从而得出正确的答案. 此外，希腊人知道巴比伦人和埃及人在许多领域的计算比他们自己更精确.

有一种似是而非的解释是，与古希腊的政治和经济形势有关. 虽然在当时，有许多城邦间以及小国间的战争，但通常情况下，民主的气氛十分盛行，政治和社会哲学得到了巨大的发展. 在这样的环境下，对哲学的学习是很重要的，当时没有哪个统治者和政府会需要一门速成的学问，也没有哪个政府指派的委员会决定要优先考虑研究什么，在这样的氛围中，如果一个人对任何事都能产生怀疑，并对学习抱有极大的好奇心，那么这是一种高质量的追求，这样就会有较大的成就被创造出来，即使需要在很长时间以后才能从中受益. 对于这一点，我们必须考虑这样的事实，即这些研究发展的主要贡献者都是已经建立起了自己家庭的人，他们可以不考虑生计和生活，专心研究学术，并能在非正统的道路上发展. 这些考虑解释了基础研究是怎样发展的，但是却并没有解释为什么它会朝着非直觉的方向发展，而且和进化所决定的东西相反.

对于希腊人所走的路的解释是错觉. 我们将在这一点上展开，因为它和下一章的内容相关. 希腊人熟悉几何上的或视觉上的错觉（以下简称错觉），因此他们尝试不依赖于表象来证明数学命题，换句话说，就是仅依赖公理和逻辑演绎去证明. 我们将会讲述两个有名的错觉.

第一个是缪勒-莱耶错觉（Müller-Lyer illusion），由 1889 年发表它的科学家命名. 下图中上面的线看起来比下面的短，而事实上这两条线的长度一样，我们暂且忽略这一点（见图）.

大脑不受控制地修正眼睛接收到的信号，缩短上面的线的长度，加长下面的线的长度，以此来得到“正确”的长度.

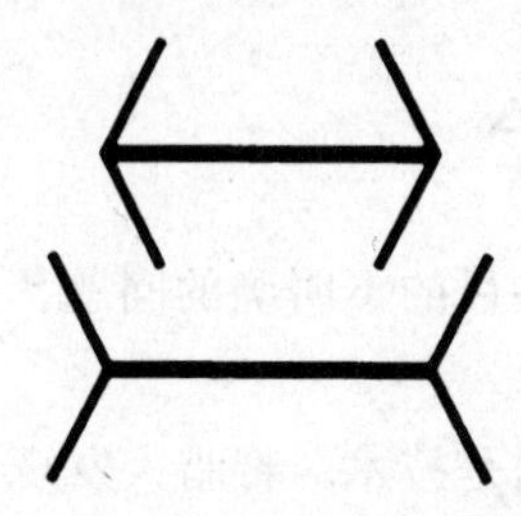

答案依赖于进化．对于信号的正确解释给出了进化优势，并嵌入基因中．因此大脑分析信息的方式不能改变．如图，我们把眼睛看向水平线，就会发现在特殊位置的线是长度相等的．但是当大脑自发地对所见到的事物进行解释时，我们就不能对特殊情境中的线这样做．无论如何，改变大脑解释所见事物的方式都是不明智的，因为如果我们这样做了，就会导致很多错误，很多情况下，上面的线确实比下面的线短．

第二个例子是波根多夫错觉（Poggendorff illusion），它在1860年被公布．对于未经训练的观察者，下图中斜着的线不是一条被折断的直线的一部分，但是确实很容易表明它们是在同一条直线上．在这个例子中，也有一个关于大脑为什么会“误导”我们的解释．大脑通过比较角，而不是比较线的方式思考．斜线和垂线的夹角使得大脑产生了错觉．在这里，错觉并不是来自于大脑对于它所接收到的数据的修正，即“软件”修正，而是大脑所使用的“硬件”修正．大脑看几何的方式导致了这样的错误．在这样的情况下，大脑虽然也被训练去避免错误，但是想阻止所有这样的错误却是不可能的．

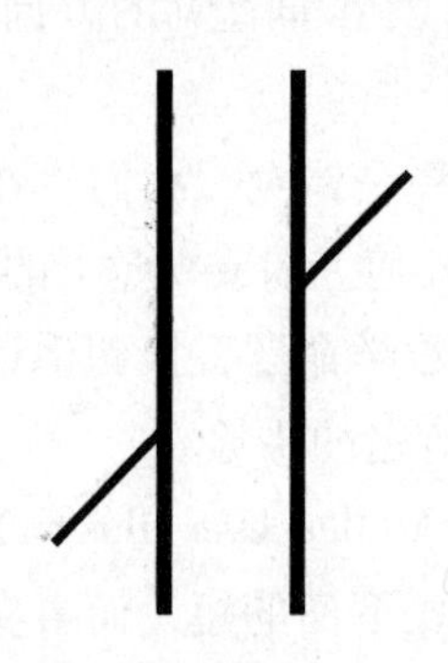

像这样的错觉在各个年龄段的艺术家和工程师中也会经常出现，而且他们会通过所学的知识让那些对视效应感兴趣的人印象深刻．我的朋友，来自米兰的数学家阿里戈·切利那（Arrigo Cellina）使我注意到了圣沙弟乐圣母堂后殿，它位于米兰主要的城市广场圣母百花大教堂（大教堂广场）的附近．这座教堂

建于15世纪，进入教堂之后，人们就会看到中殿，然后是讲道台，在它后面有一个半圆形的穹顶，其顶棚上装饰了很多有趣的绘画. 但在接近讲道台时，我们会看到穹顶，其纵深和圆顶是一个非常有趣的视错觉体验. 强烈推荐.

视错误和视错觉让希腊人如此痴迷，以至于使他们达到了极致. 为了不依赖于外观或者人们所看到的景象，例如有关角的数学证明，他们会以曲线而不是直线为边来画三角形，目的是只依赖于公理，而避免由外观和视觉产生的错误. 尽管如此，即便是希腊人也不可避免地在某种程度上和素描及绘画产生关联. 在面对一些事物时，虽然绘画和基于公理的推理证明是不相关的，但是大脑似乎在没有隐喻或者模型及以往经验的帮助下是无法处理抽象公理的. 大脑的这个特征，或者说是局限性，每次都会使抽象数学被用于描述几何或者自然现象. 在自然的数学描述中，正如我们在下一章中看到的，即使数学可以很独立，不需要视觉模型，可大脑却还是需要一个模型或者隐喻来使它能够分析和理解数学.

第二章

数学与希腊人的世界观

- 数字是神圣的吗?
- 数字和音符之间有什么关系?
- 是谁发现了世界是由原子构成的?
- 数学是被发现的还是被创造的?
- 按照亚里士多德的说法，我们长出牙齿的原因是什么?
- 为什么“上”的意思是进步，而“下”就意味着堕落呢?
- 星体的运动轨迹是圆形的吗?
- 太阳和地球之间是谁以谁为中心旋转的呢?
- 精密的或者简单的，哪个更好呢?

9. 基础科学的起源：提问题

在古巴比伦和古埃及的文明中，人类社会经历了几千年的发展进程，社会生活中都需要更广泛的数学运算知识，这是因为数学知识一方面与贸易、农业和工程学相关联，另一方面又与天文事件的预测相联系．正如我们已经提及的，阿布辛贝神庙的建造就是一个典型的例子．神庙的设计师成功实施了建立一个巨大庙宇的计划，使得太阳的光芒以每年两次的频率照亮古埃及第十九王朝法老拉美西斯二世的石雕巨像．其他的古代文明也具备计算的能力，并以此来考虑天体运动的问题．例如，使我们铭记不忘的巨石阵，它位于英格兰索尔兹伯里平原上，巨石阵的结构向我们展示了巨石位置和一年中不同季节时太阳的升降之间惊人的和谐．经过多年对天体运动的详细观察，人们对行星的运动已经有了详细的了解．埃及人和巴比伦人编制的历法中包括了一年时间的长短（365天，是根据埃及人的测量得出的数据），以及太阴月（月球绕地球的周期）和太阳年（地球绕太阳的周期）之间的关系．他们根据这些历法来计划农业生产活动以及其他事情．然而，在那个年代，他们并没有去尝试以这些观察为基础去发现运动的法则，也就是，去寻找解释天体运动的一般规律. 无论尝试解释行星运动的哪方面，都必然提及负责各种天体的神. 直到希腊人的出场，数学的发展才与我们所期望的进化原理步入同一轨道中. 也就是说，数学的先期发展在人类和其他物种的进化竞争过程中做出了直接的贡献. 后来，数学的发展也在人类社会自身之间对土地资源、食物、能源等等的竞争中发挥了作用. 在进化的竞争过程中，基本的问题也就是奢侈浪费，这是不能被允许的. 在希腊人出现之前，人类不能完全自由地去问这些基本的问题.

对于第一个试图建造一个物理模型来描述世界这件事，应该归功于米利都的泰勒斯和他的继任者. 我们在之前的章节中曾经提到过他们. 泰勒斯也是宣称数学能够用来构建现实世界模型的第一人. 数学（mathematics）一词源于希腊语 μάθημα（发音是 mathema），意思是课程、理解、学习. 数学这个词也常用来表示科学本身（在希伯来语中，科学这个词是源于学问这个词语）. 除了寻找宇宙运行的规则之外，希腊人也提出了更多哲学问题，比如为什么宇宙中会出现各种各样的现象，它们的本质都是什么？自然界中特殊规律存在的目的是什么？有些问题不是来自于进化角度的自然问题. 一个物种为了某种目的而开始消耗资源和能量，从长远来看他们是可以找到结果的，但是从近期来看这样做也降低了他们的生存机会. 关于自然法则的本质与目的的争辩，即目的论，开始于希腊人并世代延续直至今天. 对于希腊人来说，目的正是从事科学研究的理由. 我们并不清楚泰勒斯和继他之后的希腊哲学家们关注这些问题的动机是什么. 最好的解释看起来就是在前面章节中提到的学术自由. 尽管在数学发展的方向上发生了巨大的变化，暂时地远离了进化的直接需要，我们仍将会看到，进化对数学的发展产生着重大影响.

泰勒斯本人没有想到该发现会有助于世人了解世界（许多年后，泰勒斯有预见性地预测到日食发生在公元前 585 年. 这种说法是值得怀疑的，因为以当时人们对数学的理解和所使用的数学工具不大可能使他做出这样的预测）. 然而，这样的问题被泰勒斯和他的学派提出来，例如，构成世界的基本物质是什么？天体是由什么组成的？地球位于哪里？地球是平面还是一个球体？这些问题开启了人类历史中的科学纪元. 泰勒斯和他的继任者们奠定了阐释世界的基本原则，例如，利用尽可能少的假设去解释问题和寻找尽可能简单的解释. 一直到我们所处的时代，这些都在正确地指引着科学的发展.

10. 第一个数学模型

毕达哥拉斯学派首先构建出宇宙结构的模型. 他们认为，自然界是基于自然数而构建的，并且在宇宙结构中找到了与之相对应的自然数. 他们认为 1 到 4 这四个数字具有神秘性，几乎是神圣的，并且具有重要的意义. 而且这四个数字的和，即 10，有特殊的重要性. 支撑他们这种信念的原因之一是他们看到了自然数和几何之间的直接联系. 现在，这些数字就是三角形数、平方数，等等，其呈现形式如下：

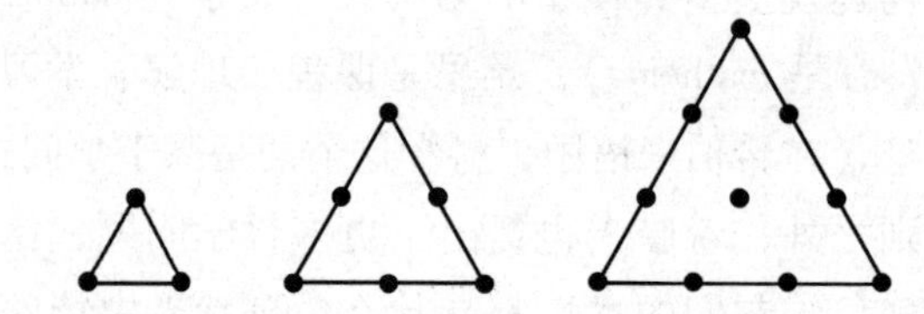

三角形数是指那些可以被安放在三角形上的数：1，3，6，10，…，如上图中黑色实心点所示. 正方形数（平方数）是指那些可以被安放在正方形上的数：1，4，9，16，…，如下图中黑色实心点所示.

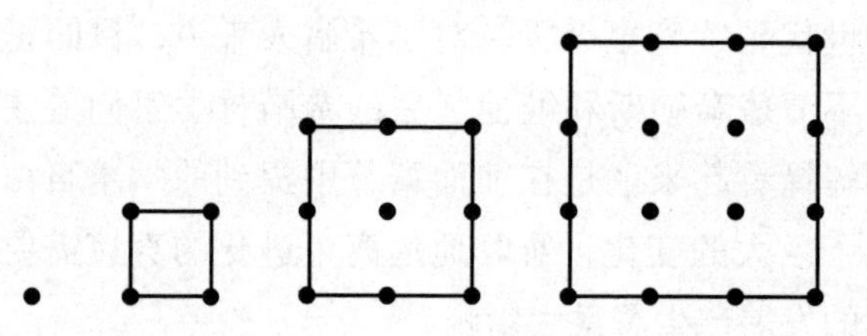

类似地，五角形数是 1，5，12，22，…，也有六角形数和更多的这样的数. 因此，希腊人认为数字 1、2、3 和 4 是宇宙的维度，即点、线、面和空间. 它们的和是 10，因此数字 10 是重要的，甚至是神圣不可侵犯的.

希腊人用这些图解来证明数学陈述. 例如，从图中不难看出，第 n 个三角形数恰好是从 1 到 n 这 n 个自然数的和，例如对于第四个三角形数 10，有 $1+2+3+4=10$.

另一个几何证明的例子是等式

$$1+3+5+\cdots+(2n-1)=n^2.$$

在今天的学校里，这种等式通过数学归纳法来证明（即，验证 $n=1$ 时成立，再由假设 $2n-1$ 时等式成立推出 $2n+1$ 时也成立）. 虽然下面所示的几何证明是基于外在表象的，但它却是更简单的，而且也给出了一个为什么等式成立的直观解释.

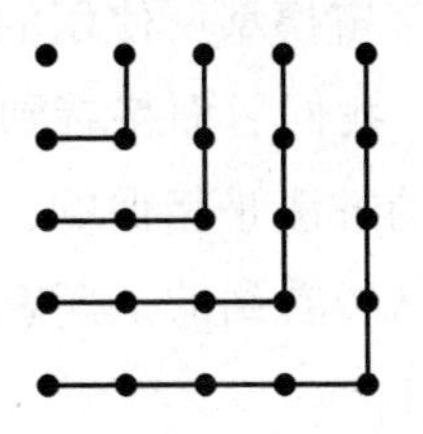

另一个发现使得毕达哥拉斯学派更强化了其关于自然数与世界存在联系的信念，即他们发现了自然数和音乐之间的紧密关系. 通过对弦乐器的实验，他们发现如果弦长减半，它产生的音符将比原来高一个八度（即使在今天，人们对如何用耳朵去识别一个音符和比其高一个八度的音符的物理机制仍然是不清楚的）. 因此，比率2:1有物理意义；同样，音乐中的第五音程，其比率为3:2；完美的第四音程，其比率是4:3. 这些研究结果深化了他们的信念，即数字1到4具有超越了简单计数意义的范畴. 同样，由数字1、2和3能够说明算术平均值关系（2是1和3的算术平均值），用数字1、2和4能够说明几何平均值关系（2是1和4的几何平均值）. 此外，调和平均数关系能够由3、4和6来说明.

提示：数a和b的算术平均值是$\frac{a+b}{2}$. 数a和b的几何平均值是$\sqrt{ab}$. 如果$\frac{1}{c}$等于$\frac{1}{2}\left(\frac{1}{a}+\frac{1}{b}\right)$，数$a$和$b$的调和平均值就是$c$. 不同的平均值其用途不同. 例如，几何平均值$\sqrt{ab}$表示的是与长和宽分别为$a$和$b$的矩形的面积相同的正方形的边长. 调和平均值也有其应用，比如，一辆车从一个城市到另一个城市的平均速度是a，而返程时的平均速度是b. 那么整个行程的平均速度就是a和b的调和平均值.

毕达哥拉斯学派熟悉各种平均值以及它们与几何和力学之间的联系. 从这方面的知识来说，这对于让人们相信根据几何构建的世界是由自然数构成的来说，只能说是走了很小的一步. 数与我们所处的世界之间的联系是如此接近，有理由用数字来寻找宇宙的数学描述. 由于希腊人认为数字10是神圣的，所以他们寻找了一幅由10个天体组成的宇宙蓝图. 他们知道其中的8个：地球、太阳、月球以及那个时候人们已知的五大行星. 希腊人把位于宇宙中心的“中心火”作为蓝图中的基本天体，并且构建了一个所有天体都要围绕“中心火”旋转的想象中的宇宙. 在某种程度上知道了这9个天体后，为了寻找10个天体来完成这幅蓝图，希腊人又添加了另一个天体，叫“对地”，意思是与地球相对的，并把它放在“中心火”的另一边．这样的位置解释了我们为什么看不到“对地”．毕达哥拉斯学派建立宇宙模型所使用的逻辑和方法看上去似乎是天真的，但确实是原创性的．然而，我们后面将看到希腊人所采用的科学方法与直至今天的历代物理学家所使用的方法是相似的，那就是寻找一个适合已知事实的数学模式的方法．正如我们已经看到的，探索这样的模式是进化中嵌入到人类基因里的一个本质特征．

虽然毕达哥拉斯学派不了解行星运动的本质，但是，他们确实分辨清楚了行星的不规则运动（在希腊文中，行星和流浪者这两个词来自于同一词根）．因此，他们认为行星在本质上是与其他星体不同的，并专注于研究它们在宇宙中的情形．一些希腊人认为，其他的恒星比像太阳和月球这样的行星更接近地球，当时他们是把太阳和月球作为行星的．值得注意的是毕达哥拉斯的第一个天体模型中 9 个天体是围绕“中心火”运动的；换句话说，该模型中没有将地球定位在宇宙的中心．毕达哥拉斯学派还声称地球是一个球体，这与由我们的感觉所引导我们去思考的结果相矛盾．他们的推理是有指导意义的，他们说地球是完美的，而最完美的几何形式是一个球体，因此地球是一个球体．古往今来，这样的推理有助于科学思想的发展，但同时，正如我们所看到的，它也构成了科学发展的一个障碍．直到 17 世纪，科学家才克服了相信天体运动轨迹是完美圆形的心理障碍．

认为自然界是基于自然数的，自然数都是由 1 对其本身不同次数累加而构成的，这些想法和理解导致了公元前 5 世纪的留基伯（Leucippus）和他的著名弟子德谟克利特（Democritus，前 460—前 370）主张世界是由原子构成的．根据这两个人和其继承者的观点，原子是不能再分的．在是否所有的原子都是相同的，或者是否存在不同类型的原子这样的问题上，这些科学家们的意见是不一致的，但他们都同意这样的观点，即原子形成更复杂物质的方式决定了那些物质具有各自不同的性质，包括它们的形状、颜色、硬度，等等．他们的观点不仅仅是根据数学上的推理，而且也给出了其他的解释．一方面是他们从米利都的前辈那里继承来的物质保持性的原理．如果物质能被不断细分下去，最终分解成没有体积的微粒，那么这些微粒如何能变成现实的物质呢？一直到 20 世纪，数学才解决了这个进退两难的问题，即给出了这样的数学构架，一个可测量的长度是由点构成的，然而每个点的长度却都是零．

另一个争论是原子论者需要解释运动，如果物质是连续的，并且在两个相邻的微粒间没有空隙，那么它们是如何运动的呢？他们也宣称由于原子的体积过小，所以我们不能察觉到它们的存在，它们不断随机地、无目的地运动．一个类似的运动形式就是18世纪人们发现的布朗运动（Brownian motion）［以它的发现者罗伯特·布朗（Robert Brown）而命名］，即悬浮在流体中的微粒表现出的一种无规则运动；后来，人们发现原子的运动与布朗运动类似．直到20世纪初，才由阿尔伯特·爱因斯坦（Albert Einstein）给出了原子运动的数学解释．最后，希腊的原子论者被认为是以原子论观点理解自然的先驱者，其方法一直发展到19世纪末20世纪初．现代希腊政府发行的各种邮票和纸币上的图案会印有德谟克利特的肖像和原子的符号．无论怎样，应该承认现代原子论方法的先行者就是留基伯和德谟克利特，把这个伟大的荣耀归功于希腊人是无可争辩的．在当时希腊原子论者的理论仅仅基于哲学研究和数学推理，并没有可以支撑的证据．亚里士多德反对希腊原子论者的观点，后面，我们将讨论他反对的理由，他的连续理论被大多数希腊科学家和哲学家所接受，尽管直到公元1世纪原子论的支持者仍然是活跃的．几千年后，自然界的原子结构又一次出现并被接受，但此时的它却是基于可靠的物理证据．

基于数学知识构建自然界模型并使其适应现实世界的另一个例子，就是认为现实世界的正多面体与组成自然界的基本成分之间存在着对应关系．所谓正多面体，是指多面体的各个面都是全等的正多边形．立方体就是一个正多面体．在希腊之前数千年，正多面体就被人类了解了，但希腊人是唯一试图去识别所有正多面体的人．后来，希腊作家把正多面体的发现归功于毕达哥拉斯，然而，一些人相信其发现者是与柏拉图同时代的西厄蒂特斯（Theaetetus）．无论如何，在柏拉图时期，人们就已经知道只存在五种正多面体：正四面体、立方体、正八面体、正十二面体和正二十面体，如下图所示．一方面是有五种正多面体，另一方面是希腊人相信自然界有五种基本的元素：水、气、土、火和宇宙．有什么能比用正多面体来反映自然界的基本元素更自然的呢？这样的联系要归功于柏拉图本人：正四面体是火，立方体是土，正八面体是气，正十二面体是宇宙，正二十面体是水．

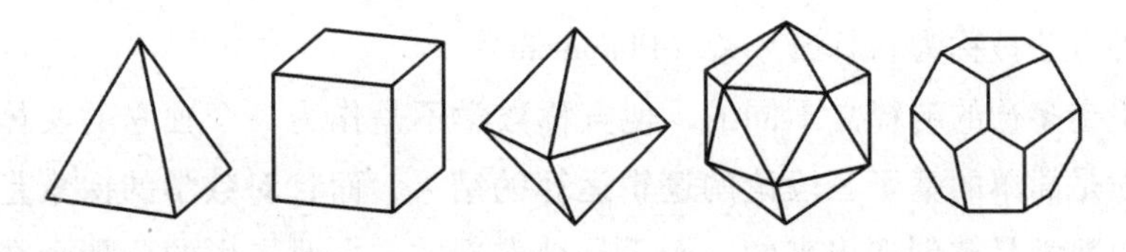

在今天看来这样的联系似乎非常天真，但它与当时的数学和物理知识是相对应的. 这些正多面体在一千五百年后发挥了作用，当时的开普勒（Kepler）知道与柏拉图所能列举出来的元素相比较，这个世界包括了更多的元素，在对宇宙结构的描述中，他试图找到更多正多面体的功用.

11. 柏拉图主义与形式主义

数学的研究和大自然的描绘之间有着密切联系，这需要用一个哲学研究的问题“数学是什么?”来进行解答. 关于数学本质的类似问题我们今天会继续提出：数学是站在自己的立场，还是和它所描绘的事物紧密联系在一起呢？数学与自然的联系是什么？数学是被创造的还是被发现的？希腊的两个主要古典哲学家，柏拉图（Plato）和他的学生亚里士多德（Aristotle）解决了这些问题.

他们的回答揭示了他们对数学本质的不同观点，但是他们在数学应该如何研究和使用方面却有着几乎相同的想法. 两者都是以公理开始，公理从自然而来，都是“不证自明的”，下一步两人也都依赖于三段论（syllogisms）等逻辑工具的正确使用. 但他们的不同之处就在于对结果及其在描述世界时所起的作用方面的解释.

柏拉图的解释是坚定的：数学是站在自己的立场的，它存在于一个抽象的、思想的世界中，而不考虑谁发现了它和它所描述的现象. 发现它的方法是使用逻辑和逻辑论证. 公理是通往发现之路的起点（从词源学上，希腊文“公理”这个词来自表示正确地思考含义的单词）. 公理必须是简单和显而易见的. 我们从周围的世界中得出这些简单的公理，但必须选择那些无可辩驳的、正确的公理. 当公理得到确认之后，根据推理和逻辑的规则，通过演绎取得进步，就能通向正确数学的发现之路. 因此，柏拉图认为数学是被发现的而不是被创造的. 我们在自然界中所观察到的现象并不准确，使得理想数学会受到玷污. 自然中的数据容易误导我们，因此我们不能只看外表，必须使用从自然中获得的原则，并使用逻辑的力量去寻找数学. 通过这种方式我们将理解自然现象中的基本原理. 这种方法被称为*柏拉图主义*（Platonism）.

亚里士多德的解释是不同的. 他宣称数学不是作为一个独立的实体而存在的. 数学是简单的基于三段论的逻辑运算的结果，而且对数学的探索是从公理开始的. 数学是被创造出来的，而不是被发现的. 由此产生的公理和数学结果并没有内在的意义；它们只是形式上的结果，没有目的，也不是独立地存在的. 亚里士多德用单词 techne（技艺）表示数学的创造，而 technology（技术）这个词正是起源于此. 根据他的说法，当一个人发现“正确”的公理，即自然满足的公理时，形式运算的重要性就显露出来了. 亚里士多德用 episteme（认识）这个词来描述正确公理的发现，这为描述世界如何运作提供了常识基础，这个词后来引申出了 epistemology（认识论），表示知识的理论和研究. 如果公理是正确的，那么由正确的公理而产生的数学，会对自然界中的发现构成一个精确的记录. 因此，这是研究自然的方式，可以避免由假象造成的陷阱. 数学本身并不存在，它只是作为一种形式过程，其意义依赖于对它的解释以及如何用它来描述自然. 如今亚里士多德的方法被称为*形式主义*（Formalism）.

在这两种对公理的解释中，公理都是在观察之后被确定的. 例如，亚里士多德进行了广泛的动物解剖来了解其解剖结构. 但一旦公理被采用和数学结果被推导出来，这两种方法都没有必要再用实验来对数学结果与自然中的实际情况加以比较. 实际上这两位伟大的学者和他们的希腊门徒都反对进行这样的实验. 他们为反对实验而辩护，声称实验观察能够被错觉所影响，可能会产生误导，然而逻辑却是确凿而无可争辩的.（直到千年之后精神错觉才被认知和研究.）因此，一旦我们发现了不证自明的公理，使用逻辑力量的康庄大道是优于外在观察的. 这一观点被坚持了几千年，直到 17 世纪通过实验来检验理论这一普遍的科学实践方式才被确立下来. 对于这一事实，柏拉图、亚里士多德以及继他们之后的大多数领袖哲学家都持极端的反对实验观点，其中一个可能的原因是他们都来自富裕的贵族家庭，他们认为体力劳动是卑贱的、下等的，甚至是可鄙的.

柏拉图和亚里士多德发起的对数学本质的争论持续到今天已经有两千四百年. 支持某一种观点或者提出改进的学术文章，一直在专业文献中出现. 这一争论没有对数学家进行研究或扩展数学的界限产生直接影响. 因此，对于数学家来说，出现这样的故事是很正常的事，即当他或她被问到是否是一个柏拉图主义者或者形式主义者的时候，会在平日给出一个答案，在周末给出相反的答案. 原因是，如果在工作过程中你发现了一个惊人的数学定理或公式，你认为它是一个独立的、有意义的实体，正如柏拉图告诉我们的. 然而在周末，当让你解释你所发现的实体的本质时，为了避免讨论，用形式主义加以掩盖则是比较方便的.

12. 天体模型

希腊人从巴比伦人和埃及人那里继承了丰富的天文测量数据. 其中包括的信息有行星的运动情况，一年和一个月的长度，阳历年和农历年的周期之间的关系，以及上述情况对农业的影响，等等. 希腊人用了多年的巨大努力来改善这些测量并添加新的信息，他们拥有了以较高的精度预测天文事件的能力. 例如，埃及人将365天作为一年的长度，公元前5世纪的希腊人确定出一年有365天6小时18分钟56秒，与准确的数字只有30分钟的偏差. 希腊人又在公元前130年，确定出一年有365天5小时55分钟12秒，与准确的值只有6分钟26秒的偏差. 这些测量是紧随着先进的数学计算和测量方法的发展而获得的. 我们在这里不展开讨论这些方法，因为我们的关注点是如何用数学来解释自然.

我们现在将回顾从古典时期起到此后的一段时间内由希腊人做出的观念上和数学上对天体模型发展的贡献. 这个时期克罗狄斯·托勒密（Claudius Ptolemaeus，约90—168）的模型发展到了巅峰. 应该再次被提及的是，从古典时期开始因为没有直接的书面证据，所以有关这一时期的信息，我们的资料更多地来源于后来著作中出现的一些注解，这些著作反映了著作者的观点. 因此，我们不应该过于相信其中描述的精确性或可靠性. 在这里我们不能给出希腊人对天体模型研究的详细过程，而将主要集中在模型观念的发展上.

希腊人是用数学中的几何学来描述天体运动的. 从两千五百年后的今天来看，我们用几何学来看待这些问题是显而易见的. 天体，包括行星、太阳和月球，它们在太空中运动，人们自然地会想去寻找描述它们运动的几何路径是什么. 然而，这是一个不正确的结论. 早期的希腊人并没有掌握与天体存在的物理空间方面有关的知识. 星星是天空中的光点，而且还不清楚太阳和月球是什么. 此外，如果这些确实是物体，这些物体到地球的距离也是不知道的. 基于这种理解水平，用几何方法描述天体运动的确是一个大胆的、开创性的进步，而绝不是很显然的事情. 几何学作为描述地球上的物体的一种数学工具，被人们所熟知并得到了很好的发展，它也被用在测量和建筑之中. 希腊人把已知的地球意义上的数学作为宇宙学研究的基础.

柏拉图赞同来自于毕达哥拉斯的观点，即天体在一个球面上运动. 这与实际表现是相一致的，柏拉图声称行星、太阳和月球环绕地球做圆周运动，而这些圆都位于同一个平面上．他意识到这种描述并没有包括相对于固定星体的行星和月球的不规则运动．具体来说，根据他的描述，月球的月食应该一个月发生一次，但事实并非如此．不过确实是柏拉图首开先河，展开了提升天体运动的数学描述的蓝图．

挑战来自于欧多克斯，他是雅典学院中柏拉图的同事，他的数学贡献在第7节中已经讨论过．欧多克斯接受柏拉图的假设，天体以圆形的轨道围绕静止的地球转动．欧多克斯提出了两项重大革新．第一，他允许行星、太阳和月球的运动圆周之间彼此成一定的角度，也就是说，这些圆可以在不同的平面上．第二，他允许每一个天体在一个以上的球面上运动，并且以不同的方向与速度运动，如下图所示．

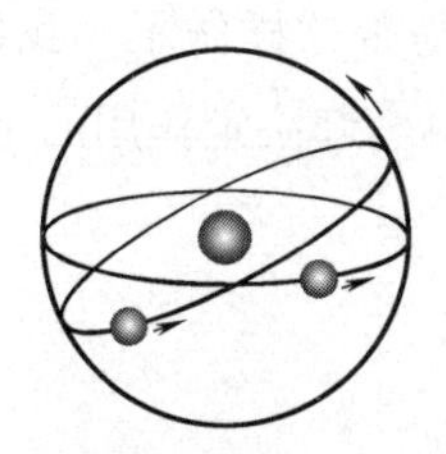

这些新思想所提供的灵活性使得欧多克斯可以通过复杂的三维几何方法来定义每个行星所在平面的序号、运动的速度和方向，所以与以往的模型不一致的大多数观测结果现在都能被解释．但是有两个行星的情况有些问题，即水星和金星的运动，仍然不适合这个令人满意的模型．应该指出的是，希腊天文学家没有停留在天体运行轨道的几何描述上，而是尽力去计算它们的轨道，并证明他们提出的模型与各种观察结果以及他们对行星运动所进行的测量是一致的．而这些计算需要将超强的数学能力与对几何学的深刻理解融会贯通．

庞托斯（Pontus，今天的土耳其）的赫拉克利德斯（Heraclides，前388—前310）对欧多克斯的模型提出了两个意义深远的修正．赫拉克利德斯是一位重要的哲学家，他在雅典学院师从柏拉图，并且在柏拉图频繁旅行的时候担任学院的负责人．这两个观点如下：

第一个观点是，他声称金星和水星不围绕地球而是围着太阳转，而太阳围绕地球转．这种说法可能会被视为本轮模型的源头，一个由阿波罗尼奥斯（Appolonius）提出的模型，我们将会进一步研究．第二个观点是，天空和行星不是围绕地球旋转的，但地球绕自己的轴旋转的事实却使我们认为它们确实如此．第一项修正是在水星有时会消失在太阳后的事实的基础上提出的．金星和水星绕太阳转的假设相比欧多克斯模型来说，更符合行星的运动. 赫拉克利德斯赞成地球绕自身轴线旋转的说法是纯粹的美学. 那时，宇宙的大小（包括苍穹），相对于地球的大小已经很大. 赫拉克利德斯认为，这样的一个大天空围绕地球这样一个小天体转似乎不太适合，他觉得地球自转同样可以很好地解释我们所看到的现象. 在后来的日子里，这种基于美学的说法将反复出现在物理科学的发展过程中. 它也符合赫拉克利德斯所接受的“不言自明”的假设，即行星以完美的圆形运动.

值得一提的是，历史学家在是否真是赫拉克利德斯本人提出了这些修改这一点上并不能达成一致. 因为在希腊没有明确的文献资料可以说明他曾持有那些观点. 赫拉克利德斯的观点归属于公元 16 世纪的哥白尼（Copernicus）的著作（见 15 节）. 然而，无论他是否这样做了，我们提及的观点确实来自于古希腊，但却没有被那些能对希腊科学起决定作用的主流人物所接受.

13. 希腊科学认知论

希腊主流世界观的首席缔造者是亚里士多德. 他有着严谨的哲学方法，尽管他的许多成就表面上是基于逻辑的，阻断了原创的思想，造成了对新思想的排斥，但还是在许多方面做出了伟大的贡献.

亚里士多德的广泛哲学观，即世界的物理描述这一主题，超出了我们这一章所要研究的内容，它所涵盖的领域包括生物学、动物学和社会学等方面. 亚里士多德的哲学方法主要倡导的是，我们周围的一切事物，包括自然规律，都是有一定的目的性的. 虽然世界是根据一定目的而设计的这一想法在亚里士多德之前的很多年就存在了，它是由米利都的泰勒斯学派提出来的，但却是亚里士多德使潜在于自然法则背后的目的成为自然本身的规律. 最终，亚里士多德从目的性原则（目的论）以及如何使用它来获取物理世界的模型这两个方面所得到的一些结论有着深远的影响.

在希腊哲学的定义中的目的一点也不像在神论中所描述的那样，神论中说，目的是满足造物主的需求. 亚里士多德提到的目的包括寻找物理定律基础的意义和逻辑. 根据亚里士多德的观点，如果所制定的自然规律是有意义的，那么它们也会满足在寻找自然规律的时候必须考虑到的美的原则.

亚里士多德将理论原则建立在对自然的观察之上. 例如，他指出，人类生长出牙齿的目的是咀嚼食物. 下雨（或按照亚里士多德的话来说，上帝带来了雨）的目的是使谷物生长，并与其他自然规律相联系. 我们在自然中所看到的事件的目的使我们能够发现事件的相关法则，反之亦然，凭借我们的智慧所发现的目的也使我们能够预测这些事件的发生. 从回顾性的角度可以看出，即使亚里士多德所阐述的原因和效果与那些源于进化规律的因果相比是完全不同的，但亚里士多德的思想结构却和通过进化过程得到的关于自然的观点十分相似. 亚里士多德认为牙齿的生长是一个自然的规律，其目的是使人能吃食物，而从进化的角度来看，那些长出牙齿并能够咀嚼食物的生物是先进的. 同样，亚里士多德声称，雨也是一种自然规律，其目的是使粮食生长，而从进化的角度来看，谷物恰恰就是生长在有雨的地方. 这些方法有助于我们学习观察事情是如何发展的，反之亦然，从目的或从条件，根据亚里士多德的法则或者进化，我们都可以预测我们可以看到的性质.

亚里士多德也表达了他对空间和空间运动的本质的看法. 他看到天体向下坠落，而其他的物质向上升，如火焰或水蒸气，柏拉图试图解释这是因为不同实体的重量不同，而亚里士多德则认为，纯粹的元素如水蒸气或火的目的是到达天堂那样一个原始的、纯净的地方，而如灰或土这样不纯的物质，它们的目的则是到达地面. 他的观点源于这样一个信仰，即天使和神显然是纯洁的，理应居住在天堂. 这导致亚里士多德定义了一个有方向的空间，分为向上和向下，向上表示纯洁与美好，同时向下通往地球的中心，表示被宠坏的和有缺陷的.（即使是今天，向上代表积极上进，向下表示堕落）. 这种空间观回答了关于相反事物的问题，或者更具体一点，就是处于地球各处的人们对于向上或向下的含义的理解问题. 亚里士多德认为，对于地球另一边的人来说，向下也是意味着指向地球的中心，因此他们并不是站在别人的头上. 这种将地球作为一个球体的几何观点当然与我们的观点是一致的. 后世根据亚里士多德的相对于地球方向向上和向下的理论，在很长的一段时间里确立了以地球为世界中心的说法，这种说法相对于其他的模型来说占据了主导地位，而且在某些时候被证明是正确的.

对于无论是地上还是天上的各种天体的运动，亚里士多德通过观察发现，天体沿着光滑的、规则的轨迹运动（如直线或圆），而实际上这些天体则是沿着更加曲折的路线运动. 认为向上代表纯洁而向下表示卑微这一观点导致他得出圆形和直线路径是纯粹的，而其他路线则是有缺陷的结论. 正因为用几何来描述各种物体的运动，所以亚里士多德会认为天体和地球的运动是有不同规则的.在地球和天体运动的不同描述之间引发的争议一直持续到17世纪，这时牛顿把它们联系了起来. 亚里士多德还找出了使不同物体运动的原因，并根据力量施加在一个物体上能够使它运动这一观点，得出结论，力是所有物体运动的原因.亚里士多德还将这一结论应用到了天体上. 因此，他声称，星体在真空中是不能移动的，并且发现世界上充满了一种他称为*以太*（ether）的物质. 以太还解释了太阳的光和温度的来源. 太阳和以太之间的摩擦产生了热量. 亚里士多德超越并抛弃了原子论模型所描述的，世界是由原子构成的，并且原子之间是真空的说法，因为这种说法不允许运动所需的力的存在. 因此，物质是连续的.原子论模型和对以太存在假设的反驳一直持续到19世纪和20世纪. 虽然从亚里士多德的哲学中得出的许多结论减缓了科学的发展，但他的哲学也为科学发展做出了重要贡献.

14. 天体模型（续）

来自萨摩斯岛的阿里斯塔克斯（Aristarchus，前310—前230）关于天体的运动有一种激进的主张. 他声称宇宙的中心不是地球而是太阳，并且地球及其他行星都围绕太阳转. 我们从一篇被保留下来的文章中全面地了解到阿里斯塔克斯的观点，在这篇文章中他计算了各种天体的大小和距离，包括地球和太阳的大小，地球与太阳以及月球的距离. 阿基米德与阿里斯塔克斯有过往来，在他的作品中就提到了阿里斯塔克斯的学说. 阿里斯塔克斯发明的用于通过测量和计算得到估值的方法在当时是非常先进的，但与我们今天已知的事实有很大的不同. 例如，他估算地球到月球的距离与地球到太阳的距离之比是1∶19，而正确的比例是1∶380. 这些测量的结果是基于他提出的日心模型（即以太阳为中心）. 对此他给的理由是唯美主义，因此很难接受体积巨大的太阳会围绕这样一个相对小的地球旋转的说法. 阿里斯塔克斯受毕达哥拉斯学派的观点的影响认为太阳是宇宙的中心，他也认识到如果假定行星围绕太阳运动，那么地球也应该是在太阳周围的圆形轨道上运动，欧多克斯的天体模型及其后期的发展就可以更容易地被解释.

尽管阿里斯塔克斯的模型在古希腊天文学家中众所周知，但一般不被他们所接受. 拒绝它是有原因的，一些是关于哲学的，一些是科学的. 而哲学观点几乎是关于上帝纯洁而地球不纯洁的宗教论断. 一份报告指出，阿里斯塔克斯本人曾被指控为异端宗教的信奉者，但是这样的指控显然不会是希腊时期的环境特征，因为在希腊的学术环境下是允许多元化表达的. 然而对阿里斯塔克斯的科学上的反对却是十分严肃的. 其中之一是如果地球围绕太阳移动，那么其轨道上的不同位置的恒星之间的角度将是不同的，但事实却并不是这样的. 这个原因被亚里士多德本人作为反对地球围绕太阳转的论据而引用，直到后来人们看到的行星之间的不同的角度被发现，而在此之前，这一差别十分微小，以至于当时的希腊人都无法测量出来. 另一个反对太阳是中心的说法是，如果地球围绕太阳转，那么它的速度将会特别大，以至于在地球表面上的任何东西都会被推到太空中去. 当我们稍后讨论托勒密时，我们将解决这个问题.

进一步的重要进展是由埃拉托色尼（Erastothenes，前276—前195）计算出的宇宙学的数据. 埃拉托色尼出生在昔兰尼，也就是今天的利比亚，并且在埃及的亚历山大港进行了大部分科学工作. 他担任了众所周知的、伟大的亚历山大图书馆馆长这一重要职务，现在的学生知道埃拉托色尼这个名字是因为“埃拉托色尼筛法”，这是一个寻找所有的素数的方法（并不是很有效）. 他曾自己计算出地球的尺寸，他注意到赛伊尼（今天的阿斯旺）的正午，立柱并没有投射出阴影，而在同一时间的亚历山大情况却相反. 通过测量在亚历山大出现的阴影的角度和在同一经度上的两个城市之间的距离，他试图估测地球的尺寸. 阿里斯塔克斯和埃拉托色尼及他们的同事用这个方法进行计算，这个方法本身就很有意义，除此之外，他们还提供了希腊在实用数学领域进步的证据，实用数学为希腊的工程师和建设者服务，取得了举世瞩目的成就. 希腊数学正是通过继承埃及与巴比伦的思路和成果促进其发展的. 锡拉丘兹的阿基米德（Archimedes，前287—前212）也许是那个时期最著名的实用数学家，因其把数学应用于工程建设而知名，我们会在后面提到他的贡献.

阿波罗尼奥斯（Apollonius，前262—前190）提出的关于天体运动的两个深远的建议，一个是行星运动的圆形轨迹的中心未必是地球的中心，另一个是关于一个行星的轨迹是绕一个定点的完美的圆，而这个定点本身又围绕地球沿一个完美的圆形轨迹旋转. 他所提出的这些观点是基于对平面曲线的研究，特别是那些环绕的小圈被称为本轮，其中心沿着一个更大的圈运动，这个更大的圈就是希腊人所谓的均轮. 本轮围绕均轮的这种旋转方式与月球绕太阳公转的方式非常相似. 这种运动中形成的两条路径有时甚至方向是相反的. 因此运动是不恒定的，有时是向前的，有时是向后的．而这种不规则性，结合了前进与退行，在某种程度上类似于行星的路径的不规则性，阿波罗尼奥斯因此提出围绕均轮的本轮是行星的路径．（下面的图显示了地球不在圆形的中心以及行星沿着本轮的运动．）这两个对之前观点的修改，使阿波罗尼奥斯在详细的计算后得到了一个行星运动的数学体系，这与当时已知的事实更符合．

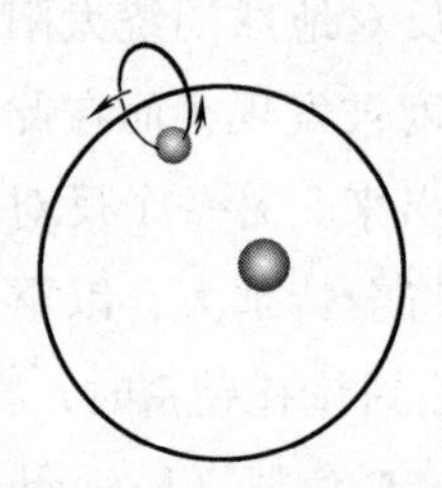

有趣的是，阿波罗尼奥斯却是因为对几何的贡献而闻名的，他对平面直线和三维几何体的性质做了严格的研究，并且对椭圆非常熟悉．其中的著名例子是处理圆锥截线问题．他的研究表明，用一个二维的平面与圆锥相截得到的形状可能是抛物线、双曲线或椭圆（见下图）．那时，尽管他对椭圆很熟悉，但是这也没有使他想到行星运动的轨迹实际上就是椭圆，又经历了 1500 余年的时间人们才得出这一结论．

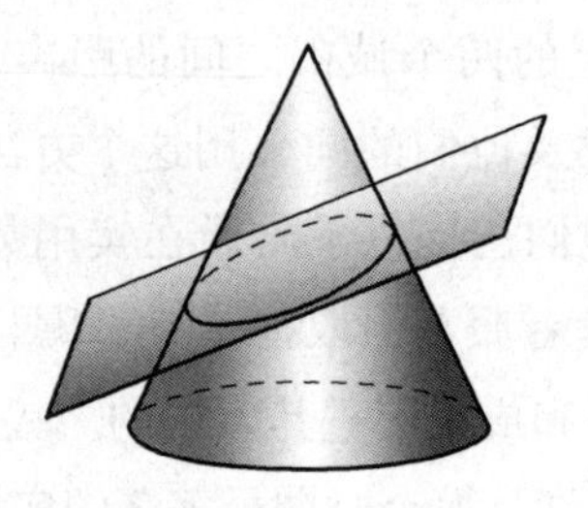

希帕克斯（Hipparchus，前 190—前 120）把天体运动的模型所用的数学推向了另一个水平．我们对希帕克斯的了解更多的是来自于托勒密的著作，托勒密称他为最伟大的希腊天文学家．希帕克斯的大部分科学工作都是在罗德岛上实现的．结合三十五年的天文观测以及来自巴比伦的天文数据，促成希帕克斯构建出了一个具有前所未有精度的天文模型．例如，在他的研究中，希腊人可以准确预测月食，而且误差在一小时之内．（现在我们知道这是由于地球的轨道平面的运动造成的，并且计算了这个运动的周期，约为 2600 年）．他的测量大大完善了一些数据，如太阳和月球的大小以及它们与地球之间的距离，季节的

数据，即昼夜平分点的时间，等等. 他的主要的数学贡献在于对三角学的发展. 他定义了三角函数，如一个角度的正弦和正切，并发现它们之间的基本关系，这在计算方面给他带来了很多帮助. 在这些定义之下，他和同时代的人构造出了今天所谓的正弦函数表（见下图），即每一个角的正弦值（直角三角形中角的对边与斜边长度的比值），以及其他三角函数，如余弦函数和正切函数. 自古希腊以来，这些函数在描述自然时都起到了重要的作用.

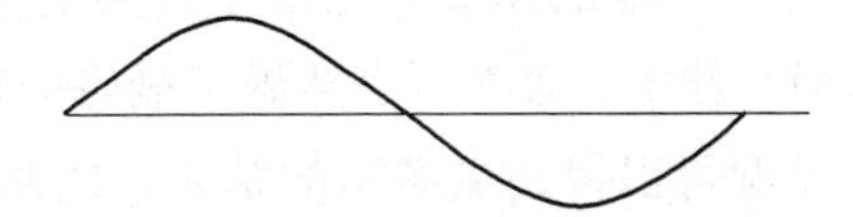

希帕克斯和在他之后的托勒密，都采用了阿波罗尼奥斯的几何原理. 公元90 年到 169 年，托勒密活跃于亚历山大，但这里的时间是估计的，因为与他相关的其他生活细节的记载并没有被流传下来，但他的作品却几乎全部保留下来了，并且由阿拉伯人复制和保留，他们提供了很多关于天体的信息和托勒密的科学方法. 托勒密的主要贡献是技术上的而不是概念上的，他的基本出发点是假设天体环绕地球运动，它们的路线是本轮，其中心则是在均轮上，均轮围绕空间一点旋转，而这一点不一定是地球，而且均轮旋转的平面之间可能彼此成一定的角度. 经过大量和详细的计算，托勒密构建了模型，并将他的全部时间专注于天体的运动. 该模型包括了七十二个本轮和较大的周期，这代表了其在早期模型方面的显著进步，因为这更符合观测结果. 该模型给出了相对于以前而言更准确的预测，而且它也被作为天体运动的主要模式而被人们沿用了一千五百多年，在科学史上它比任何其他的物理模型都长久.

托勒密领悟到希腊科学家多年来提出的其他观点和方法，并且在他的著作中有所提及. 他基于计算，用一个相当合理的说法拒绝了阿里斯塔克斯的地球环绕太阳的观点. 托勒密的计算表明，根据地球绕太阳运动的日心说的说法，地球的转速将会达到人类无法想象的高速度. 特别是，他提到过如果地球围绕着太阳旋转，那么所有动物和人类都会掉下来. 他反对当时人们仍在坚持的赫拉克利德斯的观点，即地球围绕自身轴线旋转. 对此他增加了另一种说法，说如果地球围绕自己的轴旋转，那么向上扔一块石头，它就不会沿直线下降. 他对赫拉克利德斯所认为的大型天体不能围绕体积较小的地球旋转的想法也做出了回答，他反驳道，体积的大小不是决定因素，而它们的重量才是，地球的重量是巨大的，而天空、星星和它们的生存环境中的以太等其他东西的重量与地球相比是微不足道的．从我们的感官来看，这些都应该是完全合理的推理，因此托勒密承认阿里斯塔克斯模型（即地球围绕太阳旋转的模型）是更加简单的．因为他知道，我们的感官感知一方面与数学理论的简单性存在矛盾，另一方面与结果的准确性也存在矛盾．在这种情况下，柏拉图首选简单的数学理论．但托勒密的数学理论是如此精确以至于它取代了其他概念的简单性．这种存在于我们所感觉到的和简单而抽象的模式之间的对比伴随着整个时代的科学．

托勒密在他的书中反复说他的模型只是一个自然的数学描述．具体地说，他的描述不是自然法则而是数学，数学对自然做了最好的描述．此外，他还说，在某些情况下，简单的模型可以得到更准确的结果，他在寻找一个数学模型使其能够将所有的现象都体现出来．

第三章

近代早期的宇宙观与数学

- 什么引发了季节更替?
- 为什么笛卡儿(Descartes)说“我思故我在”?
- 和谐世界又是怎样的?
- 一颗新星会有什么样的影响?
- 三阶导数是怎样帮助政客当选的?
- 为什么你不用害怕微分方程?
- 为什么墙要把我们推回来?
- 弦的长度和它产生的音符之间的神秘联系是怎么被发现的?

15. 太阳重新成为中心

文艺复兴时期开始于 15 世纪，也就是通常所说的近代早期. 这一时期给社会、文化和政治都带来了深远的变革. 这些变革也包括科学的革命，认识科学的法则改变了科学. 直至今天，它仍像当年一样发挥着巨大影响. 数学在这场革命中起到了重要的作用.

自公元 2 世纪托勒密(Ptolemy)制作出天体模型以来，直到 16 世纪它都没有发生过太大的改变. 这个模型完全可以作为一个精确的工具来预测天文事件，拟定日历，等等. 托勒密的模型及其所依赖的数学是整个中东和欧洲的学院以及大学所研究的内容. 那个时期，处在科学发展前沿的阿拉伯人通过增加本轮的个数来增加这个模型的准确度. 在那个精确模型准确度的顶峰时期，一共七十七个均轮和本轮，这些天体沿着各自的轨道围绕着地球运动. 然而，这个复杂的模型尽管得到了较大的精度，却也破坏了托勒密的模型.

1473 年，尼古劳斯·哥白尼(Nicolaus Copernicus)生于普鲁士的索恩. 普鲁士那时是伟大的波兰王国的一部分. 起初他的研究工作是在著名的科学中心克拉科夫进行的，但是大多数的高级研究是在意大利完成的. 在那里，他开始熟悉了希腊的科学文献，托勒密的作品以及其他的经典著作. 他是一个博学的人，通晓多种语言，包括拉丁语和希腊语. 在他研究数学、科学以及占星学的时候，同时完成了法学、医学和实用医学的研究，以至于成为一个令人尊敬的人. 然后，他回到了普鲁士先是担任了秘书、医生和为瓦尔米亚（Warmia）的主教服务的占星家，然后在瓦尔米亚议会担任财务管理和顾问. 哥白尼虽然在天文学上投入了大量的时间，但这并不是他唯一的职业.

在意大利学习期间，他萌生了在自己的课题中采用并优化阿里斯塔克斯的日心模型的想法. 在他的作品中，他参考了阿里斯塔克斯的模型和毕达哥拉斯学派的早期想法. 早在1510年，他写了一篇关于这个模型的原理的文章. 这个模型是：太阳是宇宙的中心，天空和包括地球在内的行星都是围绕太阳旋转的. 然而，他的文章只是在一些同行中流传. 在接下来的几年，他继续从数学方面研究和发展这个模型，同时也完成了他进行了多年的天文测量. 他在1533年就基本完成了这项工作，但是哥白尼依旧没有将这篇文章发表. 不过这个消息还是传到了欧洲，鼓励他完成文章并尽快发表的期望遍布整个欧洲大陆. 相信他的理论的科学家为此四处演讲，包括之前的罗马教皇克莱门特七世（Pope Clement Ⅶ）和他的一些红衣主教. 他们对这些发现非常感兴趣，并且想要寻找研究的副本和与之配套的天文学图表.

一般来说，教会不反对用数学去描述自然，并且声明：上帝明显是使用数学原理来创造世界的. 然而，一部分的教会人员，特别是新教徒，反对哥白尼提出的假设. 他们反对理由中的一个是建立在《圣经》中一句话（出自《约书亚书》）的基础上，“太阳啊，你要始终停在吉比恩”. 如果太阳在任何情况下都是静止不动的，他们声称：就不需要命令它始终位于一个固定的位置. 哥白尼并没有被动地接受批评，而是在给教皇保罗三世（Pope Paul Ⅲ）的一封信中给出了坚定的回答，在数学方面无知的人并不能判断一个数学理论的对错，而且《圣经》只是教会我们怎么上天堂，而没有告诉我们天堂是如何构造的. 尽管他在信中是坚定而自信的，但很快教会的重要组成部分——反对派就阻止了哥白尼出版他的发现. 直到1543年包含他完整理论的书籍才被交给印刷厂，哥白尼拿到的第一本书是在1543年5月24日，那是他去世的前几天，那时的他正躺在病床上.

哥白尼的模型采用了托勒密的数学方法，但是修改了其中的数学理论，使其与“太阳是宇宙的中心，行星都是围绕太阳运转”的观点一致. 哥白尼接受了毕达哥拉斯学派的理论，即天体的运动必须是沿着一个完美的圆，因此行星绕着太阳沿圆圈旋转，或者绕着一个中心做圆周运动，而这个中心本身是围绕着太阳沿圆圈旋转的，也就是说，是一个本轮. 哥白尼对托勒密的数学体系进行了复杂的应用，用他自己的话来说，他最大的成就是：他的理论与托勒密的达到了一个准确的近似，但是他只运用了三十四个本轮和均轮. 然而，为了获得精确的结果，哥白尼使太阳只处于接近均轮中心的位置，而不是中心. 古希腊的阿波罗尼奥斯也曾使地球以同样的方式处于他的地心模型中. 但他的模型追求简约，这正是哥白尼对自己的模型有信心的原因之一. 哥白尼使用的论点之一是：当三十四条轨道就足够的时候，造物主是不会选择七十七条的. 然而，追求简洁和唯美主义也使得他的研究无法再前进. 哥白尼也因为完美和唯美主义而坚信恒星的轨道应该是圆形的. 他相信不可能存在也不会创造出那样一个世界，这个世界中的行星的路径是不完美的，也就是说不是一个圆形的路径.

16. 巨人的肩膀

是牛顿（Newton）发展了现代数学，并用其来描述自然. 他对于自己受到的赞美回应道：“我是站在了巨人的肩膀上.”他的这种回应并不是来表达他的谦逊或者宽宏大量，我们必须进一步看到，他所谈及的巨人是像伽利略·伽利莱（Galileo Galilei）、勒奈·笛卡儿（René Descartes）、约翰尼斯·开普勒（Johannes Kepler）这样的，的确在数学和对自然的理解上做出了巨大贡献的人. 在本节中我们将讨论牛顿的理论的两个伟大的贡献，在下一节中我们将讨论开普勒定律.

1564 年，伽利略·伽利莱出生于意大利的比萨，1642 年他在被软禁于佛罗伦萨的家中去世. 他的家人希望他研究宗教和医学，但是他并没有坚持研究这些领域，而是专注于研究自然和数学，同时他也表现出了商业上的天分. 一个荷兰的发明引起了他的注意，而后他发明了望远镜，并将它提供给了威尼斯市的议会，得到了丰厚的年度津贴. 望远镜早期被用于发现靠近城市的敌方船只. 他在科学方面也同样展现了自己的天赋和才能. 他是第一个用望远镜观察天空的人，也是第一个发现太阳系组成的人，这些远远超过了希腊人对天体的认识. 他发现了木星的四大卫星，而敏锐的政治本能使得他将这几颗卫星以美第奇

(Medici) 家族成员的名字命名，也就是托斯卡纳大公所在的家族，他们在后来成为伽利略的投资人. 伽利略还用他的望远镜来研究月球表面，并意识到月球也有山脉和山谷，他甚至计算出了月球的山脉高度. 他也证明了月球是被地球反射的光照亮的，这些反射光的方向加深了他对哥白尼的模型的信念. 伽利略也试图找到更多的证据来证明日心模型. 他的证据之一是对于潮水涨退的解释. 他声称这种情况的发生是因为地球围绕着自身的轴旋转的同时，太阳对水同样有着吸引力. 然而这个解释是不正确的，因为如果它是正确的，那么涨潮与落潮恰好每天只会发生一次，而不是实际中的发生两次. 正是因为伽利略如此急于确认日心说，以至于他找到了一个和他的解释不符的“借口”. 他还否认了开普勒的解释：潮汐产生是因为月球. 直到牛顿时期的完整解释才揭示事实的真相，这些将在下一节讨论. 通过他的望远镜，伽利略还发现了金星的各种状态，在一小段的时间里它从一个完整的圆变为薄的、消失了一小部分的新月，与我们看到的月亮的变化很相似. 这也证明了伽利略所认为的太阳是宇宙中心的观点. 他的发现使他在欧洲大陆闻名，他被称为哥白尼模型的坚实拥护者.

经过多年的活动，伽利略得到了许多不同的团体的支持，包括教会. 但是国内政治和思想意识的结合导致了宗教法庭要求伽利略焚毁他的书籍并且放弃他的理论. 著名的对伽利略的审判，以他被判入狱而结束，而后又被改为软禁. 在对他的审判中，他收回了对哥白尼的支持. 几年之后，他在审判最后却自言自语地说“然而它确实是移动的”(即地球的确是围绕着太阳转的)，这句话被广为流传.

教会对于伽利略发现的反对是由当时最杰出的、最有影响力的科学家及哲学家的支持者所提出的，或者说起草的，他们坚持已有的教导，坚信亚里士多德的理论. 他们也拒绝伽利略正确的发现. 举个例子，他们声称：木星和金星是通过透镜发现的，并不代表它们是真实存在的. 他们的解释是，看上去要是不使用望远镜，木星和金星就会消失. 在今天看来，他们的说法是荒谬的. 望远镜是用来让我们看得更清楚的. 然而我们必须记住，望远镜本身是如何工作的以及它的作用对于科学家们来说是新的、未知的. 类似的情况还有，在伽利略活动的始终，哲学家们都不愿意接受他在月球上发现山脉存在的说法，并且解释为：月球上的山脉是地球上的山脉的反射，就像一层晶状的物质围在月亮周围. 像这样的反对贯穿伽利略的一生.

伽利略在天文学方面的主要贡献是对这个领域的观察，而在天文学理论方面他并没有什么实质性的贡献．与引导天文学家从希腊时期到哥白尼时期的原因一样，伽利略接受天体沿着一个完美的圆运动的假设，因此强烈反对开普勒的椭圆轨道模型．当时人们仍然确信天体运动的规律与地球运动的规律不同．因此，伽利略认为星体沿着完美的圆运动的假设与地球的运动有时曲折有时弯曲的实际并不矛盾．伽利略严格控制的物体运动的实验（特别是下降的物体）和他用来描述运动物体的数学解释，构成了牛顿定律的基本元素，但它只是将牛顿定律应用于地球上运动的物体的例子，以及首次将天体合并进系统中．伽利略·伽利莱和英国哲学家弗朗西斯·培根（Francis Bacon，1561—1626）是现代科学实验方法的主要缔造者．实证法的提倡者，坚持从操作实验中学习、得出新的发现，并检验、证实或反驳科学理论．这严重偏离当时人们所接受的知识．当时希腊人的阐述是：人们知晓的是观察的基础和固有的观念，所以他们认为经验方法会导致一个不正确的理论．

伽利略的物体运动和下降的实验并不是由他首先做的．在他之前，类似的物体运动规律的实验已经有其他人做过．早期的实验者中杰出的是数学家尼克洛塔尔·塔尔塔利亚（Niccolò Tartaglia，1499—1557），伽利略在他的著作中提到过他的贡献，后面我们将进一步讨论他的一些其他贡献．伽利略课题中的特殊元素类似于现代的数学参数理论，它在随后通过实验被证实，这些实验得到了关于自然的数学规律的假设．他把物体从塔顶（显然是比萨斜塔，虽然并没有明确的证据）抛下，并发现物体在真空中下落的速度并不取决于它的重量．伽利略在第一次报告中指出：物体下降的速度与比其更轻的物体的下落速度只有略微的不同，并且他用这个发现证明了柏拉图和亚里士多德的物体下落速度取决于它的重量的理论是错误的．随后，伽利略在他最初的实验中发现物体下落速度的不同取决于其与空气的摩擦，而在真空中物体下落的速度是没有区别的．伽利略所做的斜面滚球实验和他对水平运动的小球速度的测量，让他总结下落物体的加速运动和物体直线运动的区别．他还给出了他发现的匀速运动和加速运动之间的数值联系，如：

时间变化为1，2，3，4，….

距离变化为1，4，9，16，….

换句话说，距离与时间的平方成正比．这些数字和它们的平方数之间的联系使伽利略开始考虑无穷大的概念，具体我们将在第59节中给出．伽利略从这些测量中得出的运动规律阻碍他去发现普遍的规律. 他指出相同物体在连续整数时间变化下，运动的距离之差会像3，5，7，9，…这些奇数一样连续增长. 事实上，方程$(n+1)^2-n^2=2n+1$，很容易证明这个事实，即连续两个整数的平方差是奇数. 伽利略认为用一定的方法去考虑这些差异，就像所考虑的自然规律一样，是理所当然的. 因此他继续沿用毕达哥拉斯学派的传统，即用数字之间的关系来解释自然. 伽利略的斜面滚球实验证明了这些理论上的阐述（这些数值被证明是正确的，但随后的研究者们却指责他更改真正的结果以使它符合理论）.

伽利略还发现，水平扔出去的小球的几何路径是抛物线. 曲线是由于希腊人才被众人知晓，且由阿波罗尼奥斯更进一步研究的. 伽利略强调了它与数学的联系，特别是用抛物线描述物体运动的路径. 他还提出了惯性规律的早期版本，它的陈述是：在没有力作用在物体上时，物体会继续以不变的速度运动. 因此伽利略否定了亚里士多德的观点，即物体运动是需要从一个力开始，并由该力保持的. 伽利略在科学与数学的联系方面做出了许多贡献（这个贡献可以作为牛顿定律的基础），其中就包括他将天文学上完全通过经验得到的发现与对运动所做的研究联系起来的方法，即通过观察来得出不同事物之间的关系，例如时间、速度和加速度. 这些精确的数学关系或函数在牛顿的研究中得到了应用.

勒奈·笛卡儿不同意伽利略在自然规律方面提出的规则形式. 他反对的理由是，这些规律是由实验得出的，而不是产生于基本的物理原理. 从这个意义上讲，笛卡儿延续了贵族的传统. 1596年，笛卡儿出生在法国卢瓦尔河谷的拉艾（La Haye）的一个富裕家庭，那个小镇现在被改名为笛卡儿. 家庭条件的优越意味着他的一生都不会为经济拮据的问题而担忧. 无论他走到哪里，都会有一位管家陪着他，即使是在巴伐利亚的马克西米利安公爵的军队中做志愿兵的时候也是如此. 这种环游整个欧洲的行为，反映了年轻的笛卡儿的冒险精神和对旅行的热爱. 在荷兰，他见到了数学家艾萨克·比克曼（Isaac Beeckman），比克曼与笛卡儿在哲学和数学方面进行了富有成果的讨论，并且通过一些数学问题使笛卡儿对数学和物理产生了兴趣. 笛卡儿在荷兰生活了多年后，突然离开并回到法国去处理家庭事务. 由于有同样倔强的精神，他接受了雅典女王克里斯蒂娜（Christina）的邀请，并成为她的老师和瑞典首席科学家. 他抵达瑞典后不久就生病了，并于1650年去世.

笛卡儿的主要贡献在于一般哲学．他被认为是现代哲学之父，但是关于这方面在这里我们并不会详细介绍．我们要说的是，他试图扩展涵盖在生活各个方面的逻辑方法．他创造了一句名言“我思故我在．”作为一个发现哲学真理的逻辑结构的基础，他意识到我们的感觉体现了物理真理，就像太阳升起，血液流动，等等．但是离开了我们的思想，这些“真理”就没有意义．他还声称感觉可能会愚弄我们，因此我们要学会质疑每一个观察到的现象，并且对于得到的合乎逻辑的步骤和结论必须检查再检查．我们已经指出过：鼓励人们不断怀疑就是鼓励人们反省人类本身，反思进化带给我们的东西．

笛卡儿在数学方面的成就是将代数和几何加以结合．自古希腊的欧多克斯以来，代数和几何一直是平行发展，且鲜有交集的．代数研究数字，并试图找到代数方程的数值解．举一个我们在学校中经常遇到的简单的例子：求解方程 $2x+5y=8$，或者求解方程 $x^2+y^2=9$．几何学则是试着去发现各种几何形状与它们的性质之间的关系．笛卡儿证明了几何形状能够用代数方程加以描述．例如，在 xy 平面内，上面第一个方程的解构成了一条直线，而第二个方程的解就是半径为 3 的圆周．笛卡儿并没有给出平面及其坐标这些现代术语．一个平面及其坐标代数表示法并没有被创建．但是他的思想导致了我们今天所知道的平面和空间坐标系的发展．如今在所有学校教的笛卡儿坐标系就是基于笛卡儿方法发展而来的，也因此以他的名字来命名（他的拉丁文名字 Renatus Cartesius 在他的许多著作中使用）．这种数学工具也使牛顿发现了一种新的数学，并通过公式明确地表示出自然规律，这个后面我们会加以介绍．

17. 椭圆与圆

在如何展现我们已知的世界这个问题上，约翰尼斯·开普勒迈出了重要的一步．我们首先陈述开普勒关于行星运行的三个定律，这成就了他在用数学描述世界方面的重要贡献．然后我们将回顾一下他得到这些成果的曲折经历．

开普勒第一定律：每一个行星都沿着各自的椭圆轨道环绕着太阳运动，而太阳则处在椭圆的一个焦点上．

开普勒第二定律：在相等时间内，太阳和运动着的行星的连线所扫过的面积都是相等的．

开普勒第三定律：行星绕太阳一周所用时间的平方与其到太阳平均距离的

立方成比例，这可以表示为

$$T^2 = kD^3$$

其中，T 是行星环绕太阳一周的时间；D 是行星与太阳间的平均距离；k 是对所有行星来说都不变的常数.

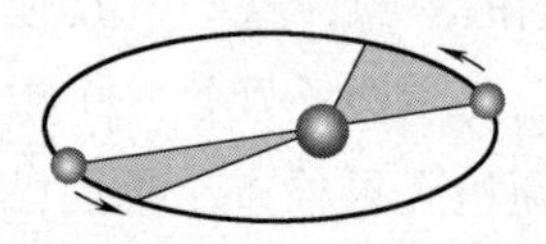

开普勒发表他的三个定律时克服的困难是不需要被夸大的，特别是第一个定律．第一个定律的表述与古希腊人描述世界的方式一致，并且借助了几何学．在四百年中从一个圆到一个椭圆的转变看似很简单．实际上，今天我们将圆看作椭圆的特例，即将椭圆的两个焦点无限靠近．然而，开普勒第一定律却代表了一个对于两千年来根深蒂固的传统的反驳，即天空是完美的，因此行星的轨道也必须是完美的圆．开普勒将圆变为椭圆，但没有给出一个解释或理由．他的定律是建立在观察和测量的基础上的．在当时，这些观察并不能成为他的陈述的明显证据，因为行星运动的椭圆是非常接近圆的，并且以那个时候的测量方法是很难将它们区分开的．然而，开普勒的椭圆使得本轮环绕着均轮的运用被放弃，从而提供了一个伟大的简化了的系统.

开普勒第二定律也是基于观察和测量，没有理由和目的．这个定律也反驳了一个两千年来人们所接受的事实，即行星在圆形轨道上的运动是匀速的．事实上，我们所看到的行星变速运动是它们在中心为均轮的本轮上运动时所产生的一种错觉．其次，对于自己发现的数学关系，开普勒并没有给出理由或者解释.

第二定律比较了一个行星在它运动路径的不同位置上的速度，但是指的并不是它自己的实际速度．第三定律也是如此，是基于观测的．甚至开普勒发现的数学关系也并不精确，因为不知道如何计算从行星到太阳的平均距离，这里他再一次没有证明为什么他的定律是正确的．实际上，这个定律正确的原因是：行星运动形成的椭圆接近于圆，几乎是有固定半径的.

开普勒的定律至少在两个方面构成了数学与对太阳系描述之间的重要转折点．第一是抛弃不正确的假设（即行星是沿着圆形轨道运动的）．第二是用纯粹建立在测量和观察基础上的数学关系的形式对自然规律进行描述．这两方面是在传统希腊思想，特别是在亚里士多德思想上的一个巨大突破，直到当时它还是无可争议的、占主导地位的思想体系．正如我们所看到的那样，开普勒他本身受希腊传统的影响很深，打破传统使得他做了很多的自我反省．

1571 年，约翰尼斯·开普勒出生于德国的魏尔德尔斯塔特镇，于 1630 年去世．他出生在一个问题家庭中，原因是多方面的：他的父亲嗜酒如命，对家人和身边的人使用暴力，喜欢冒险．他在沙皇的军队中充当雇佣兵并与荷兰的反叛的新教徒作战（虽然他自己是一个新教徒）．在这个过程中，他抛弃了他的妻子和长子约翰尼斯，而约翰尼斯的弟弟也长时间生活没有着落，最终他似乎也没有从自己的旅行中回来．约翰尼斯显然是一个早产并且体弱多病的孩子，他的一生几乎都是疾病缠身．开普勒的母亲也有着野蛮的、非传统的、叛逆的名声．由于外祖母曾作为一个女巫被绞死，所以他的母亲也几乎经历了同样的命运．约翰尼斯并没有被接受过任何正式的基础教育．在图宾根大学进行有序的学习的同时，他开始学习神学，但是在他二十岁毕业的时候，他在奥地利的格拉茨得到了一个作为数学和天文学教师的职位．其中的原因不是很清楚，有可能是被他在图宾根的老师推荐到这个岗位上的，尽管他在数学和天文学方面的知识非常少．不过他们看起来像是想要摆脱开普勒，可能他是一个不受欢迎的学生．他们可能想要把开普勒赶走，因为他曾经公开表示支持哥白尼，尽管他对于哥白尼的研究并没有多少了解．但他对哥白尼猜想的支持却是受到希腊古典文学，特别是毕达哥拉斯学派的影响，根据他们的理论，太阳是世界热量的来源，因此太阳在中心．开普勒接受了在格拉茨的职位，因为他没有其他的经济来源，并且在新的工作中他可以潜心研究天文学和数学．随着时间的推移，他通过我们描述过的发现取得了他的成就．这是出自寒门的科学家做出重大贡献的实例中最早的一个．在开普勒之前的大多数成功的科学家和哲学家都来自富裕的阶层．

在年轻的时候，开普勒就着迷于普通的数学和特殊的占星学，多年来他的大多数收入都来自于他编辑的星象表．他出名是因为他成功地通过占星预测到了土耳其入侵奥地利．目前尚不清楚他本人是否真的相信占星术．在他的一些作品中包含了对参考占星术的嘲弄，而另一方面，他也表达了占星术是证明行星对我们的生活有着直接影响的基础，以及占星学是可以以科学为基础进行开发的观点．

他对神秘的偏爱以及对毕达哥拉斯、柏拉图对自然的解释的支持，促使他去寻找数字、几何形状和天文结构之间的联系．开普勒知道柏拉图试图寻找正五边形与自然界中的五元素的关系．在开普勒研究的早期阶段，它使得开普勒认为正五边形与自古已知的六行星之间有关系．开普勒很早就有了椭圆轨道的想法．这个假设是行星沿着球体上的圆轨道运动，也就是说，是球体的包络线．开普勒的想法是每个这样的球都围绕着并支撑着一个完美的几何体，并且也被一个完美的几何体支撑，总共五个完美的几何体分离了六个行星的路径．多年来的复杂计算使得他提出轨道的精确模型，并用完美的几何体分离了它们．在这个模型中，水星是最接近太阳的球体．这个球体是被八边体支撑，而它本身也是被金星支撑的，金星反过来是被二十面体支撑（二十面的图形），而二十面体是被地球支撑的，地球是被十二面体支撑的（十二个面的图形），而它被包含于火星的环绕，其包含木星的支撑．后者在被土星环绕的立方体内部．开普勒不辞辛劳地构造了一个这种结构的锡制模型，并且成功地引起了他的赞助人王子的兴趣，他又构建一个纯银的宇宙模型，但是这个模型并没有完成．

随着他试图构建和提高他的几何模型的准确性，开普勒寻找更多而且更精准的天体运动数据．这些数据都是来自于那个时代最有名的天文学家第谷·布拉赫（Tycho Brahe）．布拉赫是一个丹麦的贵族，他出名是由于他观察证明了：1577 年突然出现的一颗星体坐落于其他位置不动的、遥远的星体之中（那些遥远的星体之间没有相对运动），也就是说，这颗星星并不是像彗星一样的较近天体．当时的人们认为彗星比月球离地球还要近，并且认为它是大气的某种干扰．接下来的另一颗新星出现在 1604 年（如今被称为超新星，它会突然变得比正常星星明亮很多），这是那时对天文学有着重要影响的事件，并且构成了反驳亚里士多德的天空上的星星是固定不变的思想的重要一环．丹麦的国王费迪南德二世（Ferdinand Ⅱ）在一个私人岛屿的塔上为第谷·布拉赫建立了一座天文台；在那里丹麦的贵族搜集了大量精确的天文数据，形成了自托勒密以来的空前盛况．布拉赫与费迪南德的继任者王子克里斯蒂安四世（Christian Ⅳ）的关系不太密切，在另一位国王鲁道夫二世（Rudolf Ⅱ）的赞助下，这位天文学家带着他的所有数据动身前往布拉格并且担任皇家数学家．布拉赫虽然不相信哥白尼的说法，但他也认为行星是围绕太阳转的，而太阳本身是环绕着静止不动的地球的．哥白尼的追随者开普勒也出发去布拉格，请求布拉赫允许自己使用他的数据来支持他的完美球体理论，并使其更加精确．

开普勒的另一个目的就是研究布拉赫的数据．毕达哥拉斯学派已经指出，音乐的和声之间的关系就像是自然与数学的关系一样．开普勒受到这部分希腊数学著作的影响，试图将和声与行星的轨道和将它们分开来的几何体联系起来．在他的书《世界的和谐》中，开普勒提出了这样一个比喻，土星和木星是男低音，火星是男高音，地球和金星是女中音，水星是女高音. 这些描述伴随着精确的计算，它是以开普勒在第谷·布拉赫所收集的数据的基础上整理出的天文学书籍作为理论支撑的.

开普勒加入布拉赫团队的几个月后，后者逝世，而开普勒也被任命为皇家数学家. 他在布拉赫数据的帮助下继续他的计算，并且经过大量努力和反思后得到了他的数学发现，即我们在这一节一开始描述的. 他对哥白尼模型的坚持引起了部分教会的强烈反对，在他的晚年，他不得不离开他的岗位回到巴伐利亚，并在那里去世. 虽然他自信他提出的模型是正确的，但他并没有放弃和谐的天空和完美的物体的神秘观念. 在他最后的书中，他逐个呈现了他的定律(开普勒定律)，直至今日依旧被人们接受，他对毕达哥拉斯观念——天上的音乐的解释，希望有一天可以被证实.

开普勒的定律并没有提供一个关于日心模型的问题的答案，即为什么人们可以在旋转得这么快的地球上而不会脱落. 在希腊时期有一种观点是，地球某种程度上对人施加了一个吸引力，但是这个观点并不能作为证明断言的基础. 由于缺乏一个定量的理论，即没有一个数学基础，所以这个地球吸引力的主张缺乏说服力. 有趣的是开普勒对于这个难题的回答体现了思维的转变过程. 他不寻求人们不会从旋转的地球上掉下去这个事实的原因，但是他说人们要是从地球上掉下去，这个世界就不会有人类的存在. 因此，因为人类存在，吸引力也就存在. 关于地球作用力的本质，开普勒只是使用磁性的联系来证明，而并没有给出更深入的解释. 是牛顿在数学内容中引入了引力的观念.

这方面的观点使得他们有了发现，哥白尼和开普勒的发现过程是完全对立的. 哥白尼拒绝托勒密的模型不是因为它缺乏精确度，而是因为它不够简洁，且他更喜欢不太准确却具有美感的模型. 开普勒用椭圆来取代圆是因为圆缺乏准确性，尽管事实上自从希腊以来，椭圆就被认为是不完美的，并且缺乏美感. 在准确性和简单性之间的艰难选择伴随着科学的发展，并且持续到现在.

三位巨人——伽利略、笛卡儿和开普勒，生活在同一个时代. 他们之间没有已知的任何会面. 笛卡儿支持哥白尼的天文学但是没有公开承认，显然是因为担心他会遭受像伽利略一样的命运. 笛卡儿反对伽利略的运动定律，因为它是基于观察和测量的，而不是对知识的分析. 开普勒，作为一个帝国的数学家，没有任何犹豫地回应了伽利略的帮助请求. 这样伽利略就可以没有任何顾忌地使用开普勒的名字，并支持他的发现，但是他忽略了开普勒使用望远镜的请求，而这能改善开普勒的数据. 相反地，伽利略却选择将他发明的望远镜送给没有数学天分却有政治影响力的贵族. 开普勒设法由共同的认知去制造一架望远镜. 伽利略也反对开普勒的椭圆定律，并支持亚里士多德的公理，即行星的运动是沿着完美的圆的. 然而对于地球的物体他自己也开发了不同的运动定律，这个定律兼容了开普勒的定律. 伽利略在自己的科学著作中没有提及开普勒，大概是因为他鄙弃神秘的毕达哥拉斯论证. 尽管科学发展的三巨头之间缺乏和谐，但是他们每一个都为即将到来的科学与数学之间的革命做出了重要的贡献.

18. 接下来是牛顿

由艾萨克·牛顿（Isaac Newton）发展出来的沿用至今的数学，构成了描述自然的基础. 除了在技术上的成就（在数学关系的帮助下为描述自然规律提供了全新的可能）之外，牛顿的贡献也代表了某种在数学发展的帮助下的创新. 希腊人和他们的继承者们选择先前已知的数学工具，主要是几何. 牛顿意识到在可以找到的工具中没有比数学更加符合他的观点的了，因此他用公式表述并发展出特殊的数学来描述自然.

1642 年 12 月 25 日，牛顿出生于英格兰林肯郡的伍尔索普庄园，根据英国历法即欧洲大部分地区使用的公历可能是 1643 年 1 月 7 日. （这个公历是大约 1582 年天主教国家采用的，在稍后被信奉新教和正教的国家采用. 直到 1752 年才被英国及其殖民地采用.）牛顿的父亲是一个富有的农民，但在艾萨克出生前不久就去世了. 三年后，他的母亲再婚并搬去和他新的丈夫居住，把艾萨克留到农场，由牛顿的外祖母照顾. 艾萨克不喜欢他在农场的时光和在那里他被对待的方式，并且他的这一段经历显然也反映在了他日后生活中的不合群行为和非常多疑的性格中. 当他十九岁的时候，他的母亲在他第二任丈夫死后回到农场，并希望把他培养成一个农民. 然而他讨厌农场，然后他说服母亲送他去剑桥大学的三一学院. 他作为学生并没有什么突出之处，但是他沉浸在亚里士多德、哥白尼、伽利略、笛卡儿和开普勒的著作之中. 1665 年大瘟疫蔓延到了剑桥校区，因此学校关闭了两年. 牛顿独自在伍尔索普庄园待了两年，在那里他产生了对自然数学最初的想法. 大学开放了，牛顿接受了初级教员的职位并且与著名的数学家艾萨克·巴罗（Isaac Barrow）爵士一起工作. 巴罗立刻认识到牛顿的能力并且资助他. 当时牛顿被委任为只有巴罗才拥有的最杰出的职位. 从这些来看，牛顿获得普遍称赞的道路应该是平顺的，但是因为牛顿暴躁的性格又使其充满了困境，他多疑的性格妨碍他出版自己的成就，并且他和同事相处的态度也是不合群的．后面我们会提到一些实例．牛顿最终在英国和欧洲有了达到科学顶峰的名声，而后被授予了一个超出期望的头衔（爵士），鉴于他的成就，又成为皇家学会的主席．他逝世于 1727 年 3 月（在英国日历上是 20 日，在公历上是 31 日）.

19．关于微积分和微分方程你想知道的一切

我们现在将要阐述在微积分（也称为无穷小分析）以及微分方程基础上的概念．即使数学方面没有概念或背景的人也能够知道这些观点，付出一些努力并培养一些耐心去学习在这里出现的数学符号是值得的（或者读者可以忽略这些符号并且跳过一部分专业的表示）.

在日常生活中我们遇到的数量是随着时间变化的，举个例子，车辆移动的位置，书的价格，室外的温度．在数学中用函数表示一个变量是惯例，举个例子，$x(t)$，其中变量 t 代表着时间，并且对于每个 t，也就是在时间 t，$x(t)$ 有可能代表车辆的位置，也可能是书的价格，或室外的温度，哪种情况都是有可能的.

除了函数本身，我们还可能会对这个函数的变化率感兴趣.

在移动车辆的例子中，用车辆位置变化率来测量它的速度．当函数描述了一个经济体的价格水平的时候，变化率代表通货膨胀．函数变化率本身就是一个函数．这是因为，例如，汽车的速度也随时间变化．在数学中，描述变化率的函数被称为原函数的导数，并且表示为 x'．（莱布尼茨提出将导数表示为$\frac{\mathrm{d}x}{\mathrm{d}t}$，这个符号沿用至今．我们需要重点注意的是它是纯粹的符号，而不是代表数量的除法.）

导数也是一个函数，我们可以研究它的变化率．因此这将是导数的导数，或者用数学术语来说，是原函数的二阶导数，它被写为 x''．二阶导数也可以在日常生活中见到，在车辆移动的情形下，一阶导数代表着速度，二阶导数代表着速度的变化率，也就是说，代表着加速度．二阶导数也可以在价格中见到，一阶导数代表着通货膨胀率，二阶导数代表着通货膨胀率的变化率.

我们可以继续定义三阶、四阶或者更高阶的导数．有时这些也可以用原函

数相关的含义解释. 以下是从1972年美国总统理查德·尼克松（Richard Nixon）在竞选期间的演讲中引用的一个例子：

"通货膨胀（率）的增长率正在下降."

他使用的是三阶导数. 如果我们分析的函数定义了价格，那么它的导数就代表了通货膨胀率，二阶导数就是通货膨胀率的变化率，尼克松总统的声明的意思就是说价格函数的三阶导数是负数. 数学家雨果·罗西（Hugo Rossi）在1996年的一篇文章中这样写道，这是第一位利用三阶导数获得连任的总统.

我们说过，理解我们介绍过的概念是不需要数学知识或技巧的. 理解一个变量的变化率就足够了，比如速度，它自身也可以变化，被称为导数. 就像我们接下来会看到的一样，这些概念（导函数和高阶导数）组成了数学与自然关系发展的基础. 为了能够完善这些概念，需要人们更有效地利用函数的变化率，即导数. 反之亦然，当变化率或导数已知的时候，也必须找到一种方法来计算原函数. 这种计算原函数的方法被称为积分. 微积分这一数学分支，是由英国的牛顿和德国的莱布尼茨各自独立发展的. 为了理解它，数学技巧的知识是必要的，但是计算微分和积分的具体方法是研究人员和那些使用数学的人（和学生）关注的主要方面. 理解本节写的内容，那些技巧上的细节并不重要. 我们会进一步给出这种运算的例子. 这些对于牛顿理论的验证都是重要的. 我们能够了解到的、第一个与微积分擦出的火花可以在欧多克斯的穷竭法中看到，其被阿基米德充分改进了（参见第7节和第10节）. 阿基米德的改进包括用极限思想求几何图形的面积. 这个极限恰恰是牛顿和莱布尼茨定义的积分. 然而他们的定义更进一步并且推广了计算导数的方法，定义了一个未知的数学概念. 他们提高了数学法则的水平，其方法使得微分和积分的计算可以相对简单. 牛顿和莱布尼茨都运用了他们先辈的知识、方法去计算面积以及特定情况下切线的斜率，这些许多当时的或更早的数学家曾计算过，包括著名的费马（Fermat）、笛卡儿（Descartes）、沃利斯（Wallis）和巴罗（Barrow）等. 牛顿和莱布尼茨的贡献是从收集到的例子出发提高计算微积分的一般数学理论水平.

这样的并行发展在英国和德国却并不是完全和平的，不是两人之间的不合，而是整个数学界都笼罩着不和平，并且其中还包括了相互剽窃学术观点和抄袭的指控. 牛顿是第一个开始发展微积分的，但是由于他过度的不信任，多年来一直没有发表自己的发现，并且即使他发表了，人们阅读和理解起来也十分不便. 莱布尼茨则以一种更加清晰流行的方式来发表自己的微积分理论，并且在欧洲被誉为这个体系的发现者（就像我们指出的，前面莱布尼茨提出的符号，我们现在仍在使用）. 相反，牛顿定义了一个数学概念叫作“流数”，用它来描述函数的瞬时变化. 牛顿继而开始攻击和指责莱布尼茨剽窃了他的想法. 事实并不完全清楚. 有可能是莱布尼茨在初始阶段遇到了一个早期版本的概念，而且这对于像他这样的天才来说，以此独立开发理论已经足够了. 在任何情况下，莱布尼茨都否认他的工作是基于早期与牛顿的联系或者牛顿的研究，他甚至要求英国皇家学会任命一个委员会来调查牛顿对他的指控. 一个被任命的委员会经过几个月的调查宣布支持牛顿，并没有撤销牛顿对莱布尼茨是从他那里剽窃想法的指控. 目前尚不清楚这一结论是否受牛顿是英国皇家学会的主席这一事实的影响.

对于牛顿在微积分发展中的“竞争对手”戈特弗里德·威廉·莱布尼茨（Gottfried Wilhelm Leibniz）我们做一个简短的介绍. 1646 年莱布尼茨生于莱比锡的萨克森，一个从事与法律和道德问题相关的家庭. 莱布尼茨在很小的时候就已经进出他父亲的储备充足的图书馆，他的父亲是一个道德哲学的教授，与如今被称为社会科学的学科相似. 在戈特弗里德还是个孩子的时候他的父亲就去世了. 这个图书馆将古典希腊文学带给了莱布尼茨，包括亚里士多德在思想和道德上的观点，这些在他身上留下了深刻的印象. 他受到母亲家族的教育，他的外祖父是一位法律教授. 莱布尼茨自年轻起就被法律所吸引，并且在他二十岁的时候就完成了这个专业的博士论文，但他并没有被授予学位，因为他被认为对于生活缺乏经验，而且当时的他还太年轻了无法拥有这个头衔. 因此他离开了莱比锡去了阿尔道夫大学，在那里他迅速拿到了数学的博士学位. 他拒绝了教授的职位，1667 年为博因堡男爵克里斯蒂安工作，男爵在这个过程中也成为莱布尼茨的好朋友. 1676 年莱布尼茨搬到汉诺威，服务于汉诺威公爵，没过多久他又被任命为博因堡家族的官方历史学家. 莱布尼茨在数学的各个领域都做出了重大的贡献，就像我们接下来会看到的一样. 他不仅仅是一个伟大的科学家，也是那个时代最伟大的哲学家之一. 他于 1716 年在汉诺威去世.

微积分在不同领域都有应用，但是牛顿发展研究它的主要原因是：它能帮助他解决微分方程问题（牛顿用来表达自然法则的工具），从而使用它来发现自然法则. 怎样解微分方程是数学家们和那些使用数学的人的一个课题，但是理解这些方程是不要求数学基础的.

自从数学开始发展以来，数学家一直试图开发出一个能够帮助他们从可用的数据中计算一个未知的数量的体系. 因此，米利都的泰勒斯在计算埃及金字塔的高度时用到了距金字塔中心的距离和可以看到金字塔顶端的角度. 因此，与巴比伦人一个一个地具体计算直角三角形斜边长度的方法（使用已知的其他两边的长度）相比，希腊人已经制定出了计算直角三角形斜边长度的一般规则，由毕达哥拉斯定理，已知其他两边的长度，可以计算任何直角三角形的斜边长度. 通过一个方程呈现未知数与数据之间的联系是从16世纪开始的. 表示相等的符号“=”是由牛津大学的教授罗伯特·雷克德（Robert Recorde）在1557年的一本书中提出的. 从那时起，我们通常会列出描述现实生活中的情况的方程，并且使用数学技巧来解决这些问题. 在方程中我们最熟悉的是关系和数字. 因此，应用毕达哥拉斯定理，方程 $a^2+b^2=x^2$ 描述的是通过计算得到斜边长度，x 代表我们希望得到的斜边的长度. 另一个有名的二次方程是 $ax^2+bx+c=0$. 在学校中我们被教会如何去解出未知量 x. 有时有一个答案，有时候有两个，有时候没有.

牛顿研究了一个新型的方程，它不是表示未知数之间的关系，而是未知函数及其导数的关系. 如今这被称为*微分方程*.（实际在牛顿研究出来很久之后才开始使用.）我们的想法是写出一个表示函数及其导数关系的方程，并且我们不是寻找数值解而是找到满足方程的函数. 举个例子，像下边的方程：

$$mx''=-kx,$$

这里未知量不是像以前一样的一个数字，而是一个函数 $x(t)$. 这个方程可以用语言来描述. 它的意思是函数的二阶导数乘以 m 等于这个函数本身乘以 $-k$（在对这个方程的描述中，k 和 m 代表什么并不重要）. 有时候可能存在附加条件，即这个答案必须满足的条件，举个例子，可以指定 $x(0)=0$. 数学家们学习如何解决这样的方程. 有时这样的方程只有一个答案，有时有很多，有时没有. 在日常生活中读者一般不需要知道解决微分方程的方法，除非他（或她）是使用这样的数学的工程师或数学家，或者仍然是一个学生.

20. 牛顿定律

牛顿发明微积分的目的是给自然界中的运动以数学表达. 事实上，他的法则是用微分方程表示出来的，其在各个领域的应用都有了不起的成就，首先是对物理学本身的贡献. 这是相同的规则被第一次应用于地球和天体运动的描述中．这与直到17世纪仍然被遵循的亚里士多德的方法相矛盾．然而更加让人印象深刻的是，微分方程这种新的数学形式的应用，既能使运动定律公式化，又能得出结论．我们将简短地回顾这种新的数学形式和自然法则之间的联系．

牛顿第一定律：也叫惯性定律，一切物体在没有受到力的作用时，总保持原来的速度不变．

牛顿第二定律：这就是著名的公式 $F=ma$．用简单的话来说，它是说物体的加速度 a 的大小跟物体所受的合外力 F 成正比，这个比值取决于物体的质量 m．

牛顿第三定律：每个力都有反作用力．一个物体对另一物体施加一个作用力的时候，第二个物体就会以一个同样大小的相反作用力作用于第一个物体．

第一定律实际上是来自于第二定律．事实上，如果加速度是零，速度就为常数．牛顿声明第一定律是关于物体本身的，因为他将它视为“独立”运动存在的声明，是对亚里士多德的运动原因（有一种力作用在物体上的观点）的反驳．牛顿定律某种程度上归功于孕育惯性思想的第一人，即伽利略．当要求伽利略解释速度这一概念，即速度与什么有关和如何测量它时，他的回答是，为了测量天上有固定位置的星体之间的关系．

第二定律的重点是数学，也是对数学的应用．第二定律是一个微分方程，关联着一个物体上的作用力和一个位置函数的二阶导数，即加速度．

第三定律是专业性的，而且有些让人难以理解．在一次午餐中，我曾经遇到一位主任医师，他是一家著名医院的部门领导；他告诉我就是因为牛顿第三定律才使得他停止了学习物理和数学．“我决定推墙，”他说，“你怎么能说是墙决定将我推回来的？”这个情景的拟人化确实令人困惑，但他忽略了定律的目的，这是一种基本的技术．为了说明这一点，考虑把一张桌子放在地板上．地球的引力作用在它身上．因此，根据牛顿第二定律，桌子应该下降到地球的中心．它并没有下降，这是因为地面的反作用力．这个反作用力用运动定律解释为：桌子被施加了一个力，这个力与这张桌子的重力大小相等、方向相反．因此，作用在桌子上的力的总和是零，使得桌子保持静止不动．第三定律的另一个例子是划船．水手用桨向后推动水，船向前面的方向前进，即船向相反的方向运动．根据牛顿第三定律，运动是由于水对桨的反作用力．

另一个牛顿的核心定律是万有引力定律，将它与牛顿第二定律结合起来使用可以对更多的运动进行分析.

万有引力定律：两个质点（质点被视为零维数的质量）的质量分别为 M 和 m，它们之间的距离为 r，它们彼此间的吸引力与它们的质量成正比，与它们的距离的平方成反比. 写成方程的形式如下：

$$F = k\frac{mM}{r^2}$$

式中，F 是力；系数 k 是一个常数.

我们将声明一件显然的事：牛顿并没有发明重力（也许并没有苹果的故事，它仅仅是牛顿为了应付麻烦的探究者而编的美好故事）. 牛顿的贡献是发现数学与自然规律的潜在关系. 巴比伦人和之后的希腊人已经声明：地球对我们作用了一个将我们拉向它的力，并且他们将这个力起名为*磁力*. 这个公式类似于牛顿曾经提出过的，并且在牛顿发表他的定律之前，三位英国大科学家罗伯特·胡克（Robert Hooke）、克里斯托弗·雷恩（Christopher Wren）和艾德蒙·哈雷（Edmond Halley）都曾讨论过重力作用会导致行星沿椭圆轨道前进的问题. 他们三个提出了一个类似于牛顿定律的力的公式，但是除了这个公式本身，他们却不知道如何应用. 牛顿的一个朋友哈雷，实际上资助牛顿出版了他的第一本书，他问牛顿这样一个重力公式可以导出什么样的轨道，并很高兴得知牛顿曾经计算过这个公式且发现这个轨道是椭圆的. 因此牛顿发现开普勒第一定律可以由他的牛顿定律导出，此后不久发现所有的开普勒定律都可以由自己的定律导出. 是数学工具（微积分和微分方程）使得牛顿制定出了他的自然规律的法则，并且证明开普勒定律可以由新的法则导出.

新的数学工具有许多作用. 伽利略认为地球上物体下落的路径是抛物线. 用微分方程，牛顿通过他的定律证明了路线的确是抛物线. 这里是证明的内容（读者可以跳过，不妨碍阅读下文）.

牛顿发现：函数 $x(t) = at^n$ 的导数是 ant^{n-1}，其中 a 是一个常数. 特别地，如果二阶导数有固定值 g，它的积分是 gt，那么 gt 的积分是 $\frac{1}{2}gt^2$. 这表明地球的引力产生的 g 在短距离内是恒定的；伽利略从塔顶上抛物体时所观察到的抛物线满足牛顿第二运动定律.

牛顿还研究了弹簧的振动. 但根据弹簧振动得出恢复力定律（胡克定律）的却是罗伯特·胡克，他是牛顿强劲的对手，并且他们之间暗藏讽刺的通信内容在英国学术界广为流传. 胡克定律指出弹簧施加的力和弹簧与平衡位置的偏离程度成正比．如果将这个规则应用于牛顿第二定律，即前一节的最后一段出现的微分方程，也就得到了 $mx'' = -kx$．这个微分方程的解也是基于微积分的．这个解的本质在下面给出（读者也可以跳过，不妨碍阅读下文）．

牛顿和莱布尼茨的微分方程证明：如果函数 $x(t) = \beta\sin(\alpha t)$（其中，$\alpha$ 和 β 都是常数），那么它的一阶导数是 $\beta\alpha\cos(\alpha t)$，二阶导数是 $-\beta\alpha^2\sin(\alpha t)$．我们将把完整的证明留给数学家（和学生们）．一个简单的检验表明：如果我们使用符号 $\omega = \sqrt{\frac{k}{m}}$，那么两个函数 $\beta\sin(\omega t)$ 和 $\beta\cos(\omega t)$ 都是微分方程 $x'' = -kx$ 的解．这表明振荡函数是正弦函数和余弦函数的组合．

就这样，牛顿证明了罗伯特·胡克先前凭经验发现的结果也满足牛顿定律．这大大影响了牛顿的对手胡克，尽管他们之间存在着矛盾，胡克还是在公开场合称赞牛顿．牛顿则用一句常被引用的名言作为回答：如果我看得更远，那是因为我站在了巨人的肩膀上．目前尚不清楚牛顿选择这句话是否是因为罗伯特的身材矮小．

牛顿的运动理论并没有很快被轻而易举地广泛接受，人们表现出来了许多保留意见．但在牛顿去世多年后发生的两起天文事件却彻底消除了所有的怀疑．第一个事件与前面曾提到过的和牛顿关系密切的同事——天文学家艾德蒙·哈雷有关．彗星的路径受到更大行星对它施加的重力的影响，因此难以计算，以至于科学家们怀疑是否彗星也符合牛顿运动定律．哈雷研究了一颗彗星的轨迹，这颗彗星过去的几次出现都被记录了下来，他预测它将再次出现在 1785 年的年底或 1786 年的年初．1785 年 12 月，这颗彗星果然出现了，这极大地降低了人们对牛顿方程正确性的怀疑．哈雷收获了这颗彗星以他的名字命名的荣耀．哈雷彗星最近一次出现是在 1986 年，并会在 2061 年再次被见到．

第二个是对已知行星轨道的观测与基于牛顿定律的预测之间的不一致事件．这导致了一颗新的行星的发现被预测到，最终，1846 年海王星被人们在太空中发现．

万有引力定律也提供了一个令人满意的关于潮水涨落的解释．这个解释是：月球的引力是一个平行于地球表面的、对于海平面高度没有任何影响的元素，并且是一个拉向地球中心的元素（见下图）．这个拉力使得地球两边（图中上下两侧）的海平面都降低，所以在地球离月球最近的一边（图中左侧）及其对面（图中右侧）的水位都会上升（再一次见下图）．这也解释了为什么涨潮每天发生两次，一次是大海接近月球的时候，另一次则是它在地球的另一边、离月球最远的时候．太阳的引力也有同样的效果，但是由于它与地球的距离较远，这个力不是很强．潮水的涨落是这些力共同作用的结果．在农历的不同阶段，潮水的高度是不同的，也就是说，在新月和月中时，月球和太阳的引力相辅相成，在希伯来（阴历）月的$\frac{1}{4}$和$\frac{3}{4}$的时候，太阳的引力减弱了月球引力对涨潮的影响．

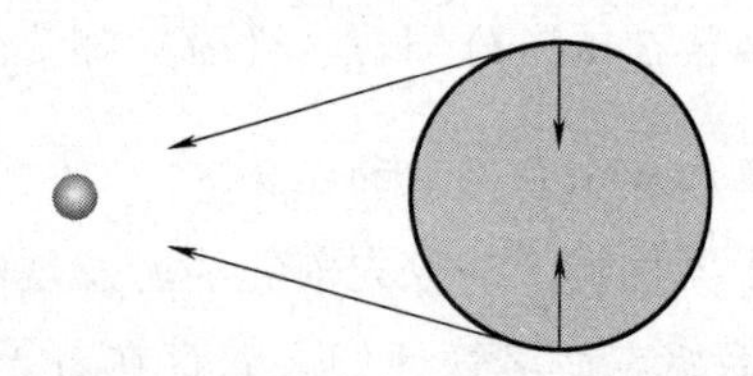

这种解释很普遍，且1740年法国皇家科学院也曾悬赏能够研究出具体详细的数学解释的人．基于牛顿定律，丹尼尔·伯努利（Daniel Bernoulli)、莱昂哈德·欧拉（Leonhard Euler)、科林·麦克劳林（Colin Maclaurin）和安东尼·卡瓦列里（Antonine Cavalleri）等人各自提交了解释，他们（共同）都获奖了．直到20世纪50年代，在以色列魏茨曼科学研究所的电子计算机出现的时候，通过充分的数值计算来描述潮汐的涨落的方法才推广至全球．

万有引力定律所描述的数学公式省略了一个重要的环节，那就是引力的作用机制的问题．自亚里士多德以来，人们的想法已经根深蒂固，即只有事物相接触，一个物体才能够被另一个物体施加力．亚里士多德的反对是基于原子论的方法，除此之外，他疑惑：原子之间是真空，力是怎么被施加的．万有引力定律给出了一个力的大小的数学公式，但是没有指出力是如何施加的．牛顿没有忽视这个问题，并且为了回答它，牛顿采用了亚里士多德对天空中存在的天体运动的回答（后被托勒密所取代)，这个世界充满了许多难以解释的东西．牛顿的这些公式取得了巨大的成功．研究天空是什么样的，并试图用它来证明预测事件和预见轨道转移的研究．

牛顿对科学和数学的贡献要远远超过我们上面简单描述的这些．它们还包括光学基本贡献，即无色光分解为彩色的光谱，在数学方面例如他的二项式定理，等等．他在数学和科学方面的、伟大的、概念上的改革，来自于他大胆地创建了一个专门用来描述自然现象的、新的数学形式．在牛顿之后，数学家们毫不犹豫地探索数学的分支，以便更好地描述自然．

21. 目的：极小原则

牛顿在他的定律中忽略了亚里士多德方法所要求的目的. 他想方设法通过数学运算来制定出一套数学法则，使得正在研究的事物的性质可以被导出和预测. 预测与实际结果的比较就印证了一个数学法则. 当牛顿被问到为什么他的法则是这样制定的时候，他的回答是，毫无疑问世界本身就符合清晰简单的数学规律. 然而固有的传统和方法在科学中仍占优势，它们根深蒂固，使得其他科学家通过基本原则而不仅仅是方程来描述自然的事件.

得到一个目标的路线通常是在遵循实证法的基础上而推导出来的. 科学家们很早就知道一束光从一种介质到另一种介质时传播方向的改变是折射. 荷兰物理学家威理博·斯涅耳（Willebrord van Roijen Snell，1580—1626）由实证发现，并制定了如今众所周知的、关于折射的斯涅耳定律（折射定律）. 定律中声明折射角度的正弦值之比等于光在不同介质中的速度之比（如下图，光在两个介质中的速度被记为 v_1 和 v_2）. 伟大的法国数学家皮埃尔·德·费马（Pierre de Fermat，1601—1665）证明（称为费马原理）：斯涅耳定律相当于说，光束在空间中从一个点到另一个点时，会使得所用的时间降到最小. 换句话说，如果我们在光线上选择两个点 A 和 B，光的折射会使得从 A 到 B 的用时最短.

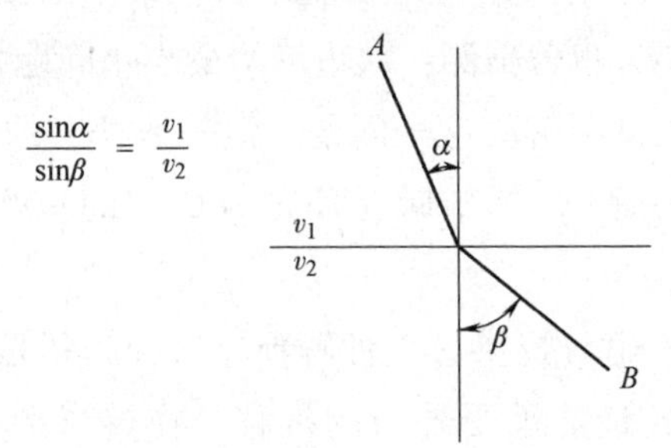

对费马原理的一种解读是，光线实际上解决了一个数学问题：它选择了一条可以最快地从一个点到另一个点的路线. 费马所解决的数学问题的证明是由斯涅耳公式得出的. 显然费马和他的继承者都声称：光束的目的就是尽可能快地到达目的地. 它们将这个属性视为数学描述之外的基本原则，因此从希腊传统观点来看，时间最少原则也可以作为自然法则的根本目的.

有趣的是希腊人自己也使用了类似的理由. 通常已知的，即射到镜面所产生的反射光与镜面的角度等于光线本身与镜面的角度（或入射角与反射角相等）．亚历山大的海伦（Heron，10—70）证明由两个角度相同能够得到结论：光线从点 A 射向镜面并被镜面反射到达点 B，使得它在最短的时间内从 A 到达 B（通过镜子）．海伦的推导过程与费马的相反．海伦认为入射角等于反射角是公理，并证明了光走捷径．费马将最短时间原则作为一个公理，并得出结论：即光束从镜面反射的时候，角度必定相等．

自从牛顿定律被公布之后，许多科学家试图推证费马的时间最少原则，这样就可以将它应用于新的定律．其中著名的科学家有莱布尼茨、欧拉、拉格朗日（Lagrange）和哈密顿（Hamilton）．现代对这种原则的表述，即最小作用原理，是归因于后者的．即这样的目的是使得物体走过路径的积分最小，积分的物理量被称为动量系统，即质量和速度的乘积．这一原则也被实验证实．此外，牛顿运动方程也可以由这一原则导出．因此，至少作为与力学相关的内容而言，对运动方程的直接数学描述与隐藏在最小作用原理中的动量系统的描述是等价的，对于自然界为什么会揭示出这样的“效率”人们并没有给出明确的原因．

此外，有时我们会试图将一个显然不存在的效率因素归于自然界．例如，在冰岛，部分熔岩冷却后变成了六边形，如下页图所示．导游和我询问了科学家们，他们提供的解释是用六边形覆盖地面是最低能量问题的一个解决方案，这是相当难以形成的．蜂窝的六边形结构也可以用类似的方法来解释．蜜蜂试图解决构造一个给定大小的巢室使得墙壁的长度最小的问题．其目的就是减少所需要的蜂蜡．古希腊人也曾猜测：六边形给最小化问题提供了一个解决方案，称为蜂窝猜想．许多人试图解决这个问题，但是数学上的完整证明却是在 2001 年由密歇根大学的托马斯 C. 黑尔斯（Thomas C. Hales）给出的（如今他在匹兹堡大学工作）．

关于六边形熔岩，笔者提供另一种解释．这种解释是：一个六边形的邻边使得其结构相对稳定，最能承受外力的推移．在熔岩形成的过程中，各种奇怪的和奇妙的形状覆盖在不同的区域，如正方形和三角形．那些由六边形覆盖的小区域成功地抵挡住了冲击和那里发生的地震并幸存了下来，这就是为什么在它形成后的数百万年的今天，我们会看到这样的形状．这也解释了为什么六边形覆盖的只是熔岩区域的一小部分，而被其他图形覆盖的区域保留下来的更少．至于蜂窝，进化可能使得蜜蜂解决了蜂窝问题，但也有可能是因为这样做在稳定性方面起到了一定作用，换句话说，进化选择蜜蜂来构造稳定的蜂窝．

22. 波动方程

自然法则陈述了函数与其变化率的关系，也就是说，自牛顿时期以来，微分方程成为用数学理解自然的主要工具. 牛顿奠定了基础，即从他的时代到今天，科学家们用他的方法，提出了新的方程来描述其他的自然现象. 如果实验结果证实了某方程的正确性，人们就会习惯性地用发明这个方程的科学家的名字来命名它. 下面是我在最近参加的数学研讨会上提到过的一些方程：欧拉方程、黎卡提方程、纳维-斯托克斯方程、柯氏方程、伯格斯方程、斯莫路科夫斯基方程、欧拉-拉格朗日方程、李亚普诺夫方程、贝尔曼方程、哈密顿-雅可比方程、洛特卡-沃尔泰拉方程、薛定谔方程、Kuramoto-Sivashinsky 方程、Cucker-Smale 方程，等等. 每一个方程都有它的背景和用法. 通常，方程可以根据函数或一组函数与它们的微分或积分之间的关系确定. 这些方程使用了牛顿定律，有时也会结合其他的法则，如能量守恒定律和物质守恒定律. 自牛顿以来，科学家们都在使用微分方程并会持续下去，而且还有很多工作有待去完成.

在本节中，我们将用一个方程来连通遥远的过去与当今时代. 这个方程在数学与自然关系的其他革命中发挥了关键作用，这场革命我们会在下一章中讨论. 这个方程不是用发现者的名字命名的，而是由它所描述的内容命名，这就是波动方程. 我们对它的一个方面特别感兴趣，那就是弦的方程. 下面的内容不需要对数学背景的理解，但它确实需要一些对数学符号的耐心和忍受（读者也可以跳过，不妨碍对文章的理解）.

起伏不定或者波动在我们身边的许多材料中都可以被看到，从实际生活中海面的波动，到弦的振动或薄膜被拉伸到不同的范围．正如我们在前一节所叙述的，早在牛顿时期，描述一个弹簧或钟摆的运动方程就已经被提出了．在讨论一个拉伸的弦的振动或海面波浪的运动时，这种情况更加复杂，因为波浪的高度是从一个地方到另一个地方变化的，况且它还会随着时间而变化．也就是说描述波的函数是关于时间和位置的函数．波的高度可以记为 u，对于每个位置 x 和时间 t，变量 $u(x, t)$ 表示在固定位置和时间时波的高度．我们可以根据固定地点的不同时间和固定时间的不同地点得到波的高度的变化率．根据固定时间、不同位置得出的变化率（想象一个在给定的时刻波的形象）用数学形式写为 $\partial_x u(x, t)$．它被称为位置的偏导数［1770 年孔多赛侯爵在数学中引入了符号 ∂，也有些人把它归因于 1786 年数学家阿德里安-马里·勒让德（Adrien-Marie Legendre)］．类似地，表达式 $\partial_t u(x, t)$ 表示随着时间的变化，函数的变化率（想象在给定位置处波的高度的变化）．二阶导数，也就是变化率函数的变化率，被写作 $\partial_{xx} u(x, t)$ 和 $\partial_{tt} u(x, t)$，分别代表位置和时间的变化率（见下图）．波的高度随着时间和位置变化，它的变化率由微分方程给出．

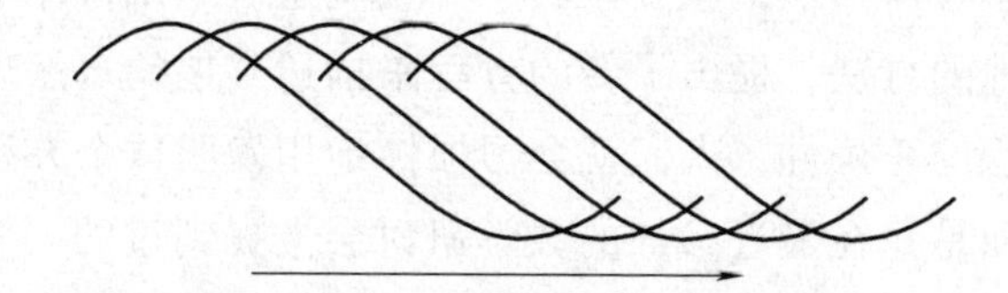

描述波的微分方程的早期版本是由莱昂哈德·欧拉（Leonhard Euler, 1707—1783）在 1734 年和琼·达朗贝尔（Jean D'Alembert，1717—1783）在 1743 年首先提出的．而人们对波，尤其是在紧绷的弦振动方面的理解取得突破则是在 1746 和 1748 年，即达朗贝尔和随后欧拉发表了这一方程的不同解的时候．最终得知这两种解其实是相同解的不同形式．为了完整性我们将给出方程本身：

$$\partial_{tt} u(x,t) = c^2 \partial_{xx} u(x,t)$$

用日常用语说就是，波的振幅随时间变化的加速度与波的振幅随位置变化的速率成正比．

在研究这个方程的解时，人们惊喜地发现了它与希腊人关于一段弦的长度和弹奏它时产生的音符间存在一定的联系，这当然没有数学上的解释，只是考虑了一段弦的长度以及它被弹奏时所产生的音符．这里省略技术性的细节，我们只是给出描述长度为 L 的、两端固定且无法移动的弦的振动方程的解，而这些解是我们已经遇到的并被希腊人所熟知的正弦函数和余弦函数的组合. 同样也是为了完整性，我们给出了一个通解：

$$\sin\left(\frac{n\pi x}{L}\right)\left[\alpha_n\cos\left(\frac{n\pi ct}{L}\right)+\beta_n\sin\left(\frac{n\pi ct}{L}\right)\right]$$

它有无数个解，对于每一个自然数 n（对于所有系数 α_n 和 β_n）都提供了一个特解. 可以用数学方法证明：方程的每一个解都是所有这样的特解的总和. 那些非数学专业的读者对公式本身并不感兴趣，但会对与其直接相关的遥远过去和未来发展的两个结论感兴趣.

注意到，弦的长度 L 只是在上述表达式的分母中出现. 这个数学事实的实际意义是：当弦的长度减半时，振动的频率（正弦和余弦函数的变化速度）翻了一倍. 因此，可以追溯到毕达哥拉斯时期的发现，即当弦的长度缩短一半时，注意到它产生的音符上升了整个八度音节，关于这一点的数学解释延迟了两千多年. 弦的方程连接了整个八度，且弦的振动速度加倍，这些通过人耳可以很自然地辨别出来. 用类似的方式，可以得到毕达哥拉斯时期，关于音符的高低和弦的振动速度的其他发现.

此外，方程表明弦的振动是由公式中对于每一个 n 的振动的和组成，n 等于 1，2，3，…. 这些振动有一个“清晰”的频率$\frac{nct}{L}$，对于自然数 n. 这些频率被称为自然、特定的弦的频率. 在用现代的观点描述自然时，它们将发挥核心作用，这些我们将在下一章中介绍.

23. 现代科学的认知

随着人们对世界的理解的巨大发展和进步，一个注意科学如何运作、如何理解自然的现代哲学方法形成了. 我们将简单总结这些哲学. 首先，数学在这个舞台的中心占据着恰当的位置，没有哪个发现可以在缺失了数学上的定量和定性描述的情况下还被很好地理解. 第二，解释各种发现的数学原理必须能够反映某种目的，这一要求被放弃了. 现实是，自然法则的性质可以用一个简单而优雅的数学形式来描述. 这种描述可以通过求解方程来实现，比如说减少某一个变量，就像减少过程中所花费的时间或付出的努力. 牛顿的贡献表明，一个特殊的、崭新的数学可以被发展用来适合于描述和分析可以测量的自然现象，因此他扫清了探索描述自然的新数学体系的道路.

实证法是由意大利的伽利略·伽利莱和英国的弗朗西斯·培根（Francis Bacon）发现的（数学必须基于实验而发展的观点），它已经被人们采纳，但是由数学提供的预测并不会被接受，除非它得到了实验结果的证实．在数学本质以及数学与自然联系的各个方面，尽管以自然现象为基础的亚里士多德式研究这一事实已经被放弃，但新哲学却采用了亚里士多德对数学的形式主义的态度（见11节）．这种哲学的发展从现代早期持续到了今天，其中某些改进我们将在下一节讨论．

第四章

数学与现代世界观

- 电流可以用于做什么?
- 宇宙是齿轮铺成的吗?
- 数学和物理是一样的吗?
- 平行公理是如何影响相对论的?
- 谁发现的公式 $E=mc^2$?
- 如何将光束弯曲?
- 事实上，粒子是波吗?
- 基本粒子群如何聚集在一起? 人类是由字符串组成的吗?
- 我们生活的空间是多少维的?

24. 电学与磁学

在 19 世纪中叶，用数学来描述这个世界得以跨越式地发展，这紧随电磁实验的结果而出现. 这些实验结果的数学解释，不仅带来了更多惊人的真相，也导致了用数学描述自然在方法上的变革. 从某种意义上说，用于描述物理的数学就是物理学本身. 在本节中，我们将简要回顾导致这场变革的实验发现.

在古希腊和古代中国，人们就知道了静电与磁，甚至还要更早. 米利都的泰勒斯就知道，当用一块布擦琥珀时，琥珀就会吸引轻小的物体. 今天，我们知道，这是因为摩擦产生了静电，从而导致了这种相互吸引. 电（electricity）这个词就来自于希腊语琥珀. 磁也是一个早就已知的现象，并且磁（magnet）这个词取自土耳其的城镇马尼萨（Magnesia）一词，这个城镇原是小亚细亚的一部分，后来归于希腊统治. 希腊人知道用绳子悬挂一根铁棒，当它稳定时就会指向南北方向. 基于这种性质制成的指南针，早在 11 世纪就已投入使用 . 然而，由于希腊的传统，并没有用实验来统一研究这些现象，所以在整个古代，人们都认为电和磁一定是完全无关的两样东西.

在16世纪，伴随着伽利略、培根及与其同时代的人所引领的现代科学革命的进行，科学家们开始进行受控实验，用以研究和理解不同的自然现象，包括磁和静电. 这个领域的先驱之一是英国物理学家威廉·吉尔伯特（William Gilbert，1540—1603），他进行了受控实验，第一个发现了磁铁有两极，即北极和南极. 而且，同极相斥，异极相吸. 此外，吉尔伯特还发现，静电也有两种类型，它们也像磁极一样，同名电荷相互排斥，异名电荷相互吸引. 然而，他并没有意识到静电和磁之间的联系. 100多年过去了，鉴于牛顿的万有引力定律的成功表达和应用，科学家也试图寻找关于磁力的定量表达式. 人们以法国物理学家查尔斯-奥古斯汀·德·库仑（Charles-Augustin de Coulomb，1726—1806）的名字来命名电子所带电荷的单位（库仑），他发现了两磁铁之间的引力及电荷之间的斥力与万有引力类似；也就是说，电荷斥力的大小与二者的电荷量成正比，与二者的距离的平方成反比. 这个规律的数学表达式与人们熟悉的万有引力定律的形式相类似，使得这个规律相对容易接受. 此外，与用于描述自然的数学形式相一致的更深层次的东西正在产生. 意大利物理学家路易吉·伽伐尼（Luigi Galvani，1737—1798）对电的本质有了更深入的理解，他证明静电会引起机械运动. 在不考虑其他因素的情况下，他把静电连接到青蛙的腿上，发现它使青蛙腿跳动. 这一效应被命名为电疗（galvanism），直到今天，学生在学校仍会做这样的实验. 电势的单位（伏特）就是以意大利伯爵亚历桑德罗·伏特（Alessandro Volta，1745—1827）的名字命名的，他表明将带有静电的物体通过一根金属棒和不带静电的物体连接就会产生电流. 他还指出化学反应是如何产生静电的，并由此创造了原始的电池，这一原理至今仍在电池工业中得以应用.

直到19世纪初，人们对于电和磁之间的物理联系仍一无所知. 1819年，丹麦物理学家汉斯·奥斯特（Hans Oersted，1777—1851）首次发现了这一联系. 他偶然发现当指南针的指针靠近电流时会改变方向. 也就是说，电流在它周围产生了一种力，影响了其周围的磁铁. 大约在1831年，美国的约瑟夫·亨利（Joseph Henry，1797—1878）和英国的领军物理学家之一迈克尔·法拉第（Michael Faraday，1791—1867）发现了电和磁两者之间的另一种联系. 他们彼此独立地指出，当金属丝近距离经过磁体时，在金属丝中就会产生电流. 此外，需要补充的一句是，法拉第在使科学更贴近民众方面做了很多努力，他是如此的知名，以至于当时的英国国王威廉四世（King William IV）都观看过他的实验. 国王看过实验后问道："法拉第教授，这一发现有什么用呢？"法拉第回答说：“我不知道，但您肯定能利用这一研究的结果收很多税.”

法拉第做了大量缜密的实验. 他把电流的大小与金属丝移动的速率以及与磁铁之间的距离的关系进行了量化. 他毫无悬念地发现，当金属丝在磁铁周围反复移动时，产生的电流大小像一个已知的函数，希腊人曾用它来描述天体的运动，一百多年以来人们也用它来描述钟摆运动，这个函数就是正弦函数. 然而电与磁之间的本质联系尚未明确. 为明确它们之间的联系，法拉第自己定义了一个概念，即磁场. 没有人能准确说出磁场是什么以及它是如何工作的，但是它所产生的力却是可以被测量的，所以对于它的存在并不难以接受.

至于磁力通过何种介质在金属丝中产生电流，并通过电流使得指南针的磁针运动，这个问题仍悬而未决. 法拉第认为以太就是磁力传递的介质，在我们周围到处都存在着这种物质，希腊人用以太来解释天体的运动，在之后的牛顿时代，涉及重力时也用到了它. 法拉第发明的公式是用来描述那些可以测量并可以通过感官获得直接经验的量，这是牛顿的方法的延伸. 磁场是更抽象的概念，但可以接受，因为它的活动发生在同一以太中. 具体来说就是磁场在以太中发生了某种形式的转变，进而对带电粒子施加力，这有些类似于重力在以太中的转变.

人们在法拉第时代对电磁效应的描述和测量，为探索电与磁之间的关联提供了很多信息，但仍未达到对实际作用力的测量及电与磁之间关系的定量描述. 通过以太这种难以表述的物质阐述磁场，有助于为力的作用提供机械的解释，但这不是现代所提倡的一种数学解释. 没有满足电磁效应的方程，也没有解释这种效应的最小作用原理.

25. 接下来是麦克斯韦

1832 年，詹姆斯 · 克拉克 · 麦克斯韦（James Clerk Maxwell）在苏格兰的爱丁堡出生了，这是一个完整，但不特别富裕的家庭. 他的父亲约翰 · 克拉克（John Clerk）是一位相当成功的律师，他从一个没有孩子的亲戚那里继承了一套位于伦莱尔的房子，那里离爱丁堡不远，但前提是他得继承其亲戚的麦克斯韦这个姓氏. 他照做了，并和妻子弗朗西斯以及他的大儿子詹姆斯搬到了那里. 詹姆斯 8 岁时母亲去世，并且他第一年的教育是和一个年轻的家庭教师在家里进行的．当詹姆斯 10 岁时，亲戚劝他的父亲送他去一所爱丁堡的正规学校．在学校，他是一位优秀的学生，并于爱丁堡大学继续学习．在那里他依然很优秀，其间转入英国的剑桥大学，并以所有毕业生中排名第二的优异成绩完成了他的学业．而排在首位的是他的朋友爱德华·罗斯（Edward Routh，1831—1907），罗斯成了一位杰出的数学家，并且，麦克斯韦已经为他在其实际研究的领域奠定了基础．在剑桥，麦克斯韦写了几篇重要的论文，以此赢得了剑桥三一学院的奖学金．在麦克斯韦 25 岁时，他的父亲去世了，这使得他回到了苏格兰，并在阿伯丁的马里斯克学院任自然哲学教授．在那里他不仅写了一篇关于土星环的稳定性的重要论文，并以此获得了享有盛名的亚当斯奖，而且还娶了他的爱人——凯瑟琳·玛丽·杜瓦（Katherine Mary Dewar），她正是马里斯克学院院长的女儿．当学院合并两个系时，其他系的一位教授被留任，对于留任这件事，麦克斯韦既没有利用家庭关系也没有用自身的科学声誉来获取帮助，于是他不得不离开，回到了英国，担任伦敦国王学院的教授．

他在伦敦的成就是令人震惊的．他完成了关于色彩论的工作，色彩论是一个吸引他并使他着迷多年的课题（我们将在下文展开讨论）．此外，还完成了使他获得最高荣誉的成果，即发表了关于电和磁的研究成果．他的成功和名望，以及皇家学会对他的任命并没有改变他的谦虚和以家庭为中心的性格．1865 年，当他从一匹马上掉下来之后，伤口感染了，麦克斯韦选择回到苏格兰，住在伦莱尔的庄园里．他继续自己的学术研究工作并发表了两篇论文，其中一篇是关于稳定装置的结构，另一篇中涉及如今被称为统计力学的内容．关于这些我们同样将会在下文中讨论．麦克斯韦在圣安德鲁斯并没有成功获得职位，1871 年，他决定回到英国，担任剑桥大学实验物理学卡文迪许实验室主任．他继续理论研究工作并出版了若干重要的论文和书籍．1879 年，麦克斯韦逝世于剑桥．

麦克斯韦最大的成就是他对电和磁的贡献，但应该注意的是，他完成的另一些研究在其他科学领域也产生了重大影响．光谱的色彩构成是一项他研究了多年的课题．牛顿证明，白光的构成元素（即光谱上的所有颜色）可以通过光线经过棱镜而被显示出来．牛顿之后，许多人试图了解不同颜色之间的联系和混合多种颜色而创造新色彩的规则．麦克斯韦发现并提出了被人们熟知的 RGB 结构（RGB 是指三种主要的颜色，即红色、绿色和蓝色），当以正确的比例混合这三种颜色时可以产生人们肉眼能感知的所有色彩．即使在今天这套方法仍用于我们的日常生活中，包括电视广播和印刷图片．1861 年，在伦敦的国王学院，麦克斯韦第一个制作出了彩色图片. 他的另一项工作奠定了被称为统计力学的物理学基础，即气体运动所遵循的数学法则. 麦克斯韦的想法后来被维也纳大学的奥地利数学家路德维希·玻尔兹曼（Ludwig Boltzmann，1844—1906）深入发展. 今天，定义气体运动的方程被称为麦克斯韦-玻尔兹曼方程或玻尔兹曼方程. 麦克斯韦研究的另一个基础性课题是控制系统的稳定性理论，他在1868年发表了一篇文章，这是轮船工程师们所遇到的并向他求助的一个工程问题的解决方案（我们将在第64节讨论应用数学时，回顾这个有趣的话题).

麦克斯韦和他的多名同事花费了几年的时间来探索电和磁背后潜在的物理定律. 在集中精力研究后，麦克斯韦建立了微分方程组，其解可以用来描述当时所有可以度量的可观测到的电磁效应. 他建立方程时所用到的数学知识是牛顿提出的微积分及其进一步的发展，特别是偏微分方程，比如第22节中讨论的波动方程. 麦克斯韦建立的方程与法拉第曾经建议并提到过的电场与磁场之间的关系有些类似，麦克斯韦用方程的解刻画了在实验室里可以观察到的不同的力及效应. 然而，和牛顿的引力定律一样，这些方程并没有解释电力和磁力是如何通过空间而作用到受力物体上的. 此外，与引力定律不同，以太无法解释电力和磁力的转变. 原因是“技术性的”（当时来讲是无法逾越的). 由电流产生的磁场的方向垂直于电流的方向，而磁场对电流施加的力又垂直于磁场，并随磁场强弱而变化（学习过电磁知识的读者一定记得左手法则和右手法则，用来描述这些力的方向). 以这样的组合方式，这些力穿过任何物质中的机械应力都是不可能的.

此时，麦克斯韦提出了一个电力和磁力都可以通过的力学模型. 事实上，在这方面工作一年多后，麦克斯韦成功地构建了一个由不同大小和方向的齿轮与轴承组成的理论体系（如图所示)，如果空间被这个体系覆盖，就可以解释电力和磁力的转换方式. 检查这个模型的轴承，麦克斯韦发现相同的轴承和齿轮可能为它的方程提供新的解，即磁场本身的波，他称之为电磁波.

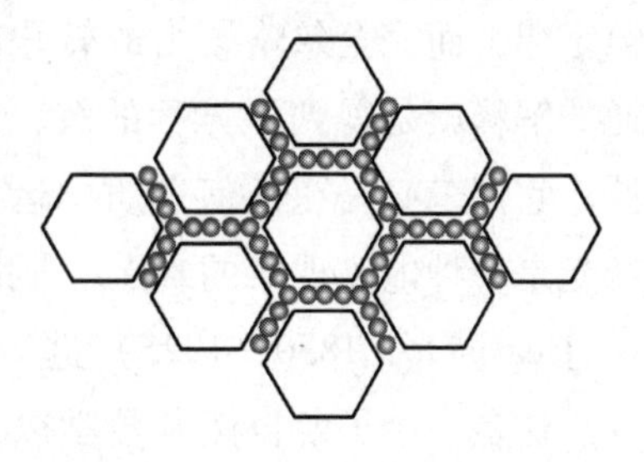

麦克斯韦发布了他的齿轮模型，根据这一模型得以解释电力与磁力的相互作用. 但是他并没有宣称真实存在与齿轮具有相同性质的物质. 然而，他给出了一个假设，即找到了方程的新解——电磁波，在现实中存在，此外他还大胆

假设，光本身就是一种电磁波.

事实上，光具有波的性质在很早以前就被荷兰物理学家克里斯蒂安·惠更斯（Christiaan Hyugens，1629—1695）发现了（后面我们会再次提到他）. 从牛顿时代起，人们对于光是由粒子构成的，还是具有类似于波的性质，就存在着争议. 牛顿的观点是光是由粒子构成的，但是其他众多物理学家支持光的波动模型. 光的波动模型主要基于奥古斯丁-让·菲涅耳（Augustin-Jean Fresnel，1788—1827）的工作，借助波动模型，他对光通过狭缝时产生光亮带和阴影带组成的马赛克图像这一衍射现象给出了一个明确的解释. 菲涅耳等人证明，光的衍射可以被清晰地解释，光的传播类似于波，借助同样的无形物质——以太. 尽管把以太看作使光色散的传播介质易于被人接受，麦克斯韦本人也认为以太不能解释他的电磁理论，但他还是冒险断言光是一种电磁波.

麦克斯韦的猜想遭到了冷遇. 没有人感觉到或者看到了麦克斯韦声称存在的电磁波，也没有任何人见过其存在的迹象. 于是光和电磁波之间的相似性被认为仅仅是一种巧合. 光的色散可以通过以太解释，但是以太的应用却与光满足麦克斯韦方程这一假设矛盾. 他只是把齿轮作为一种象征，并没有断言能够填满空间的齿轮真实存在. 甚至，同行中支持他的人也试图鼓励其对磁场力与电场力交织方式换一种解释. 这场争论自古希腊时代就开始盛行，又历经牛顿时代，但直到19世纪，人们才对电磁场间的作用力给出了可接受的解释，表明了它们之间的转换方式.

麦克斯韦之后又提供了一个更完善的方程式，对磁场力和电场力之间联系的描述比早期的更完整、更对称. 方程的发展仅仅取决于力学定律，如能量守恒定律，而完全忽略了力的转化或能量守恒的机制. 对于波的存在，唯一说得通的解释就是得到了方程的解，而该解具有波的特性. 然而，不像海洋波或声波，它们未必是在任何介质中运动的结果. 方程将它们定义为波. 麦克斯韦坚持光是一种电磁现象的观点. ［我们今天使用的公式是由奥利弗·亥维赛（Oliver Heaviside，1850—1925）进一步简化和改进的］

这是一个了解自然及数学以及自然之间联系的革命性的方法. 希腊人使用已知的数学精确描述自然现象，从逻辑上讲，主要是为了避免错误和视错觉. 牛顿和他的继任者，包括达朗贝尔和欧拉，他们在波动方程中给我们留下了印象，利用新的数学描述人类可以感知或感觉到的数量和影响，他们甚至可以发展直觉，例如弦的振动. 麦克斯韦改进的方程没有参考波的物理性质来描述电磁波，它是一个双重的创新. 首先，方程忽略了它们描述的因素是如何运作的，即物理现象. 其次，没有人看到，听到或感觉到方程预测的结果——电磁波，尤其是没有关于它们是如何运作的直觉.

与重力和牛顿定律一样，缺乏直观解释远程效应的问题还是明显存在. 在这里明显是很重要的词. 以太作为一种看不见摸不着的转换力的介质而存在，解释了重力是如何工作的. 它紧随麦克斯韦的革命，使重力不通过中介物质工作这一事实被人们接受. 牛顿方程所给出的预言，例如海王星的存在，是预测一个事实上有关它们运动的坚定直觉的已知类型的体系. 麦克斯韦方程仅用数学就描述了物理现象. 麦克斯韦实际上改变了一种方式，即用数学描述世界. 他摒弃了基于已知物理定量的物理解释. 他建立了自己的方程，好像宣布这就是物理，物理即数学. 尽管我们无法以任何方式看到或感知到数学方程中出现的元素，但事实上，它们就在那里. 我们可以测量这些事物在其他领域的效应，它们产生的电，利用它们施加的力，等等，而不必直接联系到它们的物理实体.

这场概念革命并没有受到极大欢迎. 迈克尔·法拉第，那时是英国最杰出的物理学家之一，用相对生硬的语言写信给麦克斯韦（以他的语言风格，而不是逐字地说）：数学家能翻译数学象形文字吗？用象形文字可以把他们的结论写成可理解的直观语言以便物理学家理解吗？据我们所知，麦克斯韦没有回应. 无论如何，答案都是否定的. 物理和描述它的数学是内在一致的.

除了在方法上的变革，采用麦克斯韦理论的困难还在于这样的一个事实，即在那个时代可以被测量和证明方程正确性的所有事物也可以通过已知的和被人们接受的物理数学关系来解释. 虽然没有一个包含所有现象的综合方程，麦克斯韦提出的总体方程在那个时代没有明确的物理基础，但它预测了之前没有人见过的效应. 麦克斯韦工作的出版花了 25 年时间，直到他死后 8 年，1887 年，德国波恩大学的物理学家海因里希·赫兹（Heinrich Hertz，1857—1894）才成功地在实验室发现一种电磁波. 没有必要细说这个物理发现的重要性. 不久之后，麦克斯韦认为的光是一种以我们可以感知的频率存在的电磁波的观点便得到了证实. 其用途包括无线电广播、电视、移动电话、微波炉、X 光等，这些都是基于电磁波的.

我们应该注意到，尽管麦克斯韦提出方程时没有涉及以太，但他也没有声称以太不存在. 以太的存在仍然是“必不可少的”，例如作为牛顿万有引力的介质而存在. 麦克斯韦只是声称有一种东西，其与电磁波的传播及满足的数学方程式有关，但并没有解释波的这种本质.

麦克斯韦的贡献相当于希腊人开始采用数学来描述自然，也相当于牛顿有勇气去发展一种新的数学来描述自然. 麦克斯韦有效地改变了数学描述自然的范例. 直接或通过媒介进行感官感知的物质的定量表达式不再是处理事物的唯一途径. 相反，抽象的数学处理成为完全可接受的，它的存在是简单合理的，因为事实上它们解释了我们可以测量的效果.

麦克斯韦的贡献也改变了人们对物理学家的界定. 今天，如果在谈话或演讲的过程中我提及麦克斯韦是数学家，我的一些同事就会纠正我，声称他是一位物理学家. 然而法拉第，与麦克斯韦同时代的最伟大的物理学家之一，却是一位数学家，他应该把他的主张翻译成物理语言. 否则，麦克斯韦就改变了物理学的定义. 海因里希·赫兹说，“麦克斯韦理论即麦克斯韦方程”，这句话道出了现代物理学的本质. 物理学与描述它的数学是内在一致的.

26. 麦克斯韦理论和牛顿理论之间的差异

在关于之后出现的并且满足与之相关的观察和测量的发现的预言方面，麦克斯韦方程是令人惊异的. 同样，牛顿的原始方程和被推导出的其他方程也使用了他发明的数学工具，并且完美地贴合物理事实. 然而两个方程之间存在差异，即它们描述的是否是相同的物理世界. 我们将描述这一差异.

牛顿第二定律，$F = ma$，物体的加速度 a 与施加在其上的力 F 成正比. 这个定律不与当物体被施加力时产生的速度联系，但与加速度相关，也就是速度的变化率. 重力定律也是如此，和物体速度无关. 万有引力不随物体的运动或静止而变化. 与物体速度的无关性对数学家和物理学家们来说是一件好事，当然也包括工程师，因为当测量速度的变化率（即力的作用的结果）时，以地球还是以另一个物体（如移动的火车）作为参考坐标系并没有多大的不同. 牛顿假定，有一个绝对坐标系统，可用于测量每一个移动物体的速度. 虽然我们不能准确地识别这个系统，但我们是幸运的，因为它不是特别重要，因为运动定律不会改变，如果速度是参考一些相对于绝对的系统是常数的速度来测量的，这样的系统被称为惯性系统. 如果一个物体从一个惯性系移动到另一个惯性系，其运动定律不改变.

这个性质在麦克斯韦方程中是缺少的. 从一个坐标系到另一个坐标系的转变, 即使第二个坐标系相对于第一个坐标系以某一恒定的速度移动, 也会改变方程. 我们没有明确地指出麦克斯韦方程, 但是也没有必要了解为什么从一个系统到另一个系统的转移会改变方程这一问题的细节. 描述电磁波的麦克斯韦方程充分利用了波的速度. 当速度在方程中出现时, 方程随速度的变化而变化. 换句话说, 麦克斯韦方程与牛顿方程公式化的惯性系统的不变性不一致.

当时物理学的状态可以概括如下: 牛顿方程, 与符合我们感官的几何相关, 这一关系已经被接受了数百甚至数千年, 它准确地描述了许多物理方面的运动, 包括波是在空气或水等通常的介质中传播的. 方程所描述的运动符合我们的直觉, 这一直觉是在人类发展的过程中形成的. 另一方面, 麦克斯韦方程预测了波的存在, 没有表明波传播的介质, 这与我们已知且熟悉的几何不一致. 然而, 这些方程在预测与之相关的物理效应方面却起到了惊人的作用.

我们如何继续呢? 第一种方案可能是不要试图去调和这两种方法. 这两组方程之间并没有发现差异. 它们描述不同的物理效应, 没人能保证有一个数学理论可以涵盖不同的物理效应. 第二种方案可能是试图改变一个方程组以满足另一个. 为了用其他东西代替麦克斯韦相对较新的方程, 从而消除这种差异, 人们确实做了很多努力, 但都没有成功. 然而, 爱因斯坦出现了, 他提出了一个令人惊讶的第三种解决方案, 改变了对世界的几何描述, 也就是说他建议描述的几何世界不同于我们所感觉到的, 但却可以调和两个方程组. 爱因斯坦的贡献是一个巨大的突破. 他带来了物理学之后的发现 (我们将在第 28 节讨论), 还带来了数学在几何领域的研究进展. 数学研究的突出方面在将下一节中描述.

27. 世界的欧氏几何㊀

为了以正确的视角描述爱因斯坦的相对论, 我们必须回到两千多年以前. 我们将再次说明公理对古希腊人的意义. 他们通过基本的假设来工作, 使用逻辑的力量进一步发展了数学. 公理本身是显而易见的事实, 物理真理, 或不需

㊀ 即欧几里得几何学, 以下简欧氏几何. ——编辑注

要解释或已经被证明的理想的数学真理. 我们生活空间中的几何，当然可以被数学检验，欧几里得在他的著作《几何原本》中概括了几何的数学理论，在书中他呈现了被古希腊人公理化的几何空间. 欧几里得给出十条公理（或公设），这些公理是不证自明的，比如给定两个点，它们之间可以确定一条直线；在平面上给定一个点和一个长度，以此点为中心，给定的长度为半径，可以定义一个圆. 欧几里得给出的第五公理，后来称为平行线公理，如下（参见下图的上半部分）：

同一平面内一条线段和另外两条直线相交，若在某一侧的两个内角的和小于两直角（即小于180°），则这两条直线经无限延长后在这一侧相交.

平行线公理如今的表述如下（见图的下半部分）：

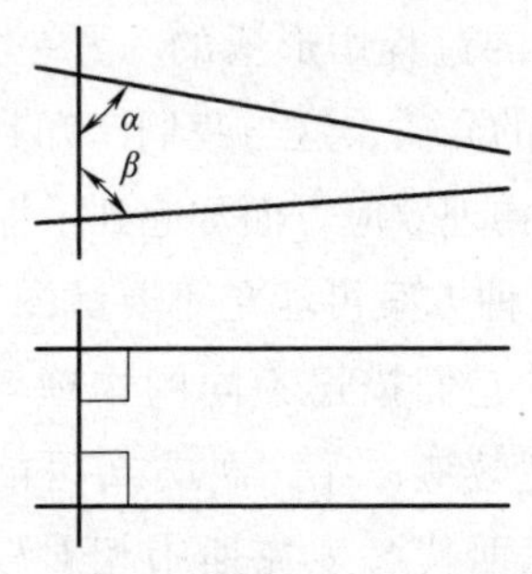

给定一条直线和直线外一点，过该点只有一条直线与已知直线平行；平行意味着两直线无限延长也不会相交.

欧几里得本人并没有提及平行线，即不会相交的直线. 显然，这是为了避免未定义的直线可以无限延长的假设. 正如我们在第 7 节中写道的，亚里士多德区分了无限和潜无限. 他认为存在潜无限，例如，我们可以画一条线，想画多长就画多长，但他否认无限的存在，也就是说，他否认无限长的直线存在. 欧几里得在他的著作中采纳了这一观点，并避免呈现和处理无限量.

欧几里得的第五公理甚至使他一生都不安. 批评家们声称通过自然地观察，这并不是显而易见的，因此不适合作为一条公理. 人们试图用其他不证自明的公理证明这一公理，但这些尝试都失败了.

后人对这个问题的兴趣持续了数百年. 尤其值得一提的是波斯的奥马 · 海亚姆（Omar Khayyám，1048—1131）及其学派的研究和贡献. 在那里，欧几里得最初的第五公理被平行线公设取代，今天仍然被接受. 也是在那时他证明了，如果假定存在无限长的直线，那么这两种说法是一样的.

帕维亚大学的意大利数学家吉罗拉莫 · 萨凯里（Geraolamo Saccheri，

1667—1733）对于数学和自然之间的复杂关系又有了进一步的认识．我们将详细说明此事，以此显示逻辑论证的困难．萨凯里使用的是反证法，他假定平行线公理是不正确的，并试图找到这个假设和其他可用另外的一些公理证明出的结论之间的矛盾．由此，就会展示出由公理不正确的假设所引起的矛盾，进而说明平行公理就来源于其他公理．我们先前已经表明，通过归谬论证明的证据，或是矛盾的，或是不自然的，正如我们现在所展示的，按照萨凯里提到的步骤去执行确实是很困难的．

平行线公理可以分为两个说法．首先，过直线外一点有一条直线与已知直线平行，其次，过该点不可能有多于一条直线与已知直线平行．萨凯里首先假定过该点没有与已知直线平行的直线，他成功地找到了假设（没有平行线）与由其他公理推导出的结果之间的矛盾．他得出结论，至少存在一条过直线外一点的直线与原直线平行．然后，他假设有两条或两条以上的平行线通过这一点．通过平行线的这两个性质，他发现了很多有特殊性质的平面，很明显，它们不存在于我们周围的物理空间中．这足以说服萨凯里宣布，他发现了自己要找的矛盾，平行线公理来源于其他公理（因为如果我们假设它是不正确的，接着我们发现了矛盾，那么它就是正确的）．

然而，萨凯里没有去找麻烦，即检验不存在于我们空间的特殊性质是否来源于欧几里得的其他公理．即只有完成它才可能得出存在矛盾的结论．否则，可以得出的唯一结论就是，欧几里得公理也允许陌生空间的存在．这个缺陷源于我们相信公理所描述的是我们周围的空间，从而产生了矛盾，我们足以能找到一个我们的物理空间没有的属性来证明有些性质不存在于数学空间这一结论．不久以后人们发现，由萨凯里发现的性质和其他公理之间并没有数学矛盾，而且平行线公理是否来源于其他公理至今仍是公开的问题．

德国数学家格奥尔格·克鲁格（Georg Klügel，1739—1812）对于这个问题的解决做出了概念上的贡献．他在德国哥廷根大学的博士论文中，对截止到当时人们对平行线公理及其他公理进行调和的失败尝试做了一次详细评述．格奥尔格·克鲁格的论文，假设欧几里得第五公理是基于感官的经验，因此它有可能是不正确的．换句话说，可能有几何图形满足其他公理而不满足平行线公理．这个主张本身使研究人员设法构造公理不支持的几何图形，并且他们很快就完成了．一个是由亚伯拉罕·卡斯特（Abraham Kästner，1719—1800）建造的几何体，它具有类似于萨凯里约一百年前发现的性质，但这一次的结论是相反的，也就是说，平行线公理不依赖于其他几何公理，意味着有这样的数学空间，在这里平行线公理不满足，而其他公理满足. 得出的结论是，有一种可能，欧几里得的公理不能完全描述物理空间，如果萨凯里考虑到这一点，这个问题可能会提前几百年被解决.

卡斯特构造的几何图形和当时其他的一些图形都具有这样奇怪的特征，很明显，他们在描述自然的文章中是不相关的. 显而易见的是，在描述我们每天经历的空间的原公理上需要假设新的内容. 这种尝试是由卡斯特的学生卡尔·弗里德里希·高斯（Carl Friedrich Gauss，1777—1855）完成的，高斯是有史以来最伟大的数学家之一. 他的大部分时间都是在汉诺威公国的哥廷根工作，他出生在一个贫困的家庭，但却表现出非凡的数学能力，使得他在年少时就引起了布伦瑞克（Braunschweig）公爵的注意，布伦瑞克公爵利用他的影响力迫使哥廷根大学接收高斯这个学生. 高斯在数学领域做出了巨大的贡献，我们在这里不做过多描述. 他的大部分工作都是和数论有关，但他在其他领域也做出了重大贡献，而且还是最伟大的自然科学哲学家之一. 高斯从他的导师卡斯特那里了解到，平行线公理不是来自另一个公理，但至少在一开始他还以为公理描述的是我们周围的世界. 多年来高斯试图提出“正确”的公理，即明确的公理，由此，平行线公理就可以被证明. 经过多年的失败，他的信仰动摇了，他开始寻找其他公理来取代平行线公理. 他发现平行线公理，即平行线不符合的性质，适用于我们的日常经验，即基于小距离的测量经验. 因此当处理小距离问题时描述我们周围世界的几何符合类似于平行线公理的性质. 例如，平行线公理得到的结果是三角形的内角和是180°. 而在满足除平行线公理以外的其他公理的几何图形中，三角形的内角和大于180°. 高斯提出一个要求，当三角形变得越来越小时，角度之和必须越来越接近180°，或者，换句话说，对于小距离，该几何必须类似于我们每天接触的几何. 但是在我们之前发现的满足除了平行线公理以外的其他公理的几何中，没有一个满足这个要求.

平行线公理能否由欧几里得公理及高斯的条件证明，这个问题仍未得到解答，或者即便有新的条件存在平行线公理仍不成立. 如果是后者的话，关于什么是物理空间中真正的几何这个问题将更加有力. 在这一点上，按下来就说一说高斯的故事. 高斯，作为一个数学家，发明了一种测量国家土地的方法. 因此他担任国家官方测量员的向导，实际上是他自己进行了测量. 根据这个没有历史真实性的故事，高斯试图测量一个由三座大山构成的三角形的角度，这三座山彼此相距很远．如果他发现它们之间的距离足够大使得三角形的内角和的度数超过 180°，他就能证明欧氏几何描述的不是物理事实．但这次测量并没有得到这样的一个三角形．尽管如此，这个故事还是与高斯自己解决了这个开放性问题这一事实相一致，也表明即使加入新条件，平行线公理也不能由平面公理证明．高斯并没有透露他是否认为平行线公理适用于物理世界．

举个例子，存在满足所有平面公理（包括高斯提出的新条件）的几何体，但它却并不满足平行线公理，这是由两位年轻的数学家彼此独立发现的．一个是俄国喀山大学的尼古拉·罗巴切夫斯基（Nikolai Lobachevsky，1793—1856），另一个是匈牙利人约翰·波尔约（Johann Bolyai，1802—1860），他同时还是匈牙利军队的一名军官．波尔约的父亲老波尔约是一位与高斯齐名的数学家，他曾收到过高斯的来信，在信中高斯写到了他关于几何的疑惑．罗巴切夫斯基和波尔约都构造了具有理想性质的几何图形，即较小三角形的内角和接近 180°，但这并不适用于较大三角形．当小波尔约把他的发现告诉高斯的时候，高斯表示他早已发现了这样的几何图形，但他非常大度，并没有宣布这是他的发现．

这一数学问题得到了解决：平行线公理不是来源于欧几里得公理，即使加了新的条件（即在小空间的距离行为），也必须像我们的日常生活中那样．然而，物理问题依然存在：根据公理的各种可能的几何图形中哪一个适用于我们的世界？这不是一个微不足道的问题．我们必须记住牛顿的理论，包括他的原始方程和自牛顿之后的所有方程及其演变，这些都是基于欧几里得公理所定义的空间，包括关于平行线的公理．源于数学的一切在物理空间是不相关的吗，这可能吗？

此时波恩哈德·黎曼（Bernhard Riemann）进入了我们的视野．尽管他生命短暂（生于 1826 年，卒于 1866 年，年仅四十岁），但他对数学和物理学却做出了重要的贡献．黎曼是高斯的学生，虽作为一个学生，他却独立工作．黎曼出生于一个贫困的家庭，年少时多病．他开始时学习神学，立志成为一名牧师．同时，他表现出极大的数学能力，试图用数学来研究《圣经》，甚至试图从数学的视角来审视其中的《创世记》．他的父亲意识到黎曼的数学天赋，敦促他报考哥廷根大学，并选择在高斯的指导下攻读博士学位．博士论文的研究要求学位候选人提交三个研究课题，最终由导师和论文委员会审核批准．导师和论文委员会将为学生就课题完成论文预定时间．由黎曼提交的第三个课题在他去世很多年之后改变了人们对几何学的认知．

黎曼的方法也是制定公理，但不是寻找那些我们能感受到的和看到的描述，而是开发了一个物理空间“应该”满足的公理系统，而在系统中“应该”的概念意味着“最近”和“最短”．这一技术与线面角的结构及不同面的曲率有关．这在数学中称为微分几何．

没有必要专门去理解这个概念，这是短程线的概念，即两点之间最短的路线．在欧氏空间中，连接两点的最短路径是直线段．但在一般几何学中，并不一定是这样的．也许在一些几何学中可能没有欧几里得意义上的直线，但会有一个连接这两个点的最短路线．为了说明这一点，考虑下面这句话：在地球的几何表面上没有直线，但有短程线．飞机沿相似的纬度在两座城市之间飞行，例如在马德里和纽约之间，选择了一条偏北的路线，因为这是最短的．一般空间中的短程线拥有黎曼几何创建的结构．目前尚不清楚黎曼是从哪里得到的灵感来定义这样一个结构，但可以确定的是，他已经意识到了在描述和确定几何性质方面的困难，而且他很熟悉其老师高斯的工作．与此同时，他意识到最小作用原理及在它之前的费马原理．因此，他显然想构造一般空间（不一定是欧几里得空间），在其中最短距离原理和最小作用原理都可以应用．黎曼在他表明这个意图之前就去世了．他留下的数学工具，尤其是基于最短距离的几何为阿尔伯特·爱因斯坦（Albert Einstein）构造新的几何奠定了基础．

28. 接下来是爱因斯坦

让我们回忆一下19世纪末人们关于大自然的数学描述．一方面，基于算术和欧氏几何的牛顿力学，在天体力学和地球工程学问题的应用上已经取得了巨大的成功．牛顿力学的部分成功可能归因于神秘物质“以太”的存在．另一方面，麦克斯韦方程已经预言了电磁波的存在，并且它也确实被发现了．“以太”无法构成使得这种电磁波移动的介质，并且我们熟知的其他介质也没有这样的性质．此外，如果将麦克斯韦方程应用于牛顿的几何体系中，它们会缺乏牛顿理论中一个非常重要的因素——这种测量必须适用于所有惯性系．与此同时，当时的数学家和物理学家开始质疑欧氏几何对于描述我们生活的世界是否正确．高斯明确提出这种观点，算术能够作为一种可依赖的工具来描述自然，但我们并不清楚大自然的几何学是什么，几何不能作为这样一种可依靠的工具．

这与爱因斯坦所遇到的情况很相似．几个新增的发现和假说可能影响了他，但还不清楚他接触和了解那些内容到了什么样的程度．这样的发现其中之一是由两位美国物理学家——阿尔伯特·迈克耳孙（Albert Michelson）和爱德华·莫雷（Edward Morley）完成的著名实验．当时科学界仍然相信“以太”作为介质的存在，通过它可以使力量得到释放（麦克斯韦理论还没有被接受；迈克耳孙-莫雷实验发生在人们在实验室发现电磁辐射之前）．当时人们提出的疑问之一是：“以太”相对于地球向什么方向移动？实验的想法利用到了这样的一个事实：“以太”是光传播的介质．

这个原理很简单，假设一束光从地球上的光源 A 处向一个点 B 处的一面镜子发射并反射回来，从 A 到 B 的方向就是地球轨道的方向，类似地，另一束光从相同的光源 A 向 C 点处镜子发射并反射回来，从 A 到 C 的方向与轨道方向成直角．一个简单的估算表明第一束光会在第二束光之后反射回来．这个估算是有必要的，因为这种断言不完全直观．为了显示它是正确的，想象光速是地球移动速度的两倍．在这个实例中，第一束光所经历的距离是实际它们的距离（即 A 到 B）的两倍．第二束光在相同时间内，已经反射回光源 A．也就是说第二束光会更快地反射回光源．事实上，光速不只是地球移动速度的两倍，而且这两束光回到光源处所花费的时间上的差异是极小的．

为了测量以太风的速度，迈克耳孙在 1881 年开始进行了一系列复杂的实验；莫雷于 1886 年加入其中，他们共同努力的结果表明光线回到光源的过程没有时间差．这一发现对“以太”是光传播的介质这一假说提出了质疑．

荷兰物理学家亨德里克·洛伦兹（Hendrik Lorentz）给出了一个数学公式来描述迈克耳孙-莫雷实验的结果．这个公式使得此前被认为是不证自明的一个假设得以修正，因为这个假设是基于我们的感官感知而得到的．该假设认为，如果一个物体 F 以速度 v_1 相对于物体 G 运动，G 又以速度 v_2 相对于物体 H 运动，那么 F 以 v_1+v_2 的速度相对于 H 运动．洛伦兹提出用另一个公式（具体的公式对我们现在的讨论并不重要）代替这个公式，并指出，在较小的速度下，F 相对于 H 的速度非常接近我们的感官所感知的，也就是说，其速度为 v_1+v_2，但当 F 正在以很高的速度相对于 G 运动（比如说，其速度接近于光速），并且 G 也在以接近光速的速度相对于 H 运动时，那么 F 相对于 H 的运动速度也接近光速（而不是两倍的速度，正如牛顿的理论推断的那样）．洛伦兹还观察到，如果将他的公式应用于麦克斯韦方程，那么在所有的惯性系统中都能得到同样的方程．

法国数学家儒勒·亨利·庞加莱（Jules Henri Poincaré，1854—1912）是当

时世界上最伟大的数学家之一，他指出洛伦兹公式给出了牛顿定律与麦克斯韦方程之间区别的最佳解释. 庞加莱发展了由洛伦兹变换推导出的力学，并且在1900年和之后的几篇论文中，发表了后来以狭义相对论而闻名的完整版本，其中包括揭示了质量和能量关系的 $E = mc^2$. 这些由洛伦兹公式得到的发展结果与爱因斯坦的狭义相对论极其接近，我们将在下面来描述它. 然而，虽然洛伦兹作为一位著名的物理学家的确在1902年被授予诺贝尔物理学奖，但是他和庞加莱，甚至包括那些试图在这些公式的帮助下去调和牛顿与麦克斯韦理论的人都没有得出正确的结论. 而这正是爱因斯坦要做的事.

爱因斯坦（他当时对这些知识发展的程度应该是未知的，正如我们上面所说的那样）采用洛伦兹公式，并且从中提取出了一个物理性质，它完全否定了基于我们日常经验的直观认识. 这个性质是，光速在一切惯性坐标系中是恒定不变的. 也就是说，如果光以速度 c 相对于物体 G 运动，而 G 比物体 H 的速度要快得多，甚至达到光速的一半，但光仍以速度 c 相对于物体 H 运动. 这样就得出了一个结论：不可能让一个物体的移动速度超过光速. 在某种意义上讲，爱因斯坦宣称对于客观世界的几何描述（包括速度的规则），用洛伦兹公式要比牛顿公式更合适. 如上所述，在相对较低的速度时，洛伦兹公式非常接近牛顿的理论，这就是我们的直觉，由于我们的日常经验都是在相对较低的速度下得到的，这就使得我们更乐于接受用牛顿公式来描述世界.

数学描述了这一位置和速度之间的新关系，它带给爱因斯坦一些感悟，某些事物的可能性从来不会与之前所设想的一样，特别是那些与我们的直觉相反的事（在麦克斯韦的基本贡献的激发下，数学已经完全可以推导出这种新现象，意味着现实结果已经可以被接受了）. 这个方程得出了质量转化为能量的结论. 这一数学表述，可以归结为专业数学结论的范畴，而没有任何物理学的重要内容. 然而，爱因斯坦解释这个方程作为一个物理真理并得出的结论是，质量和能量之间的转化是可能的（虽然那时他没有看到一种方法来控制和利用这种可能性）. 他甚至从质能等价性方程推导出这个著名的公式 $E = mc^2$（之后还有几个更复杂的版本）. 在1905年，爱因斯坦将这些发现发表在两篇论文中. 三年后的1908年，赫尔曼·闵可夫斯基（Hermann Minkowski，1864—1909）作为爱因斯坦在瑞士苏黎世理工学院学习时的导师之一，提出了一个新的几何学，其中时间坐标没有特殊地位，而是被当作正常的坐标，就像空间坐标一样. 为了公式化这个新几何学的规律，闵可夫斯基提出了张量微积分学，它是牛顿体系为适应更复杂的关系而扩充出来的衍生品. 由此, 狭义相对论从物理和基础数学方面开始确立.

一个有趣的问题是为什么爱因斯坦的狭义相对论会受到如此广泛的认同?而如上所述, 其实包括公式 $E = mc^2$ 在内, 庞加莱早在爱因斯坦之前就已经发表过了. 如果我们忽略阴谋论而不时地提出猜测, 那么答案有两个方面. 一方面是由于爱因斯坦的理论和庞加莱的在概念上的不同. 庞加莱发展的是数学而没有注意到, 或者至少没有声明和强调, 这一数学内容证实了物理上的新法则. 而爱因斯坦专注于物理学法则上新的力学的推导, 当然这其中有数学的帮助. 因此, 新的物理学归功于爱因斯坦是完全合理的. (爱因斯坦在伯尔尼专利局从事他的理论研究, 在此之前他学习了所有庞加莱的研究结果.) 答案的另一方面是, 庞加莱的论文写得复杂并且难以阅读, 而爱因斯坦则直接关注于问题的本质, 他几乎通过一种很直观的方法来提出自己的理论. 例如, 庞加莱给出质量与能量的比例 $m = E/c^2$, 这一表达比常见的版本更难以把握. 简单化则有明显的优势.

狭义相对论统一了牛顿力学与麦克斯韦的电磁力学; 换句话说, 它整合了数学系统与物理现象. 当速度远远低于光速时, 数学上的分析实际上与牛顿理论是一致的. 对于相对论的影响只出现在速度接近光速的情况下. 在传统工程学中, 牛顿公式的应用是足够准确的, 这么多年来, 这个理论的相对性只是针对该领域的科学家而言的. 在当今时代, 例如, 光纤通信与每个人都息息相关, 所以描述相对论的方程在更广泛的工程中得到了使用.

引力, 作为牛顿自然定律中的一个内容, 仍停留在狭义相对论的数学框架之外. 此外, 牛顿第二定律和万有引力定律也都与质量相关, 并且针对的是同一质量. 如果它们是不同的定律, 那么没有理由服务于相同的物理量. 爱因斯坦的解释是, 这两个定律是同一效果的两个方面. 他给出了验证此观点的例子, 即在电梯中做自由落体运动, 假设电梯的缆绳坏了, 由此开始自由下落. 在电梯内部, 虽然乘客由于重力而加速运动, 但是他却并没有意识到有任何外力的施加. 即力的产生也是相对的. 与狭义相对论的情况不同的是, 数学已经得到发展并且爱因斯坦的主要贡献也给出了物理上的解释, 而在引力分析上爱因斯坦首先提出了物理学的假设. 然而, 离开数学, 这个假设就没有科学价值. 爱因斯坦用几年的时间来研究, 试图找到一个数学理论来统一引力和其他力, 他发表了大量的文章论证了部分结果, 最后, 他在 1916 年发表的论文中明确地提出了广义相对论．这个结论再一次要求对世界的几何结构做出新的解释．爱因斯坦使用的数学框架早在六十年前就已经被黎曼提出过（参见上一节），并且这个用来几何地描述世界中的力学的工具，正是当年闵可夫斯基为表明狭义相对论世界中的几何学而创造的张量微积分．

爱因斯坦接受伽利略和牛顿对于惯性的观点，但他采用的观点规定，物体在没有外力施加时将继续沿着短程线运动，也就是说，在空间两点之间以最短线运动．然后爱因斯坦声称在物理空间的几何结构中，两点之间最短的路线在这个空间不是牛顿所说的直线，而是在牛顿空间中的一条曲线．此外，引起这条线产生曲率的因素是由于质量的存在．根据这个描述，万有引力只是一个几何特性的结果．例如，我们认为太阳吸引地球，这就解释了为什么地球没有沿着一条直线而是以太阳为中心在转动；实际上，太阳扭曲了空间，使得地球环绕的轨迹为椭圆形，事实上的这条感官上的“直线”就是空间几何学中的最短路线．这仅仅是在玩文字游戏，还是我们解决了一个之前我们直观上不能察觉的物理特性？这个测试将验证这个理论是否解释了那些我们曾经无法通过其他方式来解释的事物，如果它预测出了新的效果，那么将会更令人信服．

使用爱因斯坦新的几何学结构可以解释人们在水星轨道上发现的非常小的改变．天文学家对于那些变化已经做出了其他的解释，正如另外那些还没被发现的行星的影响一样．爱因斯坦也提出了一种新的预测．如果几何结构是决定性因素，那么一个物体在通常的引力下既不会表现出遵循爱因斯坦预测的曲线，也不会遵循牛顿体系中的直线．光就是这样一个物理对象．如果物理学的空间曲线围绕太阳，那么一个星体的光线到达我们并且通过围绕太阳也将以曲线到达，对我们来说这看似是在一个不同的位置上．我们通常不能看到星星的光线来自于太阳的哪个方向．判断到达地球的光线所来自的方向的最好时机就是日全食．大量的科学考察队花费好几年时间去尝试验证爱因斯坦的预测，但都失败了，不仅是因为糟糕的天气状况（日全食时天空恰好被云遮盖住了），而且还有政治事件上的原因，发生日全食时正值德国和俄国之间进行的战争，考察队的天文设备被俄国当局用来防范间谍而充公．

爱因斯坦的预测终于在 1919 年 5 月 29 日得到了证实，这次是时间最长的日全食之一，持续了将近 7min．日食开始于巴西并且一直移动到南非．由英国皇家学会组织的两个考察队，一个去了巴西，另一个去了南非沿海的一个小岛．他们都设法去测量和证实爱因斯坦的广义相对论．之后，疑问产生了，他们使用的设备是否足够精确以使他们能够得出结论. 从那以后, 在任何情况下广义相对论都已经被确认很多次了. 爱因斯坦的方程确切地描述了世界的几何结构. 与狭义相对论一样, 广义相对论也是仅仅在科学家之间传播了多年. 今天, 随着其在太空的广泛使用, 例如全球定位系统 (Global Positioning Systems, GPS), 使得广义相对论也与工程学息息相关.

但是即使是爱因斯坦, 这样一位能够运用数学做直观解释的大师也没有避免被直观所欺骗. 最终, 普遍的观点是万有引力将造成宇宙的崩溃. 爱因斯坦的直觉告诉他, 宇宙是静止的, 并且他通过增加一个宇宙常量来纠正他的方程, 这使得整个方程系统变得稳定. 此后, 埃德温·哈勃 (Edwin Hubble) 发现, 宇宙其实在膨胀, 并且以一个恒定不变的速率膨胀. 爱因斯坦将宇宙常量从方程中移除, 并且证实了增加的这个常量是他整个科学生涯中最大的错误. 可以这样理解此说法, 通过最初的方程, 他能够预测出宇宙的膨胀, 并且这种预测发生在大量的实验数据分析之前. 人们最近发现, 这种膨胀本身是加速进行的. 这可以通过将宇宙常量放回到方程系统中来解释, 此时可以用来解释膨胀的加速问题. 因此可以推断出, 将这个常量从方程系统中移除是爱因斯坦的另一个错误.

包括本书后面提到的人物在内, 阿尔伯特·爱因斯坦 (Albert Einstein) 都是迄今为止世界上最著名的科学家之一. 在这里, 我们介绍几个关于他生活和工作中的主要事件. 爱因斯坦于 1879 年出生在德国符腾堡的小镇乌尔姆, 在他年仅 1 岁的时候便随父母一起搬到了慕尼黑. 在青少年时代, 作为一名学生他并不突出, 但他也没有很落后 (后来传闻). 15 岁时, 因为经济原因, 他们一家移居到意大利. 阿尔伯特并没有很好地适应新的环境, 继续在位于瑞士北部城市阿劳的一所中学里读书. 1896 年, 他被苏黎世联邦理工学院录取 (今瑞士联邦理工学院), 并于 1900 年毕业. 他在大学期间也并不出色, 主要是因为他把精力集中在了一些令他感兴趣的学科上, 如物理、数学和哲学, 把时间和精力花费在独立阅读而不是他的学业上. 为获得教师资格, 他尝试了多年以完成他的学业, 但还是失败了, 最终在 1903 年他成为瑞士专利局的一名审查员. 他必须评估许多有关电磁设备的专利产品, 这使得他在工程学方面的知识得到突飞猛进.

爱因斯坦在研究中无意间发现了麦克斯韦的理论, 他对此很感兴趣, 同时也开始触碰到了这个理论的边缘, 而他对待这个理论的方式就像那些他同样感兴趣的科学和哲学一样，而非进入任何正式的学术框架．与此同时，他继续开展研究，并在1905年被苏黎世大学授予博士学位．同年，他以专利审查员的身份发表了四篇有开创性的论文，这给科学界留下了深刻的印象．在第一篇论文中，他对光电效应做出了解释，在下一节中我们会详细讲述这一内容．另外两篇论文解决的问题现在被总结为狭义相对论：首先，对力学定律的解释源自于上面叙述的新几何学，其次就是能量和质量的等价性问题．其中的第四篇论文，使1905年被称为爱因斯坦的重大之年（奇迹之年），它阐释了粒子运动类似于布朗运动的数学基础．这种微观粒子在各种情况下做随机运动的现象，是以18世纪苏格兰植物学家罗伯特·布朗（Robert Brown）的名字命名的．爱因斯坦的这篇论文的出发点在数学上被称为随机运动，由此形成了数学领域中的一个新分支，直至今天它仍然是数学中的热门问题．

这些突出的贡献为爱因斯坦在学术界赢得了广泛的赞誉，也因此使得他被苏黎世大学聘为助理教授．但他在学术界的声誉并没有快速地传播到普通群众中去．1909年，也就是在奇迹之年后的第四年，他从专利局辞职时的理由是由于苏黎世大学提供的一个教师职位，而他在专利局的上司则如此回应他，“爱因斯坦，不要再鬼混了，告诉我你辞职的真正原因．”当时他已经开始致力于引力论的研究，并在大约十年后的1916年发表了论文，提出了广义相对论．在此期间，他还在布拉格大学和苏黎世理工学院做过短期的教授．

1913年，他收到了两位当时世界上最著名的科学家——物理学家马克斯·普朗克（Max Planck）和化学家沃尔特·能斯特（Walther Nernst）的邀请，他们来到苏黎世劝说爱因斯坦接受柏林威廉皇家物理学会首席的位置，爱因斯坦于1914年搬到了那里．正如在前一节中所述，在1919年广义相对论得到证实，这使得爱因斯坦的名声享誉全球．

1921年，他被授予诺贝尔物理学奖，颁奖理由是他在解释光电效应方面所做的贡献，而不是相对论．瑞典皇家科学院没有给出为什么不针对这一突出贡献授予他奖项，而是非正式地解释道，根据阿尔弗雷德·诺贝尔（Alfred Nobel）的意愿，这个奖应该颁给对人类事业有使用价值的成就，而相对论被认为并没有这样的价值．显然这样错误地看待相对论是狭隘的．据传闻，这些看法源于瑞典皇家科学院奖项评审委员会中的一些成员，虽然他们意识到了这一成就的伟大，但仍不相信相对论是正确的．

爱因斯坦在柏林将大量时间放在研究上，试图找到一种理论来解释引力学与当时发展起来的量子理论之间的关系. 他继续这些尝试, 但却没有成功, 直到晚年定居美国, 之所以搬到美国是由于1933年纳粹的掌权. 幸运的是在政权更迭时他并没有在德国(他在美国做访问), 纳粹政府将他的财产没收, 他失去了德国国籍, 他的理论也被宣称为一个不正确的犹太人理论. 他在离洛杉矶不远的加州理工大学(也称为加州理工学院)待了一段时间, 后来进入了位于新泽西的普林斯顿高等研究院, 并于1940年成为美国公民.

质-能等价性在20世纪30年代得到证实. 第二次世界大战的爆发加速了将质量转化为能量的发展, 其顶峰就是原子弹的制造. 在日本广岛和长崎投下的原子弹导致了战争的结束.

一般来说, 爱因斯坦不参与政治, 但他会毫不犹豫地表达出对自由与和平的观点. 然而, 为了能赶在纳粹德国之前实现核能的利用, 他在第二次世界大战期间签署了支持核武器发展的协议. 作为一个不朽的犹太人, 爱因斯坦认同自己的犹太人身份和犹太同胞, 并支持以色列的建国, 甚至在其第一任总统——哈依姆·魏茨曼(Chaim Weizmann, 1874—1952)去世后被邀请成为下一任总统. 但他礼貌地拒绝了这一提议, 他认为自己并不适合总统的位置, 并解释说他缺乏“处理人际关系与运用官方职能的天赋和经验.”1955年, 爱因斯坦在普林斯顿逝世.

29. 自然界中量子态的发现

亚里士多德认为物质是连续的. 以留基伯(Leucippus)和德谟克利特(Democritus)为代表的其他古希腊科学家则认为, 物质是由原子构成的, 原子是不可分割的. 那些支持这一原子结构观点的古希腊人采用的研究方法是以没有实验依据为基础的哲学思考. 原子理论反对者的方法符合我们的直观感受, 因此他们的观点直到16世纪还一直占据统治地位. 16世纪末至17世纪初的实验结果表明, 物质并不是连续的. 对这一事实的揭露做出突出贡献的人是英国化学家和哲学家罗伯特·博伊尔(Robert Boyle, 1627—1691), 他鉴别了原子, 给出了分子的概念, 并指出原子构成分子. 英国化学家和物理学家约翰·道尔顿(John Dalton, 1766—1844)认为物质都是由原子构成的, 原子的类型决定了物质的属性. 道尔顿还在相对原子质量的基础上提出了相对分子质量的概念, 这使我们能够鉴定和提炼不同的材料.

另一个重大突破是由俄国化学家德米特里·门捷列夫（Dmitri Mendeleev, 1834—1907）创造的，他描绘出了第一个元素周期表．在门捷列夫的时代，人们已经发现了60种元素，根据它们的性质，他构造了一个周期表，以此来预测其他化学元素的存在，此后不久这些元素都被一一发现了．门捷列夫的故事的确精彩，但从我们的角度来看有一点是很重要的，他的发现是基于对唯美主义、对称性以及简化思想的一种假设．他没有对这种周期性给出确切的解释．而用于解释元素周期表的电子在当时还没有被发现，那时人们始终相信原子不可再分．

下图显示了这种带有负电荷的粒子，也就是电子，它的发现改变了一切．后来人们才知道电流是由原子中的这些电子的移动产生的，所以原子中应该还有其他不同的部分．而且，不同原子带有不同数量的电子，但总的来说它们的电性由带有同等数量正电荷的粒子所平衡，我们将其称为质子．质子的数量并没有清楚解释不同原子的相对原子量之间的不同．英国物理学家卢瑟福（Ernest Rutherford, 1871—1927），在1908年被授予诺贝尔化学奖，在1910年提出了不带有电荷的粒子（中子），并给出了一个原子模型，该模型直到今天仍然在使用：原子核由质子和中子构成，电子围绕原子核运动（直到1930年中子的存在才被实验证实）．

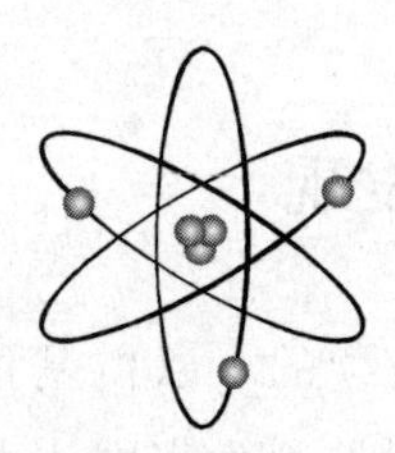

质子和电子的数量决定了原子的电性，而中子数量解释了原子量和质子数量间的差别．卢瑟福针对他的模型给出了恰当的数学计算结果，但它不是用于解释这种情形的数学模型，而是来源于对太阳系结构的直观感受．（有趣的是，如果托勒密的模型仍然盛行，那么对卢瑟福的暗示就很值得思考了．）这样一个模型的必要性是显而易见的．人类的大脑需要整理与该模式相关的信息，而这些模型所需要的公式与我们之前的认知相吻合．

然而，卢瑟福的模型有着重要的缺陷．最主要的一个缺陷是，电子是否是一个带有正常电荷的微粒？它不断围绕着原子核运动时是否会产生辐射并伴有能量的损失，并最终在原子核中崩溃？这些都是在现实中无法观测到的．德国物理学家普朗克提出了一个具有长远指导意义的假设，他在研究电磁辐射时偶然发现了一个令人惊讶的事实. 他发现能量是以一个基础量的倍数在传输的，今天我们将之称为普朗克常数. 他对能量量子化的发现使得他在 1918 年获得了诺贝尔奖.

这个想法非常具有创造性，以至于在当时很难被接受，直到爱因斯坦用这一假说解释了光电效应. 这一效应是，当一束光照射在金属板上时，被驱逐出的电子不是连续不断的，而是以光能的形式不断跳跃. 如前所述，由此爱因斯坦被授予了 1921 年的诺贝尔奖，他解释说，围绕原子核运动的电子只存在着预先给定的能量级，也就是普朗克常数的倍数，而光线本身则是由具有相同能量级的离散光量子构成的.

爱因斯坦的解释和其他的实验结果引导着丹麦物理学家尼尔斯·玻尔（Niels Bohr，1885—1962）提出了一个改进的原子模型，并也由此使他获得了 1922 年的诺贝尔奖. 玻尔的模型认为，电子可以在原子核附近被找到，但仅限于在特定的能级上或特定的轨道上，并且在这些轨道上运动不会损失能量. 从一个能量级到另一个能量级的跃迁需要从外部获得或失去能量，并且该能级是普朗克常数的倍数. 玻尔继续计算每一个能级和不同的能级之间所存在的电子数目. 根据与以前获得数据的匹配和实验结果的预测，计算结果使得玻尔对这一模型更有信心. 玻尔的模型将光子与被视为粒子的电子相关联，并且忽略了光的波动. 法国科学家路易斯-维克托·德布罗意（Louis-Victor de Broglie，1892—1987）试图填补这一缺口，他声称所有类型的物质都兼有波和粒子的属性，物质的这种属性使得粒子主导着尺寸更大的物质. 他甚至给出了一个波的振幅公式，以此来衡量物质的尺寸. 事实上对于大型物体而言波的振幅太小，以至于不可能被察觉. 这是一个重要的发现，它解释了这样一个事实，尽管我们都在某种程度上了解了波，但是我们并没有感受到它们. 德布罗意被授予了 1929 年的诺贝尔物理学奖.

所有这些发现和深刻的见解都详细描述了关于原子的结构和粒子的相关事实，包括那些观测结果的数值计算. 然而，这个模型没有给出数学解释，正如我们一直强调的，没有数学基础，它就无法被真正理解.

30. 奇妙的方程

埃尔温·薛定谔（Erwin Schrödinger，1887—1961）是一位旅居德国的奥地利物理学家和数学家，他对量子效应给出了数学解释. 他在 1926 年的一篇论文中提出了著名的薛定谔方程，当时他是苏黎世大学的一名教授，一个方程为他赢得了 1933 年的诺贝尔奖，与他共同获奖的是英国物理学家保罗·狄拉克（Paul Dirac，1902—1984）．之后，他搬到柏林，但于 1933 年作为反纳粹人士而离开了德国，搬到了英国．从那里他又迁到美国，在普林斯顿做了短暂的停留后，他又搬到了英格兰、苏格兰等地，直到最后，在 1936 年，他决定回到奥地利的格拉茨大学．他不得不发表声明，撤销在三年前发表的对纳粹的谴责．然而，他在格拉茨的职位还是被撤销了，所以他在 1940 年搬到爱尔兰共和国，第二次世界大战期间这是一个保持中立的国家．他在那里建立了都柏林高等研究院．他和爱因斯坦消除了彼此之间的误解，并认为他们曾经并且永远都是好朋友．

如果可以这样说的话，这个由薛定谔给出的解释，指出了各种效应的一个与波或弦有关的微分方程（参见 22 节），这与麦克斯韦方程很相似．薛定谔的方程更复杂，其中在对于自然的描述上包含了新的数学元素（不在此处做详细的说明）．只是这个波的方程有着“清楚”、自然和其特有频率的解决方法，而薛定谔的方程也有这样的解决方式．最初弦方程的独特解决方式与我们感觉到的效果有关．例如，乐器的弦“清晰”地振动．薛定谔将他的方程的特殊的解决方法比作原子中电子的作用一样，电子这种特殊的频率描述着能量，而波长与电子的动量有关，动量是速度与质量的乘积．只是在弦方程中不同的要素决定着不同的弦，在薛定谔方程中不同的要素决定着不同的粒子．根据薛定谔方程的数学分析结果，综合所有的结论和目前为止的实验结果，对于已知的原子，该方程都显示出了完美的契合度．

这一信息是形式上的，而他的基础是由麦克斯韦建立的：所有可利用的信息被用于解释一个方程，这其中的关联性是不清楚的，而这样的解决方式又能够使得新的效果被成功地预测出来．此外没有任何人看到过电子的波动．“电子是一个波”意味着什么？波传播的介质又是什么？答案是电子作为波的形式出现只是用于解释薛定谔方程，甚至这样的解决方式我们凭感觉无法感受到，只是测定到了与波的频率、波的移动以及波动的事实相关的确定的量．然而，即使是在薛定谔的时代，科学界也早已经习惯了这样的一个事实，物理学是用于描述无法被我们直观感觉到的现象的数学，它只能通过间接效应被理解，因此这个方程被接受用于描述物理学，这也就意味着，它被认可为物理学的一部分．

然而，如果没有一个直观的图片，那么人类的大脑仍然无法解决和吸收抽象的问题，正如直觉只能建立在已知的概念上一样．这给试图澄清薛定谔方程解决方法的合理性带来了障碍. 薛定谔自己来解释这一事实，电子具有波的功能，用来描述电荷在原子核周围的分布，同时这种波描述了电荷的分散和传播. 另一种更具开创性的解释是由德国科学家马克斯·玻恩（Max Born，1882—1970）提出的，他在1954年获得了诺贝尔物理学奖. 他认为这种波为在一个特定的位置找到电子提供了可能. 而这种可能性恰好是由每个位置的波峰所决定的. 因此在描述自然方面，玻恩提出了一个全新的概念——随机性，即不确定性. 对于这种随机性效果的出现我们并不陌生，它并不是一个近似统计，就像机械统计使用的统计学，因为无法去分析每一个粒子，而这种随机性确实是粒子本身固有的一种属性. 此外，根据玻恩的原理，当电子中有一种力量被激发时，就像是在测定自己的位置时，随机性就会消失. 电子的行为就像是一个粒子，用物理学的语言来说，波作用于粒子的精确位置，就是坍缩.

由此得出的结论之一是，一个电子可以同时穿过两个洞，但当它的位置被测量出时，这种性质就会消失，并会“决定”要通过哪一个洞. 这个性质令人很难理解，因为它们是依据日常生活中的事物来进行公式化的，但在日常生活中我们很难遇见这样一种性质. 原因是电子不是那种可以让我们有直观感受的客观事物.

毫无疑问，玻恩的解释没有被接受. 例如，爱因斯坦就曾极力反对，他说“上帝从不掷骰子”. 一段时间后，爱因斯坦反对整个量子论的说法就流传开来了. 现在看来，当时爱因斯坦的做法是错误的. 相反的是，正如我们前一节看到，爱因斯坦是这个理论的创造者之一，并且完全接受薛定谔方程作为用于描述物理学的说法. 爱因斯坦只是反对玻恩提出的，那种自然定律中允许随机性出现的说法. 尽管如此，玻恩的理论仍被证明是用于分析物理学和证明假说来源的一个可靠工具. 现在，玻恩的理论用于描述自然界已经被认可，当然仅限于在亚原子层面.

德国科学家沃纳·海森堡（Werner Heisenberg，1901—1976）是玻尔和玻恩的学生，他得到了一个基于数学的分析结果，提出了*不确定性原理*，并以此赢得了1932年的诺贝尔物理学奖. 这一原理指出，同时精确地确定电子的位置和动量是不可能的. 堆积如山的解释和说明，甚至包括对我们日常生活的各种分析，都能从这一原理中推导出来，其中大部分是没有逻辑基础的. 这一原理也是一个数学原理. 用于描述它的数学语言，已经超出了本书叙述的范围（对于大多数了解数学的读者来说这一理论的推导源自位置算符和动量算符的不可交换)，但其涉及的物理学知识在这里可以简述一下.

电子具有波和粒子的属性. 作为粒子它位于一个确定的地方，但要计算它的动量我们需要考虑把波作为一个整体. 一旦电子的位置被测定，它就不再是一个波，并且其动量也不能被完全确定. 在计算动量时，考虑的是电子的波的方面，但它的确切位置是未知的. 这适用于电子和其他粒子. 这种情况与客观事物之间是不相关的，正如波与粒子之间是不同步的. 该原则与其他两个互补的情况相关，如信号处理. 它可以通过两个信号的频率和时间上的进展来描述. 它们的关系就像粒子的位置和动量，不确定性原理指出，完全不可能同时准确地描述出它们(对数学家来说，函数的二阶矩与它的傅里叶变换的积是有下界的). 这是数学定律，可以用数学方法来解释，但是在其他方面运用时应该要谨慎使用.

值得反复强调的是，与自然、数学以及描述自然之间存在关联的新体系在那时就已经出现并发展起来了. 它的基础包含了自然本身. 我们在描述它时需要数学方程的帮助. 方程可以描述这些量，它们的性质不是直接能让我们接受，我们也不能直观感受到它们. 这些方程正确的理由是纯粹和简单的，因为这与我们的预测和实验结果相吻合，并且它们为我们接下来的发现开了个好头. 为了分析这些方程的解的行为，我们的大脑需要明确地想象出一个解释. 这个解释在一定范围是“正确的”，这可以帮助我们在这些方程的解法上做出分析. 我们别无选择，只能依据这个我们做出的解释来了解自然. 我们必须牢记，它仅仅是描述自然的唯一解释方式，但是自然本身却能够创造出各种奇迹.

31. 粒子群

20 世纪 30 年代初，人们对原子内部情况的认识相对简单：原子是由原子核、核内质子和中子，以及周围的其他物质构成的，它们是波也是粒子，也就是电子. 光的粒子被发现，就是光子. 但是原子的内部结构要比表面上看到的复杂得多. 首先，人们根据精确的实验分析了辐射的频率，发现了不仅存在着一种类型的电子，而是有两种电子. 这两种辐射的不同就被给出了解释，当电子绕核运动时，它们有各自转动的轴，并且它们的移动方向或是向左，或是向右，从而产生了不同的射线. 物理学家称这种绕轴运动为“自旋”. 虽然我们无法证实电子（一种波）实际上是在绕它们各自的轴自旋，但是这个性质却对存在两种不同类型的电子这一现象给出了一个很好的解释.

之后正电子被发现，这是一种跟电子很相似的粒子，只是带有正电荷．正电子的发现是源于对狄拉克方程的数学分析的结果，这个方程是薛定谔方程适用于电子的一个变形，并给出了正电荷的解释办法．这个方法给出了“反物质”确实存在的可能性．如果这个粒子遇到有“质量”的粒子，它们就会一起消失，并变得有能量．在短时间里，我们的确找到了数学解，可能用到了一点额外的东西，我们意识到正电子是自然界中真实存在的一种粒子．接下来的几年里，其他“物质”（和反物质）粒子也陆续被发现，现在人们把这些粒子统称为基本粒子．最初，这些粒子被用于研究检测宇宙射线及宇宙粒子与地球原子之间碰撞的结果．宇宙射线有着巨大的能量，但其中大部分都被大气层吸收了．对基本粒子的研究使得感光底片技术得到巨大提升，并且证实了宇宙射线和地球粒子的碰撞．之后，人们又发展了其他技术手段，比如气泡室和后来的粒子加速器，它们记录了加速粒子与其他粒子之间的碰撞，以及碰撞发生后的改变（包括新粒子的创造）．它们的特征有能量、波的频率、质量以及它们的自旋，它们增加的能级不仅反映了方向，还体现在一半，或三分之一，等等的能量值上．构造一张原子内部的图片是一件有趣的事，但这超出了本书的范围．这里不再列出图片形成所需要的流程，而是要理解这其中所隐含的数学知识．薛定谔方程、其他从中演化出的方程、玻恩的解释，还有那些从中推导出来的结果，这些都可以用于描述粒子的性质，而不是根据这些性质去解释该如何分配这些知识．由此，人们引进了一个之前在该领域从未被使用过的数学概念——群．

根据不同的性质对不同种类的粒子进行分类，使得它们以不同的类型排布在能级上．有一种特殊类型的粒子叫作强子．两位科学家，一位是来自加州理工学院的默里·盖尔曼（Murray Gell-Mann），另一位是以色列的尤瓦勒·内埃曼（Yuval Ne'eman，1925—2006），后者当时在伦敦帝国大学（1961 年）工作，后来回到特拉维夫大学．他们在那一年根据强子的自旋发现，它可以不依赖其他物质就能停留在几个不同的能级上，而且每一能级都恰好由 8 个粒子构成．此外，在每个能级上相匹配的两个粒子之间的相关性，在数学上长期以来被叫作 SU（3）群．

没有必要深陷于群理论，可以通过描述规律来理解它的作用，一个群是一个集合及其元素之间的关系．例如，对平面旋转 90°、180°、270°或者 360°构成一个群，其中最后一个旋转回到了起始位置，每两个元素间的连续作用关系是接连进行这两个变换，比如旋转 270°后，再旋转 180°就等于旋转了 90°，诸如此类，这是一个有着四个元素的群．为了描述这些转变，显然没有必要称之为一个群，并使用复杂的数学. 从长远来讲，数学专业术语的特殊性在于使我们能够描述更加复杂的系统，在同一个方向绕着三个坐标轴旋转90°就能定义一个更加复杂的群，数学甚至可以研究更加复杂的群，而且群中元素的关系也更加复杂.

19世纪挪威数学家，索弗斯·李（Sophus Lie，1842—1899）发现了不同方程间对称性的群. 它们被称作李群，其中之一就是SU（3）群，盖尔曼和内埃曼认为这构成了强子排布的数学基础.

在盖尔曼和内埃曼提出他们假说的时候，群中所有元素并不是都可以由已知的粒子所代表. 尤其是在盖尔曼递交给日内瓦的欧洲核子研究委员会（European Organization for Nuclear Research，CERN）的一篇演讲稿上，当时已经有最大的粒子加速器，他提出SU（3）群及其性质，并指出一种粒子正在消失（他称之为ω-粒子）. 这种粒子有完整的群模型，而且它的存在性完全否定了当时由日本研究者提出的另一个强子的模型. 然而，盖尔曼当时的展示并不像实验文献中写的那样. 出席盖尔曼演讲的有来自于加州大学伯克利分校的路易斯·阿尔瓦雷兹（Luis Alvarez），他是一位著名的科学家，后来获得过1968年的诺贝尔物理学奖，他的许多科学成就得出了这样一个假说，恐龙的灭绝是由于陨石撞击地球. 阿尔瓦雷兹指出这个正在消失的粒子（即ω-粒子），早在7年前就已经被以色列国家研究院的物理学家耶胡达·艾森伯格（Yehuda Eisenberg）定义过了. 艾森伯格的发现中使用了大气层高度上的拍照摄影技术，但这只是一个孤立的发现，而没有数学解释作为支撑. 所以这种粒子在添加到粒子名录中时，并没有引起太多的关注. 根据盖尔曼的演讲，几个实验团队使用气泡浮选槽来寻找同样的ω-粒子，直到1964年，纽约布鲁克海文实验室的尼古拉斯·萨米奥斯（Nicholas Samios）团队的科学家再次成功地确定了这种消失的粒子，同时也验证了艾森伯格的发现.

因此，回溯以往，由于在某种意义上的需要，群论预测了这种粒子的存在性. 群论在描绘和分类基本粒子方面取得了成功. 这种基本粒子记录了从普通层面上升到数学理论的过程，使得复杂的预测可以被认可和检测.

然而，还应该提到的是，群论和基本粒子结构之间的一一匹配的关系，我们对这样的事实无法给出基本或合乎逻辑的解释. 从概念的角度来看，这种认同使得我们想起了这样的匹配，即柏拉图的宇宙观认为的组成自然界的四种微粒与五个正多面体，或者是开普勒通过详细的计算发现了六个天体轨道和完美多面体的一种匹配（参见第10节和第17节）. 在将来我们能够像评定开普勒的完美天体模型那样来评定群论在描述基本粒子上的巨大贡献吗?

结合现有的数学、物理原理以及物理学实验技术方面的应用，人们试图探索并绘制出大量基本粒子结构及其相互作用的图画. 除了两种已知的力，也就是引力和电磁力，还有两种新发现的力：强核力和弱核力. 盖尔曼通过数学原理提出假设，某种粒子存在于质子中，并带有部分电荷，它们就是夸克，可以构成各种质子的组合体. 虽然夸克不能被分离出来，但是它们的存在性却打消了人们的所有怀疑，这使得盖尔曼获得了1969年的诺贝尔物理学奖.

从那以后，这幅图画得到了扩展，其他的实验发现得以添加进来，其中也带有许多数学上的内容. 但这幅画并不完整，或者说还不是最后的样子. 如今在日内瓦的粒子加速器上，人们正在不惜代价地进行着一项实验，旨在揭示一种被称为希格斯粒子的粒子（或希格斯玻色子），它是以英国物理学家彼得·希格斯（Peter Higgs）的名字来命名的，他在1964年预测了这种粒子的存在. 初步报告显示，在希格斯粒子能被预测到的质量和能量的范围内，一种新粒子被找到. 希格斯和他的同事弗郎索瓦·恩勒特（François Englert），独立做出相同的预测，他们一起获得了2013年的诺贝尔物理学奖. 如果最初的发现被证实，那么将会证实该模型为标准模型. 如果发现这种粒子不是希格斯粒子，那么物理学家又将重新考虑原子内部世界的图画了，到时候也许又将要采用新的数学方法来做些什么了.

32. 弦论的到来

那些从事基本粒子研究的物理学家们正在完成对粒子内部世界构造的描绘，但是他们研究的模型与收集的粒子和引力理论不一致. 此外，为了描述不同的粒子，必须使用不同形式的薛定谔方程. 根据以往所找的、会集了不同理论的数学模型的成功经验，今天的物理学家有必要建立出一套理论，用一个方程来解释整个原子内部的世界. 试图用一个方程来整合所有原子内部的现象，这促进了我们如今熟知的弦论的发展.

从数学和自然之间的关系角度看，弦论提出了另一个层面的解释. 麦克斯韦理论的革命性指出，用于描述构成物理学的数学知识是不能够被直接感知的. 但对其他物理量的影响是可以测量的，其预测作用，正如对电磁波存在的预测，可以被证实或否定. 弦论是数学知识，它可以用于描述不能被感知的物理学，此阶段，它对物理学的其他影响也不可被测量．此外，这个理论在当时并没有提出任何可以被证实或否定的预测．在可预见的未来，这个理论似乎也无法做出这样的预测．这难道就是世界的原貌吗？这难道就是物理学吗？

我的一些物理学家同行们否认这是物理学，并声称这个理论所包含的仅仅是数学的状态．另一些人准备将这一内容添加到当下的物理学范畴（也因为他们的工作是理论性的，而不是为了争取昂贵的研究资源）．也有物理学家认为，鉴于现实状况，目前甚至连想象这种状况都很困难，但也许有一天人们会发现一种有益的实验方法来验证弦理论．

弦论是什么？弦论在数学系统本质上与定义了基本粒子世界的系统类似，只是结合了几何元素．解决这些方程的办法是理论提出的基础．如果没有可以辨认的隐喻，我们的大脑就无法分析数学．弦论就是用来描述和测试这些解决办法的渠道．

弦首先是微小尺寸的粒子．它们比基本粒子小成百上千倍（这就解释了为什么它们不能被感知，因为感知微小粒子的方法是建立在基本粒子的基础之上的）．例如，这些弦被描述为像波状而不是像电子那样围绕原子核周围的点状的粒子．弦被描述为这样一个对象，它有长度，它的振动方式与移动方式都与波类似．因此它被命名为“弦”．一旦承认一个粒子存在长度，那么问题马上就来了，它的两端是否是连接在一起的，就像指环一样，还是附着在一个平面上，还是完全自由的？事实证明，这些都可以用方程来解决，它可以解释各种类型的弦．就像我们所希望的，不同的弦有不同的结构，而原子的内部结构则可以从中推导出来．然而，从那些结构的存在可知，这一物理空间一定存在着令人吃惊的性质．例如，这个空间一定超过了我们之前所认知的四维空间，即三维空间加上时间．这意味着存在实际中物理学上的方向，但每个方向之间的距离太小，以至于通过任何方式都无法测量和感知到它．额外维度的数量取决于特定的理论．最新版本的说法是10或11个维度．此外，这些描述弦的方程也有另一种类型的解决方案，可能是很巨大的膜的分类．这些解决方案有物理学上的解释吗？甚至能够实现吗？如果这样，这些膜就可以包含除了自己的世界以外的所有世界，而这些世界我们是无法感知的，甚至不能交流，即使我们之间的距离可能非常小．此外，这些世界之间的碰撞是可能的，甚至能够造成巨大的爆炸．根据我们所接受的理论，就像宇宙大爆炸使得能量转化为物质，创造了我们现在的世界一样．

读到这里，读者的反应应该是“我不明白”，我想说不止是你，就连写出这些文章的作者也不一定懂得很多，如果理解意味着能够把隐喻转化成具有现实意义的数学语言，那么这个“理解”就是指试图构建一座与我们周围的直观世界连通的桥梁，这种直观的基础经过数百万年的进化发展，因此限制了我们的感官，而数学产物对我们的感官来说是如此陌生. 数学会上升为对描述真实世界的挑战吗？显然要经过很长一段时间后，人们才会找到答案.

33. 从另一视角来看柏拉图主义

我们现在再来讨论数学和自然之间的联系. 首先要告诉读者的是柏拉图和亚里士多德（和他们的继任者）用数学语言来描述自然的主要区别. 柏拉图声称数学是独立存在的，数学真理是绝对的. 人类可以通过逻辑揭示这个真理. 研究的出发点将揭示真理就是公理，公理必须来源于自然，但必须记住，自然本身只是模仿理想的数学真理. 然而，亚里士多德声称数学本身没有独立的意义，甚至没有存在性. 如果反映了自然事实的公理被发现，那么结论可以通过适用于描述自然的数学形式得出来. 具体地说，对于越接近大自然真理的公理，得出的描述自然的数学结论越好. 柏拉图和亚里士多德都认为数学结论和实际观测结果之间存在差异. 对柏拉图来说这些差异令他困惑. 对亚里士多德来说，这些差异来源于不准确的公理，用更现代的术语来说，是错误的数学建模. 他们两个人都没有讨论过数学和自然间的本质区别.

亚里士多德学派应用的数学方法可以概括为，数学是对自然的一个很好的近似. 此外，当一个数学模型无法真实地描述大自然时，这个模型就必须要改正. 如上所述，亚里士多德的方法的依据是数学没有独立存在性. 为了得到对自然的正确描述，我们采用了一个近似的模型并改正了它，让它与我们从实验数据模型中推导出来的结果相一致.

对数学的新研究及其应用显示了另一种看待数学和自然之间关系的方式，其中一种接近于柏拉图的方式，我们称之为柏拉图主义. 总结为一句话就是，自然是对数学很好的近似. 此外，在某些情况下，柏拉图式的数学思想本质上包含着与基本自然法则相矛盾的方面. 然而，自然试图复制它就别无选择，只能与数学近似. 下面就是其中一个例子.

我们将最小作用原理称为自然运动背后的目的. 以同样的方式，最小能量原则也是这个目的. 自然界中的物体试图达到最低的能量；换句话说，它们将保持能量最低状态，除非它们受到外部力量的干扰. 英国牛津大学的约翰·鲍尔（John Ball）和美国明尼苏达大学的理查德·詹姆斯（Richard James）研究了在压力下一个弹性物体的结构. 他们采用的是数学方法. 他们对处于压力下物体的能量给出解释，并找到了具有最低能量的结构. 他们成功地解决了数学问题，但结果是，数学结果在自然界中还没有被应用. 数学上要求弹性物体的分子同时按两种不同的方式排布. 显然，这是不可能的. 这是否意味着最低能量原则在这种情况下是不正确的呢？实验提供了令人惊讶的答案：物质结构在本质上是对一个数学结果的近似. 如果将物体占用的体积划分为微观部分，那么每个小部件的分子排列形式就构成了数学的解决方案. 具体来说，在每个相对较大的微观体积上，既要使排布的能量最小，又要符合正确的比例，使得在宏观表面上接近于数学最小值. 自然试图接近这个在数学上发现的理想解决方案，但是还没有实现.

这种效果，即自然尽可能地近似于一个数学解，而这种方法从物理上看是不可能的，此后被发现的很多情况，都对预先观测到的结果给出了一个数学上的解释. 这种方法也成功地预测了在实验室中被证实的新结果. 这一数学成就在下面的图片中已经显示了，这张图片来自于布拉格的汉斯·塞纳（Hanǔs Seiner）实验室. 图片的下方显示了两种状态下的金属的微观层次，这些层次构成的微观近似值需要一种数学方法来解释，这一方法适用于两个层次之间.（图片中的长度所代表的实际长度是2mm）. 图片的左上部分显示了金属的典型状态. 这种使得数学近似与金属典型状态之间相吻合的可能性是需要验证的（也就是，它们会有共同的边缘）. 从一种状态到另一种被数学预测的状态的过程，是由塞纳实验室的约翰·鲍尔和他的同事们确定的.

图片承蒙汉斯·塞纳惠允.

34. 科学方法：有另一种选择吗

正如我们所看见的，几千年来描述物理世界发展的科学方法是以数学为基础的. 这种对数学的依赖性在科学界的方方面面都是共通的. 2010 年，马克斯·普朗克研究所的教授赫伯特·雅克勒（Herbert Jäckle）在一篇专业的生物学研究质量的评论中写道，“其目的是为了到达最终的那步，就像物理学之前做过的那样：用数学描述体系的发展并建立该体系的模型. 否则，我们不会理解这个过程，它始终是一个现象，一个奇迹.”这种描绘，是从亚里士多德的观点演化而来的，他指出没有数学我们根本不可能理解所看到的世界.

然而，问题出现了：有不依靠数学模型来描述自然的其他方法吗？还有一个类似的问题：为了理解那些今天数学还不能很好描述的现象，甚至都不适合用数学的情况，一定要使当前数学方法进一步发展吗？还是一定要有一种更恰当的数学方法的出现？或者，为了理解这些事情，我们可以采取除数学以外的方法吗？

对于这些问题我们很难给出确切的答案. 很明显，数学方法还没有用尽，而且数学方法已经提前发现了目前研究中使用的许多方程和定律，例如最小作用原理.

为了改变仅用方程来描述自然的局面，一种新的方法被各种研究者所使用. 达尔文的进化论就是自然法则中的一个实例. 为了预测特定时间下的自然状况，借助计算机来进行模拟是必要的. 这种方法仍然处于起步阶段.

最近采用的另一种方法是所谓的分形几何学. 这些几何体的一部分，即使是一小部分，看起来也像整个个体的缩影. 像这样的个体被称为是自相似的. 当然，线的一部分就是自相似的，但在 20 世纪初人们已经发现，这样的几何图形可能存在复式结构，它们的数学性质也被研究. 伯努瓦·芒德布罗（Benoit Mandelbrot，1924—2010）出生在波兰，在巴黎和美国接受教育，他生命中的大部分时间都在为 IBM 工作，他在现实世界中发现了这些自相似性，并将这种情况命名为分形. 芒德布罗指出，例如，一朵云、一片森林、一条海岸线，所有这些对象的一部分都能够表现出整体的性质. 当然，本质上自相似物体缺少一种性质，那就是任意小的一部分都相似于整体，正如数学的分析所要求的那样. 非常小的一朵云，甚至仅包含几个粒子，将不再像一朵云. 然而，分形的数学理论可以帮助我们理解一个真实存在的对象．我们可能认为这是另一个运用柏拉图主义的例子：自然尝试着去尽可能地模拟分形结构．本质上，这已经超越了仅仅作为一个解释，这种方法已经有了许多成功的案例．例如，很难定义一条海岸线的长度，而从由岩石构成的海岸线的自相似角度看则意味着，天真的定义会导致海岸线的长度无限长．这个理论提出一个替代测量的办法，就是线的分形维数（由于过于专业，不在此处叙述）．分形理论在未来可以提供更有用的工具，帮助人们检测本质上复杂的结构．

关于考虑用其他方法补充甚至替代数学方法的可能性问题，我们首先观察到数学在描述自然上所取得的成就是不能轻易完成的，与其他方法甚至没有可比性．我们甚至可以声称，数学现行的状态几乎达到了作为进化斗争过程中的一部分．这种竞争在古代被各种圣人所反对．之后，竞争对象占星术出现了．使用占星术的实践显示了一些科学活动法则．这些法则根据预言提出．这种预言甚至可以通过统计学试验来证实它的可信程度．“遗失”的部分是一个数学模型，这个模型可以解释行星是如何影响我们的．除了这个缺陷外，今天仍然有一部分人相信并使用占星术来解释和预测各种影响，包括在自然界中的影响．作为支持占星术正确性的一个观点是，它的支持者指出，早先甚至后现代的科学家都曾相信过占星术．这种说法是对的．但这个观点忽略了这样一个事实，占星术被科学界抛弃是因为它缺少成功的案例．

一些年来，几个试图通过其他方法来补充数学模型的方法被提出．一个例子是伊曼纽尔·维利科夫斯基（Immanuel Velikovsky，1895—1979）．维利科夫斯基出生在俄国，在耶路撒冷的希伯来大学学习物理，在西格蒙德·弗洛伊德（Sigmund Freud）的指导下研究精神病学．他并没有否认科学方法而是提议增加一些；增加的精髓就是依靠古代文学和宗教的来源，包括《圣经》和考古发现．他最著名的具有深远影响的假说是金星与太阳系中的其他行星不同，因为它不是与太阳系中的其他部分同时产生的，而是先前游离于星系中，后来才被太阳的引力所牵引．《圣经》中对“太阳啊，你要停留在吉比恩（Gibeon）；月亮啊，你要止于阿瓦隆（Ayalon）山谷．”的叙述被维利科夫斯基理解为一个物理事件以此来支持他的主张．此外，维利科夫斯基还做出了几个物理学的预测，其中一些已被测量所证实．例如，所有关于金星上温度的假设，在被宇宙飞船测量以前，维利科夫斯基的预测都是最准确的．尽管如此，他的科学研究方法仍不被接受（这是一个有保留的陈述；事实上，他的方法被科研机构大力反对过）．

他的对手说，使用古老的来源或任何其他手段来获取灵感没有任何错误，但这些不能被当作理论的证明.

数学模型尚未证明自己是生命科学领域的一部分. 大量的努力被投入到用数学方法来研究生物学及其科学的分支，它们中的一些被验证，但仅仅是局部获得了成功. 实验结果表明，生物学远比物理学更复杂. 这种暂时的情况会一直保持，直到正确的描述生物学的数学被发现吗？我们应该记得，直到开普勒和牛顿的发现出现之前，天体物理学似乎是独立于数学框架的一个巨大的发现. 然而，在生物学上这可能要复杂得多，这不可能通过使用我们已知的简单数学知识来解决. 在数学可以被成功地应用之前，新的生物学原理需要先被找到.

数学在社会科学和人文学科领域也仅取得了部分的成功（在这本书的下一章我们将介绍一些方法）. 这里有太多相矛盾的理论，有一些受到推崇，就像一个人的精神状态的诊断要到用心理学分析一样，也有一些则不被重视，比如决定人性格的笔迹学，通过看手相来预言未来. 其中一些不乏“科学”方面和表面上的统计学支持. 这种支持没有科学基础，除非有更可取的数学机制被认定为这一方法的基础，否则它缺乏科学效力. 这些方法的存在性，特别是受人推崇的那些，引发了下面的问题：数学是分析社会科学和人文学科的正确方法吗？

第五章

数学的偶然性

- 鸟类能计算概率吗?
- 怎么计算赢得一个未结束的比赛的概率?
- 上帝值得相信吗?
- 为什么阿姆斯特丹市几乎破产?
- 谁谋杀了辛普森夫人?
- 为什么恐龙没有进化出鱼鳃来抵抗沙尘?
- 阿瓦隆公路被淹没的可能性是多少?
- 在篮球中有“热手”吗?(“热手”表示某人连续投中. 在观看美国男子职业篮球联赛时,常常会听到“谁是热手,赶紧把球传给他投”.)

35. 世界上动物的进化和随机性

这一章的标题并不是指进化过程中的随机性部分,而贯穿整本书的问题,也就是:我们在直观地分析和理解随机性的过程中,进化在多大程度上起到了作用. 提出这样的问题是合理的. 事实上,不确定性和随机性在自然界中经常出现,并且是进化斗争过程中与物种生存环境相关联的内容之一. 因此,我们可以假设,进化的竞争引起了直觉上对不确定事件的感知和发展.

然而,我们将首先更细致地研究随机性和不确定性的差异. 不确定性的情况是:我们不知道发生的结果会是什么,也不知道事件发生的普遍情况. 随机性是我们不知道会发生什么,但是我们知道发生的情况是由一个给定的概率过程来控制的.

例如,当我们投掷一枚有 6 个面的骰子时,我们事先不知道哪一面朝上,但是我们知道这 6 个面中的每一个面朝上的概率是相同的. 这同样适用于掷一枚硬币,每个面——“正面”或“反面”朝上都有相同的概率. 事件发生的概率不一定相同,但是过程仍是随机的,因此,如果立方体的四个侧面是蓝色的,另两个侧面是红色的，随机投掷这个立方体，出现蓝色侧面的可能性是三分之二，红色是三分之一．概率是不一样的，但过程是随机的．相反，在一般的不确定情况下，结果可能不是由概率过程所决定的．例如，委员会即将做出决定，但我们不知道达到决策的程序是什么，这就是一个不确定性的情况，通常我们不能给决策过程的结果分配概率．

检查一般的不确定性和具体的随机性的关系是否植根于进化中，可通过研究动物世界中对这种随机情况的反应来实现．我们用与第 2 节中关于算术的相同方法来考虑，关于随机性的结果是非常清楚的：动物能够成功地辨别随机状态，而且它们有时会利用随机性来改善自己的处境．它们还设法识别与随机性无关的不确定性的情况．此外，它们有时会意识到这样一个事实，即会有一些事情是它们不知道的，然后它们的行为类似于人类在类似情况下的行为．得出的结论是：随机性和不确定性的关系来源于进化．我们将要简要描述一些证实这一结论的实验．

实验表明动物在随机情况下能够做出正确的反应，在两个编号分别为 A 和 B 的房间中长期投放食物．在哪个房间投放食物是随机选择的，但有着不同的概率．例如，在房间 A 投放的概率为 40%，而房间 B 的概率为 60%．铃声响起，即向动物暗示食物已经到了，但不能确定食物在哪个房间．如果动物走错了房间，它就错过了这顿饭．对于许多参与实验的动物，比如说老鼠和鸽子，都会很快地发现这个过程是随机的，并且它们选择房间 B 的次数要明显超过房间 A．

随机性一方面是运用策略来随机地寻找食物，或随机选取地方去寻找食物．如果食物的位置是随机的，并且有已知的概率，那么数学计算可以帮助制订最优的搜索策略．这样的计算表明，在很多情况下如此地随机搜索是最佳的．对动物食物搜索策略的广泛研究已经表明，它们确实采用的是最优的随机搜索．这并不奇怪．即使没有学习和使用过数学上的最优搜索方案，进化也造就了那些动物所采用的最优搜索策略．在进化竞争中，采用最优搜索策略的动物具有优势，大自然会选择那些优先发展出能够正确处理随机性事件的动物．

某些种类的鸟显示出与随机性有关的更加复杂的行为，例如，黑冕山雀——美国马萨诸塞州和缅因州的州鸟．像其他物种一样，为了安全，山雀的大部分时间都待在浓密的灌木丛中，但它必须到开放的空间中啄食，因此，它时常需要离开灌木丛这个避难所．在寻找食物的时候，它有暴露在各种捕食者面前的危险，主要是那些不能进入灌木丛的大型猛禽．如果山雀是根据设定的程序离开灌木丛来搜寻食物的，那么捕食它的猛禽很快就会学会这种模式，山雀的生存机率就会降低. 观察显示，它是随机地离开其栖息地，使得捕食者难以预测它是何时暴露在外面的. 猛禽也会采取随机的策略，否则山雀将学习猎人的模式，只有当周围什么都没有的时候才离开它的避难所. 山雀离开灌木丛的策略（即平均的频率），待在“外面”的时间，等等，都考虑了猛禽的狩猎策略. 例如，如果猛禽出现的平均时间比较短，山雀就允许自己远离其庇护所的时间更长一点. 印第安纳州立大学的生态学家史蒂文·利马（Steven Lima）进行了一系列有趣的实验（实验结果发表于 1985 年）. 利马给黑冕山雀设定一个情境，其中捕食它的鸟类的搜索策略参数有时会改变，例如，它某时将处在某个位置. 而山雀很快就发现捕食者狩猎的变化，并且调整了自己离开避难所的随机参数. 换句话说，在进化的过程中，某种鸟不仅已经发展到知道在给定了随机参数的环境中该怎么做，而且还可以识别所定义随机性参数的变化，从而相应地改变自己的行为. ［关于这方面的更多细节和相关研究可以在曼格尔（Mangel）和克拉克（Clarke）的专著中找到.］

在具有随机性的情况下，人们的行为会不同于在并不明确的不确定性状态下的情形. 例如，许多人仍准备购买彩票，尽管中奖的概率很低. 然而，如果他们不知道该选择哪个才能成为赢家，那么他们就会在买彩票之前犹豫不决. 杜克大学的亚历山大德拉·罗萨第（Alexandra Rosati）和布莱恩·哈尔（Brian Hare）对黑猩猩和矮黑猩猩（侏儒黑猩猩）的研究（发表于 2010 年）表明，猿类也会表现出与人类相似的行为模式. 它们可以区分缺乏概率和随机性法则的情况，以及不一定与随机性有关的不确定性事件. 此外，它们对这两种情况的反应与人类的反应也是相似的，即由于不清楚而导致的反应比对随机性事件的反应更加犹豫.

纽约州立大学布法罗分校的大卫·史密斯（David Smith）与乔治亚州立大学的大卫·沃什布恩（David Washborn）一起进行的一系列关于猕猴和海豚的实验（实验结果发表于 1995 年至 2003 年间）表明，这两个物种都知道如此的事实：有些事情它们是不了解的. 对海豚的研究是通过让它们辨别高于或低于某一给定音符，并随之选择按压一个踏板. 但是它们并不清楚只有当高音符出现时才有机会按压到下一个踏板. 海豚不仅在准确的时间里“不确定”地按下踏板，而且其行为和身体语言也表现出犹豫和缺乏决定性的现象.

以上这些和许多其他类似问题的研究均表明，进化使很多动物（当然也包括人类）理解并对面临不确定性和随机性的情境做出直观的反应．就像我们将在接下来的章节中看到的，它们和我们一样，在面临一些随机性方面的事情时，都表现得不太适应．

36. 古代的概率和博弈

在数千年的人类历史中，对人类行为中的随机性最为清晰的表达是与赌博和博弈游戏息息相关的事情．在古代有很多关于博弈游戏的例子．羊的小踝骨被埃及人和亚述人用于博弈游戏．随机地投掷这些小骨头，并且观察骨头的哪一个面朝上（骨头有四个面），与如今的投掷骰子差不多．骨头的四个面中的哪一个都可以朝上，但每个面朝上的概率不一样，而且对不同的骨骼其概率也有所不同．考古学家发现并证实了大约六千年前的古代文明中的博弈游戏，包括用打磨成型的骨头来做的一种游戏．古希腊人玩这种游戏，这些骨头的形状出现在男人和女人在玩投掷骨头游戏的雕像上．古罗马也出现了关于这样的骨头的游戏，称为塔利．

在数学方面很有趣的是，关于骨头落在哪一面的概率问题，古人知道如何得出结论．这个证据是间接的，并且是由猜测的正确性而得到的与奖品相对应的数字表得出的．这些计算是在没有意识到可能性及某一个事件概率的概念下得出的．这些概念的出现是在 17 世纪．我们不知道古人是如何计算的．这种假定是合理的：他们是通过观察大量的骨头投掷实验并且使用直觉来获取计算数据的，但是没有关于用于计算奖品的方法的证据．

后来，在古希腊和古罗马时期，出现了我们今天所知道的 6 个面的骰子，也有其他几何形状的骰子，例如四面体的金字塔形，其每一个面都是等边三角形．用来制作这些骰子的材料是各种各样的，包括动物骨、石头、象牙和铅．人们投入大量的努力来抛光和加工，以使得骰子获得最大的对称性，当然这也意味着使得骰子的任何一个面落地或者朝上的机会都相等．然后，骰子的 6 个面被赋予从 1 到 6 的不同数字，此时最常见的游戏方法与今天的仍然相同，即通过投骰子来获得最高分．这些博弈游戏不仅吸引了普通民众，也吸引了古希腊和古罗马的统治者．这种游戏在神话中也被提到，在一些报告中也曾提到有些统治者上瘾于这些游戏，无论去哪里都命随从带着掷骰子的游戏物品，并计算其奖金或损失．利用投掷石头的随机性结果来赌博，是如此普遍，犹太教发现有必要明确禁止这些活动，如《申命记》18：10~11 中所述：不要让任何人发现你由于执行占卜或巫术而烧死自己的儿子或女儿，包括从事巫术或投掷，或通过一个媒介来联系灵性主义者或死者，在这里“投掷”是指投掷立方体或骰子来猜测结果．不许赌博的命令表明，赌博是一个社会问题！

相反，在《圣经》中有使用随机性作为积极用途的例子．例如，《箴言篇》18：18 中写道，“掣签能止息争竞，也能解散强胜的人．”这意味着，抽签的结果可以解决矛盾当事人之间的争端．《摩西五经》中还叙述了几个故事，其中随机性可以作为一个工具，以达到公平的决定．当以色列的土地被一些部落划分时，它说（《民数记》33：54）：“为了家族的继承你们可以通过抽签的办法划分土地，抽到的签越大继承的越多，抽到的签小继承的就少：每个人继承的土地将会由他抽到的签来决定；后代所继承的土地取决于父辈的部落所拥有的土地．”“抽签”的意思是：部落间土地分配的继承是通过抽签的方式进行的．《摩西五经》没有具体指明用来分割地段的方法，但是，《犹太法典》（由《米什纳》和《革马拉》构成，利用《圣经》的解释和阐述最后以口述的形式被记录下来）却详细描述了如何抽签．注意，《米什纳》和《革马拉》大约是在两千年前写的．投掷的过程向人们展示了有两个投手．一个是部落的名字，另一个是土地的名称．名字是从每个投手中随机抽取的，这个组合决定了土地的分配．人们可能会问，为什么一个投手不够描述部落的名称，而对于每块土地一个名字却足以描述．从如今数学的随机性定律来看，这两种方法没有区别．即使在那个时候，这一点也明显被理解，并且《犹太法典》的解释也表明了这样做的目的是为了加强方法的公平性．无论如何，我们看到《圣经》和评论都把抽签作为一种公平的制度．这种理解也出现在其他文化中，例如古希腊．在雅典阿格拉博物馆中展示了一块雕刻有网孔的石头．这块石头被用来选择在城市举行的法庭案件的陪审员．在第一阶段，城市的人们都会将木片插入孔中．然后，城市的代表（就是没有出现在程序的第一阶段的人）将随机打碎一些木片，其上对应着陪审员的号码．谁的号码被打碎就不得不担任当天的陪审员．在下一章中（关于人类行为中的数学），我们将对以随机过程作为实现公平机制的有关应用问题做进一步讨论．

在上面的两个例子以及在许多其他参考材料中，无论是为了实现公平还是与博弈游戏有关的随机性，都是基于对没有逻辑的数学方法的直观理解，尽管事实上逻辑方法和使用数学公理的分析都相当发达．由于某种原因，当时的科学家没有对概率进行应有的数学分析."可能的"的概念早在亚里士多德的时代就被使用，但没有付出适当的努力来发展或形成相关的数学. 对概率的数学分析直到现代才开始. 许多因素影响了人们对概率本质认识的兴趣的增长，最终带来了数学中概率论的出现.

博弈游戏流行多年没有衰退，在15和16世纪赌博的地方遍布欧洲. 赌徒包括了一些知名的数学家，他们显然也想利用其算术能力变得富裕. 机会或概率的概念尚不存在，但关于概率这个概念的初步问题已被提出；例如，在给定数量的投掷中，两个骰子多久才会显示出所期望的6? 伽利略被问道：为什么在一个由投掷三个骰子组成的游戏中，赌徒更喜欢赌注朝上的面的数字总和是11而不是12，而11和12都可以由相同数量的较小数字组合产生. 以同样的方式，他们宁愿下注总共10个而不是9个. 伽利略的答案是正确的，即期望某三个数之和时，1~6的数字出现的方式和数量不重要；重要的是当三个骰子被抛出时给定的和将出现的次数的相对频率. 这两个计算是不一样的. 这是一个对赌徒的行为的数学解释，它是由经验发展产生的行为.

意大利数学家吉罗拉莫·卡尔达诺（Gerolamo Cardano，1501—1576）生活在米兰附近的帕维亚，他由于发展处理类似上述问题的公式而出名. 卡尔达诺在帕多瓦大学学习，他是一名医生、占星学家、数学家，也是一个顽固的赌徒. 特别地，在数学领域，他因发展了求解三次方程和四次方程的方法而著名. 卡尔达诺和当时的数学家尼科洛·塔尔塔利亚（Niccolò Tartaglia，1499—1557）发生了争吵，塔尔塔利亚指责卡尔达诺利用了他的方法去解那些方程. 卡尔达诺也没有隐瞒这样的事实，即他是从塔尔塔利亚那里学习了这种方法，但随后声称，塔尔塔利亚让卡尔达诺发誓不要外传他的方法，因为这样做会伤害他. 当时求解公开方程成为了一种竞赛，求解方程的能力也成为了一种赚钱的方式.

卡尔达诺也遭受了资金短缺的问题，他试图通过博弈游戏和赌博来获取钱财，为了这个目的，他发展了用来计算今天被称为相对频率的数学方法，例如，如上所述，投掷一对骰子每组数成对出现的次数或朝上的两个数字的总和超过10的频率. 卡尔达诺把这些方法和其他有关赌博的研究汇编成一本书，但直到他死后才出版. 卡尔达诺的方法以及同时代的其他方法也仅限于计算的方法；换句话说，他们将直觉转化为没有任何数学逻辑基础的算术. 但这种情况很快就发生了变化.

37. 帕斯卡和费马

建立概率论的数学基础的奠基性工作通常归功于那个时代的两位最著名的数学家布莱斯·帕斯卡（Blaise Pascal，1623—1662）和皮埃尔·德·费马（Pierre de Fermat，1601—1665）在1654年的通信. 这种说法有夸张的部分，但是，正如我们将看到的，经过几个月的通信，随后出版了一个最终被称为“帕斯卡的赌博”的论证，这确实为概率论的基本概念提供了基石.

首先是帕斯卡写的信，当时他向费马询问一个关于赌博问题的数学解法. 帕斯卡从他的朋友舍瓦利耶·德·梅勒（Chevalier de Méré）那里发现了这个问题，梅勒是一个业余数学家，也是一个赌博爱好者. 这个问题已经在很多年前被意大利数学家卢卡·帕西奥利（Luca Pacioli，1446—1517）在一本名为《算术、代数、比例总论》的书中公开. 这本书出版于1494年，也就是帕斯卡和费马之间通信的150多年前. 这个数学问题被赋予了“赌注分配问题”的名称. 我们将在这里展示与抛掷硬币相关的原始问题的一个版本. 这与在帕西奥利的书和帕斯卡-费马通信中出现的版本相比看起来并不更为复杂. 正如我们即将看到的，解决问题的困难并不是计算，而是概念问题. 问题如下：

两个玩家下了100美元的赌注. 他们决定抛一枚硬币5次. 如果正面在5次投掷中出现的次数多，那么第一个赌客将获得全部赌注，如果反面出现的次数多，则第二个玩家将获取全部赌注. 他们开始投掷硬币，但投三次后，正面出现了两次，反面出现了一次，他们不再继续. 问题是，鉴于这种部分的结果，他们该如何分配这笔钱？为了能够回答这个问题，我们必须首先定义“他们如何”的意思. 显然，这个问题不是道德或法律层面上的，例如，可以声称游戏停止，赌注被取消. 从帕西奥利以及帕斯卡和费马提出问题的方式来看，很明显，他们根据游戏停止时的结果，正在讨论一个公平的划分办法.

鉴于目前对博弈理论的理解，这个问题的答案很简单. 获胜的概率是根据前三次掷硬币结果而变化的. 一开始，两个玩家的获胜概率是相等的，如果在第一次掷硬币之前分配了100美元，那么每个人都会收到50美元. 投掷两次之后的结果，如果正面出现一次，反面出现一次，也将会是这样. 计算更一般情况下的博弈并不复杂. 例如，在问题所描述的情况下，如果硬币将被第四次抛出，正面出现的概率将为50%，而反面的也为50%. 如果正面出现，第一个赌徒会拿走整个赌资，如果反面出现，那么需要由第五次投掷来决定最终结果.

在第五次投掷中，正面和反面出现的可能性是相等的. 因此，在第四次投掷中，只有结果是反面（50% 的概率），才需要第五次投掷. 所以在第四轮时，第一个人以 2∶1 领先，出现正面有 50% 的机会，如果再次是正面，那么第一个人赢得整个游戏. 另一种情况，如果第四次是反面，第五次是正面，那么有 25% 的机会（即总计 75%），而第二个人只有 25% 的概率赢得游戏，也就是说，如果第四和第五次投掷的结果都是反面. 因此，在前三次投掷之后的公平分配是给予第一个玩家（正面）75 美元，第二个玩家（反面）25 美元.

上述分析采用了概率的概念，这个概念在帕斯卡和费马的时代并不存在. 在帕斯卡与费马通信之前，一些杰出的数学家也曾处理过这个问题，包括没有提出完整解决方案的卡尔达诺（Cardano）和给出不正确解决方案的他的对手塔尔塔利亚（Tartaglia）. 后者随后也声称这不是一个数学问题，而是一个法律问题. 人们并没有得到基于数学争论的一致解决方案.

在第一封（不再存在）信中，帕斯卡将问题描述给费马并提出了一个不正确的解决方案. 他提出的建议是，如果游戏完整地持续了五次投掷，那么有三种可能的结果，如下图中的黑色圆圈所示（“H”表示正面朝上，“T”表示反面朝上），在图中说明的是硬币在第四次和第五次投掷结果. 因此，如果在第四次投掷是正面朝上，那么第一个人赢得了比赛. 如果在第四次投掷是反面朝上，然后在第五次再次出现反面朝上，那么第二个人赢得比赛. 最后，如果反面出现在第四次，正面在第五次中出现，那么第一个人赢了比赛. 因此，在帕斯卡看来，因为第一个人赢得游戏的可能性是第二个人的两倍，所以第一个人应该拿走这笔钱的三分之二，第二个人拿走三分之一. 请注意，此方案未考虑不同结果所引起的不同可能性.

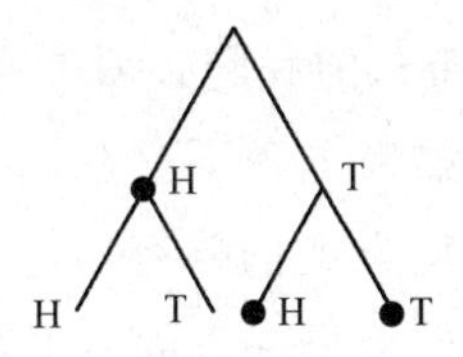

费马写了一个合理的答复说，硬币投掷的所有可能出现的结果必须要考虑，即使游戏是在第四次投掷时被决定，或者用今天的术语说，游戏结果由第四次的情况决定，此次结果应该被给予更大的权重，比如 50%. 帕斯卡立即意识到自己的错误，在几个月的简短通信中，理论上的基本概念得到发展. 即使这样，

概率的概念也没有明确出现在他们的信中，而是指出了相关的数学本质.

在此，关于帕斯卡和费马再介绍一些，是合乎情理的. 费马是一个律师，还自称是一个业余的数学家，他不依赖于数学而生活，因此可以在闲暇时间自由选择研究的主题. 同时，他也觉得没有必要发表. 被称为“费马的最后定理”的问题直到最近才被解决，其证明由安德鲁·怀尔斯（Andrew Wells）在1995年完成. 据说，费马在一本书的边缘写道，他知道这个定理的证明，但是书的边缘没有足够的地方让他写下来. 即使这个故事是真的，也很难相信费马实际上证明出了这个定理. 数论是他感兴趣的主要研究领域，他在这方面做出了很大的贡献，但是“费马的最后定理”的证明所需要的工具当时并没有被创建. 他还解决了其他的数学问题，例如，如第三章所述，与牛顿（Newton）和莱布尼茨（Leibniz）发明的微积分有关的问题. 我们还在第21节中介绍过一个费马原理，它解释了斯涅耳提出的折射定律的数学原理. 所有这一切使得费马成为当时欧洲最著名的科学家之一.

帕斯卡在与费马通信的时候还不太知名，但他非常尊重费马，对费马的钦佩随着其逐渐理解费马对赌注分配问题的解法而与日俱增. 帕斯卡非常想见到费马，但是并没有实现. 帕斯卡的父亲是公职人员，即法官和税务人员. 年轻的帕斯卡帮助父亲收税，甚至发明了一个计算器，为这项工作中所需的计算提供一些帮助. 他制作了一些这样的机器，并开始试着销售，这是那个时代的一种创业，但没有取得很大的成功. 作为一位数学家，他表现出了自己在其他方面的能力，其中也包括了哲学，他在短暂的生活中特别是后来的阶段，变得越来越相信宗教，这显然是由于他受到疾病的困扰，此外也停止了数学研究. 然而，他的神学作品中也有数学的感觉. 在其中一部作品中，他谈到了上帝存在的问题.

帕斯卡提出了称为“帕斯卡的赌注”的论断. 帕斯卡认为我们接受没有最终的证据能够证明是否存在上帝，但我们必须决定我们是否相信其存在的观点. 我们将审查我们决定的结果. 如果上帝不存在，我们在相信或不相信他存在的决定之间的区别将只表现在生活方式的略有不同上，履行诫律、祷告等等. 也就是说，只有很小的变化. 如果是另一方面，上帝确实存在，我们在相信或不相信他的存在的决定之间的区别将是巨大的. 这意味着在天堂的永生或在地狱的永久折磨的区别. 因此，正如关于如何在博弈游戏中下注的决定那样，如果上帝存在，即使机会很小，并且如所述的，没有证据表明他不存在，那么明显的结论是相信存在上帝是值得的.

帕斯卡对神学方面的主要论点感兴趣——这在当时确实是相当新颖的——与博弈游戏的类比出现在了他的原始文章中（仍然没有明确提到概率的概念）. 这也许是人们第一次对一个决定的分析，无论是相信上帝还是不相信，都是在数学的帮助下，确切地说是在我们称为概率的概念的帮助下做出的. 帕斯卡的分析在1670年，即他死后约7年，才得以正式出版.

38. 快速发展

费马和帕斯卡对“赌注分配问题”的分析，恰恰出现在人们对能描述随机性的数学的需求不断增长的时代. 看到了随机性概念可能的用途，导致越来越多的数学家涉足这一领域，费马和帕斯卡提出的理论方法在随机性数学的快速发展中发挥了核心作用.

对这一领域提升兴趣有三个主要的原因. 第一个原因，如上所述，随着赌博和博弈游戏的传播，有相当多的科学家和数学家参与其中.

第二个原因则是由于许多欧洲城市因为支付自己承担的养老金和津贴的负债而破产. 欧洲的一些市政府，主要是在荷兰和英国，长期以来一直遵循着通过向其公民提供借贷来为其支出资金的传统，作为交换，他们承诺每年向借贷人支付固定数额的还款，直到他们死亡. 问题是需要计算每年偿还的恰当数额，特别是避免产生借款者无法承担的负债，到那时，市政府就会因无法偿还而破产. 而这一计算中所需的数学知识当时还没有. 定期偿还的数额凭直观确定或通过使用带有偏见的计算方法，即与借款者希望筹集到更多的钱有关. 例如，英国政府在1540年颁布了一项条例，规定每年偿还一笔贷款的金额必须相当于放贷人将在七年内放完的这笔贷款的全部金额，而每年的支付要持续到放贷人死亡. 这里并没有考虑放贷人的年龄和潜在放贷人的预期寿命. 牛顿在1675年的一次演讲，后来发表在一篇短文中，描述了如何使用二项式公式来计算计息账户的现值，今天被称为资本额. 他甚至没有说明这与付款与放款人的平均寿命有关. 这种做法的结果使得越来越多的市镇破产. 当时相关数学分支还是未知的，这是如今的精算专业要处理的事情，即计算放款人的预期寿命，从而计算未来付款的预期负债，并将这些负债与预期的税收相联系. 这些计算所需的数据，例如不同城镇的死亡情况统计表是已经存在的. 出于好奇和兴趣这些统计表被人们编写了多年，特别是为了解欧洲不同地方的各种瘟疫对死亡率的影响. 然而，概率和期望的基本概念是未知的. 当一个个市政当局相继经历了财政困难甚至破产时，就产生了寻找问题的解决方法的压力，从而推进了数学中概率和统计的发展.

提出概率概念的第三个原因是法律学的发展. 在那时欧洲对法律论据的有效性的认识正在逐渐增加，同时人们也认识到导致超越所有合理怀疑的定罪或无罪释放的法律证据几乎都不可能获得. 法律论证中对概率的考虑虽然在古代就已出现，但随着社会的进步，诉讼当事人开始将他们的案例建立在对案件正确的概率的定量评估上. 无论如何，人们越来越需要创造有助于这种量化的术语和分析方法.

付款的概率和风险分析中出现的问题与诸如法律索赔中产生的问题完全不同. 前者包括博彩、保险、民意调查等方面，涉及多种可能性或来自大量人口的随机抽样，即统计中的随机事件. 相比之下，法律索赔通常涉及单一的、不重复的事件或对某一论证正确性的信任程度. 没有明显的理由，期待同一理论和相同的数学方法适用于两种类型的情况，但是在重复和对一次性事件的分析中人们却都使用着相同的概率论术语. 这是概率论和统计学的内在对偶性，并且理论的先驱们也早已意识到了这一点. 我们将在后面更详细地讨论这个问题.

在帕斯卡与费马通信几年之后的1657 年，克里斯蒂安·惠更斯（Christiaan Huygens，1629—1695）出版了一本书，总结了他对概率论的研究以及截至当时积累的关于这个主题的知识. 同为帕斯卡的赞助人的罗纳斯公爵鼓励惠更斯出版了该书. 尽管惠更斯（Huygens）做出了很多努力，但却从来没有与帕斯卡当面交流过，因为当时帕斯卡相比于数学而言参与更多的是神学. 惠更斯很好地理解了帕斯卡的工作，他的书是第一本关于概率问题的出版物，完全致力于分析与博弈游戏、贷款偿还等相关的随机性问题，换句话说，它也是统计方面的书. 在书中他也介绍了数学家发展多年的关于随机抽样、计数方法等的计算方法. 惠更斯是荷兰人，也是当时最受人尊敬的数学家、物理学家和天文学家之一. 除了他在以上领域的贡献外，他还因在波动方程出现之前就已经解释了波的传播而知名. 他在欧洲大陆广泛旅行，然后到了英国，并在1663 年入选皇家学会，后来又到了法国科学院.

惠更斯的书中也首次讨论了平均值和期望的思想. 他创造了数学期望这个词. 如今我们已被所有学科和所有地方的各种统计数据所包围，很难想象直到

17 世纪中叶，平均数作为一个统计量还没有被广泛应用. 在那时物理学家计算平均值，以获得不准确测量的良好估计，例如天体运行的路径，但不做统计分析. 博弈游戏和预期还款问题的数学分析自然地导致了平均值概念的应用和发展. 这个概念的第一个正式陈述出现在惠更斯的书中. 那时关于这个问题的讨论是很激烈的.

惠更斯的兄弟路德维格（Ludwig）研究现有的死亡表，发现在伦敦出生的人的平均寿命是 18 岁. "这个数字有什么意义吗?" 路德维格问他的哥哥. 他声称，众所周知婴儿死亡率非常高，许多儿童在 6 岁之前死亡，而生存下来的儿童则能活到 50 岁或以上. 的确，这是一个很好的问题，在我们生活中答案将因目的的不同而不同. 惠更斯没有处理这些情况，而是专注于赌博问题，他坚持他的意见，期望是估计赌注的价值的正确的测量方法，期望值是根据获胜的概率进行加权的平均值.

这里我们将重复期望的精确的数学定义. 在一个平局中，如果赢得赌资 A_1，A_2，…，A_n 的概率分别为 P_1，P_2，…，P_n，那么这个平局的期望为 $P_1A_1 + P_2A_2 + \cdots + P_nA_n$. 正如平均值的概念一样，有人提出关于期望的正当性和解释的问题，因为概率的概念没有得到充分澄清，所以它仅在相对频率的内容中被认识，换句话说，如果这个平局重复了多次，定义中的 p_1 就是获得赌资 A_1 的近似比例.

一个基本的问题是这些概率是从哪里来的? 此外它们是如何计算的? 例如，在掷骰子的情况下，没有理由说某一个面朝上的可能性多于另一个面，可以计算每个面朝上的概率. 但是惠更斯已经问过自己，如何计算出一个特定疾病或在事故中受伤的概率?

尽管建立概念的过程是困难的，但相应的概念能被应用却是明确的. 首先使用的是统计分析，从"国家"的角度看，统计学（statistic）这个词来源于国家（state）一词，实际上统计学主要处理的正是与一个国家的管理有关的问题. 荷兰在偿还贷款的定价方面取得了最快的进展. 这是因为负责这一问题的政治家约翰·德·维特（Johan de Witt）——荷兰政治生活中的领导人物，以及阿姆斯特丹的市长约翰内斯·哈德（Johannes Hudde）都是优秀的数学家，这个城市曾因不切实际的付款承诺而受到过严重打击. 他们都致力于研究笛卡儿的几何学，并有所贡献. 他们咨询了当时在阿姆斯特丹的惠更斯本人. 1671 年，德·维特出版了一本书，在书中他阐述了相关理论以及示范了在各种条件下偿还贷款的详细计算方法，随后被哈德确认其计算是正确的. 这种方法很快就传遍整个欧洲. 在所有国家中英国是最晚采用这一理论的，甚至一百年后，政府仍然以不基于正确数学计算的价格来出售养老金.

随着随机性数学在实际统计应用中的发展，关于概率和法律证据之间的联系在理论上也取得了进展. 莱布尼茨是这个领域的领导者，并在 1665 年发表了一篇关于概率和法律的文章，更详细的版本出版于 1672 年. 莱布尼茨的概率解释类似于亚里士多德的观点，也就是说在部分信息的情况下一个事件发生的可能性. 出身律师家庭的莱布尼茨试图对法律索赔的正确性进行定量测量. 访问巴黎之后，同时也是在熟悉了费马与帕斯卡的通信以及“帕斯卡的赌注问题”之后，莱布尼茨意识到类似的分析也可以用于这样的情况，即必须评估索赔或某些证据的概率是否正确，即使它是一次性的（即不重复的）. 他分析了提交给法官的信息的逻辑性，并提出测量结论的可能性是介于 0（结论明显错误的情况）和 1（在这种情况下，结论毫无疑问是正确的）之间的一个值. 因此，莱布尼茨奠定了事件发生的可能性和随机重复情况下的数学之间类比的基础. 这显然是受帕斯卡与费马通信中“帕斯卡的赌注问题”的巨大影响. 他们使用相同的数学工具讨论可以重复的事件，例如，中间停止的博弈游戏；以及不重复的事件，例如，上帝存在的问题. 然而，莱布尼茨和其他人都没有处理可能性和概率的概念，对这些概率在何处形成的理解也没有达成共识.

39. 数学的预测和误差

雅各布 · 伯努利（Jacob Bernoulli，1654—1705）迈出了建立期望概念与统计的实际应用之间联系的关键一步，雅各布 · 伯努利是对数学有巨大影响的伯努利家族中最杰出的成员之一. 他首先分析了重复抛掷一枚硬币的试验，假设硬币任何一面朝上的机会是相等的. 通过对牛顿二项式公式的复杂使用，伯努利分析了以下内容：他检验了硬币的重复抛掷是否会得到使特定一面朝上的概率（比如说正面）接近于抛掷总数的 50%. 他发现，抛掷次数越多，概率就越接近确定的 50% . 显然在给定的一系列抛掷中，正面朝上的次数与抛出总数的比率可能是在 0 和 1 之间的任何值. 然而，正如伯努利所指出的，随着抛掷次数的增加，几乎可以确定，正面出现的次数将接近总抛掷次数的 50%. 这些试验今天仍然称为伯努利试验，其中的数学定律称为弱大数定律（强大数定律形成于 20 世纪）.

伯努利本人和其他人为这一方面的创新研究做出了贡献，他们将这一结果扩展到比一枚硬币的重复抛掷更普遍的情况，甚至是大量人口中重复抽样的情况，以及非精确测量的随机误差. 如前所述，为了评估物理量，其测量会引起测量误差，物理学家会使用多次测量的平均值. 数学结果证实，重复或测量的次数越多，并且重复是在完全彼此独立的条件下进行的，所有测量的平均值接近真实值的可能性就会增加，并会收敛到确定的值. 同时，伯努利讨论了产生不同概率的原因以及我们对它们的数值有多确信的问题. 显然，他是第一个区分先验概率和后验概率的人，对于先验概率，我们可以从试验条件导出并计算，对于后验概率是我们在进行一系列试验后得到的. 他以发展后验概率的计算方法为目标，这些在未来的发展进步中发挥了重要作用.

伯努利的弱大数定律是大样本或多次重复试验的统计方面的极限准则之一. 我们已经发现大数试验和人类直觉之间的差异. 更进一步地，我们将更详细地讨论直觉和随机性数学之间的差异，在这里我们将给出两个例子.

第一个差异通常被称为赌徒的谬误. 许多赌徒接着下注，即使他们正在输掉，他们仍相信大数定律会确保他们最终赢回他们的钱. 他们的错误在于，大数定律只是说明了他们赢的平均概率将接近预期，但它与赢或输的次数无关. 即使在一系列的下注中，赢与输的平均值只是 1 美元，但在多次重复的情况下，损失本身也有可能是一万美元甚至一百万美元. 平均值和实际值之间的差异为富有的赌徒提供了巨大的优势，即他们可以为损失提供足够的资金，直到周转至预期概率的到来. 这种差异导致许多赌徒由于没有足够的资金而破产. 在处理大数问题时，进化没有使我们对平均值和现实本身之间的差异有直观的理解，原因显然是在进化的过程中人类没有遇到过多次重复的事件.

直觉和概率概念之间的第二个差异被称为圣彼得堡悖论，它是以圣彼得堡这座城市命名的，当时在那里的雅各布 · 伯努利的侄子丹尼尔 · 伯努利（Daniel Bernoulli）向帝国艺术学院提出了这个问题. 前面介绍过，惠更斯提到了博彩的期望，它可以作为参与者成本的公平测度. 这种方法证明了它是计算贷款还款或参与博彩成本的计算基础. 现在考虑到一次博彩活动，其中一枚硬币被抛了很多次，比如说一百万次. 在这种情况下，如果第 n 次落地时是硬币第一次反面朝上，也就是说前 $n-1$ 次都是正面朝上，那么参赛者就会得到 2^n 美元. 一个简单的计算显示，预期的奖金将是一百万美元！你同意支付十万美元，甚至一万美元参加这次博彩活动吗？我不知道谁会同意这样做，理论和实践之间的这种差异是一个悖论. 丹尼尔·伯努利对此有一个社会化的解释，我们将在下一章中讨论它. 不同的解释我们也将在适当的时候扩展，这是数学和直觉之间的鸿沟. 后者告诉我们，硬币不会连续大量次数地同一面朝上，我们可以将发生这种机会的概率忽略，虽然概率非常小，但是获得的奖金却很高.

在初始信息不完整的情况下寻找计算概率的方法，这是雅各布·伯努利提出的一个论题，它也使得基于所谓中心极限定理的数学技术得以发展. 朝这个方向迈出第一步的是法国数学家亚伯拉罕·棣莫弗（Abraham de Moivre，1667—1754）. 他在法国受胡格诺派（Huguenots）的迫害而被流放后，在英国度过了许多年，他的大部分时间是与牛顿在一起. 鉴于雅各布·伯努利检验了平均值与期望的偏差程度，并表明大多数偏差集中在零附近，棣莫弗决定研究这些偏差的分布，换句话说，就是研究如何区分较大偏差、中等偏差和小偏差. 他专注于伯努利的硬币抛掷试验，在试验中正面朝上会得到奖金，反面朝上则什么也得不到. 他发现，利用数学计算，如果偏离平均值的大小除以投掷次数的平方根（不是除以总的抛掷次数 n 以找到期望值的偏差，而是除以$\sqrt{n}$），分布就会变得越来越接近钟形.

如果硬币不是均匀的，正面朝上的可能性为 a，那么钟的形状将取决于 a 的值，但如果将结果除以 $\sqrt{a(1-a)}$，那么恰好得到标准偏差，从而获得的分布是与 a 的值无关的钟形. 棣莫弗实际上计算并获得了钟形，见下图及公式（这对于我们目前的目的并不重要）.

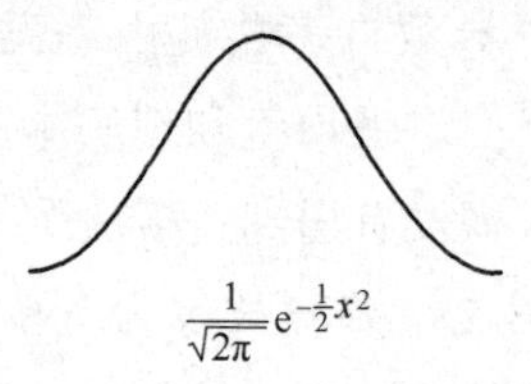

$$\frac{1}{\sqrt{2\pi}}e^{-\frac{1}{2}x^2}$$

我们不清楚棣莫弗是否已经意识到了他的发现对统计理论及其实践的影响，但几位著名的数学家推广了棣莫弗的极限定律，发现它的应用范围更广泛. 该研究在皮埃尔·西蒙·拉普拉斯（Pierre Simon Laplace，1749—1827）的工作中达到了顶峰，他证明中心极限定律的更广泛的适用性，也为其在统计分析中的使用奠定了基础. 拉普拉斯出生在法国的诺曼底，他的家人打算让他成为一名牧师，但他特别喜欢数学，他被安排在达朗贝尔（D′Alembert）的指导下进行研究. 他完成了一个力学研究项目，这一研究使他在军事学院担任数学老师和炮兵军官的职位. 在那里他结识了拿破仑·波拿巴（Napoleon Bonaparte），并与他建立了友谊，当然这也确实使他在法国政治的暴风雨中没有受到伤害. 他保持低调，在法国大革命中幸存了下来，甚至成为法国科学院的领导. 他的关于概率分析理论的书，出版于 1812 年，他把这本书献给了拿破仑.

大约在同一时间，高斯在 1810 年出版的另一本书中，也提出了同样的极限定律. 高斯明显熟知棣莫弗的工作，他把注意力集中在与拉普拉斯不同的方面. 高斯对测量结果和如何在测量中找到最接近正确值的问题非常感兴趣，包括随机测量的误差. 考虑到这一点，高斯创造了一种当今被称为最小二乘法的方法，并且它是基于计算中的误差是随机和独立的假设，表明平均值在预测正确值方面有最大程度的准确度. 他将系统扩展到更复杂的计算，甚至在该框架中证明了中心极限定理. 钟形分布现在被称为正态分布和高斯分布，以此表彰他的贡献.

拉普拉斯和高斯以及他们的合作者意识到，统计方法可以用于回答超越赌博和抛掷硬币领域的问题. 如果出现一个特定结果的事件来自于一些独立随机事件，那么结果的分布也将类似于那些结果的平均值服从的正态分布. 拉普拉斯也对天文学感兴趣，并对天文学做出了很大的贡献，他使用这种技术以一个中间平面为基准分析了行星轨道平面的偏差. 围绕太阳的那些行星的轨道平面几乎都是重合的，并且它们与一个中间平面的偏差非常小. 这些偏差是随机的，还是另有其他情况？通过使用他已经开发的统计技术，拉普拉斯表明偏差是基于中心极限定律的期望分布的很好的近似，因此它们“极有可能”是与一个轨道平面的随机偏差. 这种“极有可能”表示这是统计的结果，而不是由数学得来的确定性. 同时拉普拉斯表明，各种彗星的轨道平面不符合基于中心极限定律的期望，因此他得出结论，这些偏差不是由一个平面的随机偏差引起的. 高斯也使用最小二乘法来进行天文学计算. 那时消失在太阳后面的、在其轨道上移动的小行星谷神星被认出，问题是它何时会在太阳的另一边重现. 关于它的路径已经有的计算数据非常少，并且其中还包括了许多测量误差.

高斯应用了他的方法，并以令人惊讶的准确度预测了谷神星继续运行的路线，这个预测无可非议地使他闻名世界.

高斯和拉普拉斯的工作将随机性数学及其在统计学中的应用引向了科学舞台的中心位置. 从那时起，在比拉普拉斯和高斯分析的更一般的情况下，人们也发现中心极限定理是正确的，并且只会产生微小的变化. 特别值得一提的是，俄国数学家帕夫努季·切比雪夫（Pafnuty Chebyshev）和他的学生安德烈·马尔可夫（Andrei Markov）和李雅普诺夫（Lyapunov）. 他们在19世纪下半叶是相当活跃的，并且牢固地建立了中心极限定理，但是他们在建立中心极限论时并没有假设：因为平均值所产生绝对偏差这类随机事件具有相同的分布，即这类随机事件具有相同的随机特性. 这样的一般规则对于解释自然界中出现的情况来说是很重要的. 在自然界中随机事件之间缺乏相互依赖性是能够被解释的，但是更难以说明所有事件的随机特性都相同这个假设. 俄国数学家们的工作填平了数学定理与其可能应用之间的沟壑，因此中心极限定理连同其他极限定理成为各种统计学应用的标准.

极限定理的主要用途是估计具有随机误差的数据的统计值，例如平均值、离差等. 通常难以评估误差是否是随机的. 然而即使误差是随机的，吸收和理解使用所开发的数学技术本身也有困难，它们可能导致误差. 同样地，困难也来自于我们的直觉与数据之间的关系. 我们将提到两个这样的困难.

我们在日常生活中接触到大量的统计调查. 当调查结果公布时，通常采用以下形式：调查发现，47%的选民打算投票给某个特定候选人，调查误差为±2%. 然而只有部分条件和结果保留在调查报告中. 实际上，调查得出的正确结论是，只有47%±2%的选民打算支持某个特定候选人这个事件的概率只有95%. 在实践中，95%的界限在统计学上是相当标准的. 可以设计调查，使得从调查得出的正确评估的概率是99%（然而执行这种调查的费用更高）或者是小于百分之百的任何其他数. 95%或99%的条件未发布. 为什么不发布？事实上说的是结果的极限状态，即45%~49%的结果区间仅有95%的可能性. 理解这个量化结果的原因似乎是困难的.

还存在难以理解统计样本的另外一个例子. 我们说，已知在以色列随机选择500人的调查足以确保结果具有±2%的调查误差（只有95%的准确性）. 以色列人口约800万. 在拥有3.2亿人口的美国需要多大的样本才能实现这种信任水平？它需要以色列样本容量的四十倍吗？提出这个问题的大多数人会直观地回答，在美国比在以色列会需要更大的样本. 然而，正确的答案是，在两种情况下都需要相同容量的样本. 抽样总体的大小仅影响随机选择样本的难度. 一旦我们正确地采样（大多数调查失败源于无法正确采样），则调查误差的大小仅由样本容量的大小决定. 这是人类直觉和数学结果之间的差异的另一个例子. 进化确实没有为我们准备大量的样本.

40. 来自经验的数学学习

让我们回顾一个在18世纪开始发展起来的、具有逻辑光环的理论，因此对于应用这个理论而造成的严重错误是要“负责任的”. 当已知特定的概率时，上一节中描述的统计方法会帮助我们，并且我们只需要计算发生特定事件的概率，或者可能的话，只需要估计统计参数即可. 该技术无法教会我们如何在有新信息时改进评估. 在棣莫弗处理随机性方法的书中，他提出了当添加新信息时如何处理的问题. 托马斯·贝叶斯恰好回答了这个问题，所用的方法称为贝叶斯方法.

托马斯·贝叶斯（Thomas Bayes，1702—1761）出生于英格兰，但在苏格兰爱丁堡大学学习数学和神学. 他对神学更感兴趣，并且跟随他的父亲的足迹，服务于英格兰肯特郡坦布里奇韦尔斯的锡安山教堂，他的父亲是伦敦的长老会牧师. 他的一生中，只出版了两部作品. 一部是关于宗教事务的；另一部是试图捍卫牛顿微积分的基本思想，反对严厉攻击微积分的行为，即那些声称牛顿的微积分没有逻辑基础的言论. 对牛顿加以批评的是爱尔兰著名的哲学家，乔治·伯克利（George Berkley）主教［加州大学伯克利分校中的“伯克利（Berkley）”就是为了纪念他而加上的］. 贝叶斯生前并没有看到他的公式出版，在他去世后，由其朋友理查德·普莱斯（Richard Price）加以出版，普莱斯是作为遗赠而接受了贝叶斯的手稿，并意识到这项工作的重要性.

贝叶斯公式是非常容易理解的，但也很难掌握并进行直观应用. 我们将在下一节讨论这个问题的原因及其有时会导致的严重后果. 在这里，我们只介绍和解释贝叶斯公式本身（计算可以跳过，而并不影响整个内容）.

我们从一个例子开始，它基于2010年以色列大学入学概率考试中提出的问题. 如下图所示，有三个盒子，第一个盒子中有两枚银币，第二个盒子中有一枚银币和一枚金币，第三个盒子中有两枚金币. 随机选取一个盒子，并从盒子中随机选取一枚硬币. 简单的问题是，盒子里剩下的硬币是银色的概率是多少？出于对称的原因，可能得出结论，机会是50%，因为问题不再不区分硬币的两种类型. 这是费马和帕斯卡的创新工作之前的答案（没有用到“概率”的概念，那时它还并不存在）. 还可以执行以下计算：每个盒子被选择的概率为三分之一. 如果选择第一个，在盒子中留下银币的概率是1（即确定的）. 如果选择了第二个盒子，再随机选择一枚硬币，此时剩下的是银币的机会是1/2. 如果选择第三个盒子，则剩余的硬币肯定不是银币. 现在计算得 $1/3 + 1/3 \times 1/2 = 1/2$，我们得到的概率是50%.

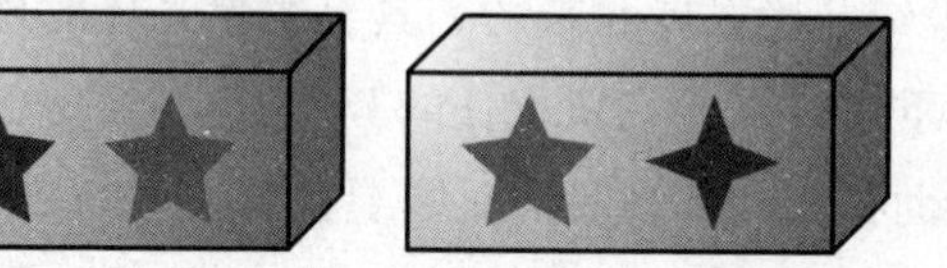

现在我们提一个更复杂的问题. 从随机选择的一个盒子中取出一枚硬币，结果是一枚金币，那么这个盒子中剩下的是银币的概率是多少？用公式这是很容易计算的问题，但现在尝试给出一个直观的答案（不要使用你可能已经在概率课程中学习过的公式）. 对以上信息的简单分析表明，由金币是被从哪个盒子中取出的信息，我们可以得出结论，所选择的盒子肯定不是第一个（其中有两枚银币）. 其他两个盒子有相等的被选择的机会，也就是50%. 如果选择第二个盒子，剩余的硬币将是银币（因为金币已被取出）. 如果选择第三个盒子，剩下的硬币将是该盒子中的第二枚金币. 因此，在随机选择的盒子中取出金币的情况下，剩余硬币是银币的概率是1/2. 虽然这个分析很简单，但这是不正确的（有一个原因，棣莫弗没有得到一个如何解决这样问题的令人满意的答案，而是作为一个公开问题留在了他的书中）. 如上一节所述，这个错误类似于帕斯卡在给费马的第一封信中提出的错误. 换句话说，"解答"忽略了在不同情景中金币被选择的概率，因此从信息中得到的精确含义是错误的. 正确的分析是：从选定的盒子中抽取的金币可能来自第二个盒子（有金币和银币），此时的概率为 $1/3 \times 1/2 = 1/6$，或者来自第三个盒子（有两个金币），此时的概率为1/3. 只有在这两种可能性中的一种出现时，余下的硬币才可能是银的. 在第一次抽取中得到金币的概率是1/6，再除以权重1/2，即概率为1/3.

上述计算的原理很简单. 如果你希望根据新的信息得出结论，那么就必须考虑所有可能影响传达给你的信息因素，并根据其概率对所有这些因素进行加权. 具体来说，对上面的例子，假设你想要得到事件 B 发生的概率，鉴于你被告知事件 A 已经发生了. 首先，找到 B 发生时，A 发生的概率，那么也就知道了如果 B 不发生时 A 发生的概率. 然后计算 B 发生时 A 发生情况所占 A 发生的权重. 这个方案可以用公式的方式写成，我们将在下一节中阐述. 加权的基本原理是贝叶斯公式的本质. 我们将提出其他几个例子，使情况更清楚.

贝叶斯提出的原理使得每当接收到新信息时都可以得到更新的概率. 理论上，概率可以连续改变，直到获得准确的评估. 贝叶斯方法的改进是由拉普拉斯给出的. 拉普拉斯显然独立地得出过类似于贝叶斯的公式，然后又发展了更完全的公式. 但是当他听说贝叶斯以前的结论时，他便以贝叶斯的名字命名，即贝叶斯推断或贝叶斯统计，这在今天仍然被广泛应用.

但是这种方法有一个根本的缺点. 为了应用贝叶斯公式，我们需要知道我们所指的事件发生的概率. 问题是，一般来说在我们的日常生活中，关于这些概率的信息是未知的. 那么我们如何从经验中学习呢？贝叶斯有一个具有争议的结果：如果你不知道将会发生或不会发生的概率，那么就假设机会是相等的. 一旦你假设初始概率，也就是称为先验概率，你就可以计算新的概率，称为后验概率，且具有高精度. 问题就出现了：我们可以任意使用关于先验概率的值来假设吗？

支持和反对之间的争端不受空间或时间的限制. 频率和样本的统计具有坚实的理论基础，但是使用它需要对相同的、随机出现的情况进行很多次的重复. 这种类型的统计数据不适用于非重复事件的统计评估. 贝叶斯统计是一种用于分析孤立事件的工具，但如果没有关于先验概率的可靠信息，它的结果将仅仅取决于主观评估，其反对者声称这些结果并不构成科学发现的可靠依据. 支持者反驳：靠主观评估，最好不要忽视方法所提供的优点. 此外，他们补充说，增加的信息越多，任意假设的影响减少得也就越多，直到达到最小，这一事实对贝叶斯方法具有科学的效力. 这种争端蔓延到各个层面，多年来，这两种方法并肩发展. 即使今天统计学家也被分为贝叶斯和非贝叶斯派. 但现在看来，两种方法的边界和局限性已经被更清楚地划分，并且每一种都占据其适当的位置.

41. 概念的形式化

概率论和统计方法中概念的数学发展和用途的多样化使得在20世纪初，数学理论在实践中积累了丰富的专业知识. 然而，这种发展伴随着很大的不安，其根源在前面提到过. 第一，专业主体中存在二元性. 在分析重复事件和评估非重复事件发生的概率时都使用相同的术语. 在重复事件中，该事件发生的概率可以看作其占总概率的比例. 第二，尚未就概率的来源进行理解或达成共识.

即使在抛硬币实验中，认为硬币的两面中哪一面朝上有相等机会，唯一原因是没有理由认为机会是不平等的. 这种论证是否足以说服我们用计算来代表自然？此外，没有处理随机数学的普适逻辑框架. 例如，没有人提出关于“独立”这一概念的确切的一般定义. 读者无疑会注意到，我们几次使用了*独立*这一术语，我们的直观感觉是，即使没有一个正式的定义，我们还是知道事件是独立的. 然而，这种感觉对于数学分析来说是不够的，并且不具备满足数学要求的、严格的标准定义.

英国数学家和哲学家乔治·布尔（George Boole，1815—1864）试图提出一个普适的数学框架. 他声称，数学逻辑（特别是用集合的并集和交集所呈现出的信息）适合于分析与概率有关的事件. 为此，布尔通过使用集合构建了逻辑的基础，并且定义了今天被称为布尔代数的理论. 然而，这些研究并没有取得很大的成功，因为布尔的理论存在着由于他使用的模型缺乏一致性而产生的差异. 例如，布尔以与众不同且矛盾的方式叙述了独立的概念. 在一种情况下，独立意味着不能因为一个事件而影响另一个事件的结论，而在另一种情况下，独立意味着事件的不重叠. 因此，在20世纪初，关于如何分析与概率有关的事件和这些概率的来源，随机数学并没有给出一个令人满意的研究结果.

安德烈·柯尔莫哥洛夫（Andrey Kolmogorov，1903—1987）提出了完整的逻辑框架. 柯尔莫哥洛夫是20世纪杰出的数学家. 除了对数学研究的贡献，他对学校的数学教学也感兴趣，并在大学和俄国学术界担任过各种行政职位. 柯尔莫哥洛夫在数学的一系列领域中都做出了重要贡献：傅里叶级数、集合理论、逻辑、流体力学、湍流、复杂性分析和概率论，这些我们将很快介绍到. 他获得了许多奖项和荣誉，包括斯大林奖、列宁奖，以及在1980年获得了著名的沃尔夫奖，但是他没有参加颁奖仪式. 这导致颁奖规则的改变，即为了被授予奖项，接受者必须参加颁奖仪式.

柯尔莫哥洛夫采纳了古希腊人的做法. 他提出了一个定理，它可以解释之前直接使用的概念原理. 我们描述它们之后将讨论公理和自然之间的联系. 柯尔莫哥洛夫的一般方法采纳了几十年前乔治·布尔的提议，即使用集合的逻辑运算符来描述概率. 1933年，柯尔莫哥洛夫在他的书中写的公理很简单，在下面列出（即使没有数学知识准备，它们也可以被理解，但即使跳过，下面的章节仍然可以理解）.

1. 我们选择一个**样本空间**，并用 Ω 来表示. 这是一个任意集合，其成员被称为试验样本.

2. 我们给出集合列，所有集合都是样本空间（即 Ω）的部分集合. 我们将集合列表示为 Σ，并且将集合列中的元素称为**事件**. 集合列 Σ 都有几个特性：集合 Ω 在其中（即 Ω 是事件）. 如果一组序列（即事件）在其中，则这些事件的并集也在其内. 如果事件在集合中，那么其补集（即 Ω 减去该事件）也是一个事件.

3. 对于事件的集合，我们将定义**概率函数**，记为 P. 为每个事件分配 0 到 1 之间的数字（称为事件的概率）. 该函数具有以下特性：互斥的两个事件的并集的概率是各个事件的概率的总和. 此外，事件 Ω 的概率为 1.

对于那些不了解数学术语的人来说，如果在两个事件中没有相同元素（在 Ω 中的成员），我们将说两个事件（两个集合）是互斥的. 两个集合的并集是包括两个集合的所有成员的集合. 因此，第二个公理说，除此之外，包含两个事件中的所有元素的集合本身也是一个事件.

事件集合 Σ 不一定包含样本空间 Ω 中的所有部分的陈述是有原因的. 原因基本上是有技术性的，没有必要去理解它，只要遵循其余的解释即可.（原因是当 Σ 包含所有子集，且样本集是无限集时，或许不可能找到满足第三公理要求的概率函数.）

公理的创新的特征之一是它们忽略了概率是如何产生的问题. 公理假定存在概率，并且仅需要它们具有常识所指示的某些属性. 按照古希腊人的方法，当你尝试分析某种情况时，必须确定满足公理并可以描述情况的样本空间. 如果来源是准确的，你可以继续，在数学的帮助下，你可以得出正确的结论. 然而，柯尔莫哥洛夫远远超越了古希腊人. 古希腊人声称，“正确”的公理是由自然的状态决定的. 而柯尔莫哥洛夫则为相同的概率情景构建了完全不同的空间，示例如下.

由公理系统定义的框架，能够得出适当的数学分析. 例如，我们希望计算在样本空间中的事件 B 的部分事件，其中包括了具有概率 $P(A)$ 的事件 A 的一部分事件. 这个新的概率 B 将等于 B 与 A 公共部分的概率（我们只关注 B 的那部分）除以 A 的概率. 这可以写成公式 $\frac{P(B\cap A)}{P(A)}$. $B\cap A$ 表示 A 和 B 的公共部分，称为 A 交 B. 然后，B 的部分事件在 A 中的概率称为**条件概率**. 对于两个独立的事件，不可能从第二个事件的存在中得出它们之一存在的结论，甚至不能得出概率性的结论．独立时的数学公式表明新的概率是由原有概率得出的，或 $P(B\cap A)=P(B)P(A)$．我们已经得到了独立性的数学定义．相对于在概率论中使用的其他概念，也可以做同样的事情．

在这里应该注意：许多时候我们会将条件概率的表达式$\frac{P(B\cap A)}{P(A)}$称为在 A 为已知的条件下，B 发生的概率．虽然用了简明的语言，两个给出的表述没有那么多不同，在应用中当我们已知事件的情况应该被考虑．当我们被告知已经发生时，我们不能断定用 B 给的条件概率来描述 B 的新的概率．

现在，我们如所承诺的那样呈现贝叶斯定理的公式（这段可以跳过，并不影响你对后面文本的理解）．假设我们知道 A 已经发生了，我们希望从中知道 B 发生的机会．为了达到目的，我们假定条件概率被表示为 $P(B\mid A)$，这描述了当我们知道 A 已经发生时 B 的概率．我们在上一节中口头描述的贝叶斯的公式为

$$P(B\mid A)=\frac{P(A\mid B)P(B)}{P(A)}$$

此外，如上所述，$P(A\mid B)$是 $P(B\cap A)$除以 $P(B)$．如果我们希望它能符合前面部分所示的原理，分母应该写为 $P(A\mid B)P(B)+P(A\mid\sim B)P(\sim B)$，其中“$\sim B$”表示事件不会发生（这是在大多数文本中书写的方式）．这听起来很复杂吗？也许这样，但这个框架为随机性的分析提供了一个适当的数学基础．

注意我们做出的假设：$P(B\mid A)$是正确的新的概率的情况．否则，我们应该采用上一节中描述的原有的贝叶斯方案，即我们需要计算当事件 A 发生时，事件 B 发生的全概率和事件 A 发生的概率之比．在许多应用中，这个假设不成立，也就是说，已知事件 A 已经发生的概率并不是 $P(A)$．

上述的框架为概率的构建提供了概要，但是出现在公理中的事件在现实中并不一定具有普遍性，即存在一个我们能够理解或计算的定义．拿一个抛硬币的实验作为例子．样本空间可以由具有相等概率的两个符号 a 和 b 组成．如果我们声明，a 发生意味着（注意这只是我们的假设）硬币在落下后正面朝上，b 发生意味着硬币在落下后反面朝上．我们虽然有这样一个抛掷硬币的模型，但不能在这个样本空间的框架中分析硬币的两个连续的抛掷，因为硬币的两次抛掷有四种可能的结果．对于这种情况，我们必须构造另一个样本空间．为了得到硬币多次抛掷的模型，样本空间必须增加．为了得到硬币无数次的抛掷，我们将需要无限的样本空间．数学学习者（和学生）将对那些技术细节感兴趣，不

过我们不会在这里介绍. 不过我们将仅仅说明，在可以发生硬币的无限抛掷的样本空间中，事件发生的概率为零.

这当然是直观的. 在连续的圆上旋转的球在某点停止，它在预定点停止的概率是零，但是它在类似一段的点集合上停止的机会却不为零. 考虑到这一点，柯尔莫哥洛夫使用了为其他目的而开发的数学，并解释了这个部分有可能具有的长度，而它由每个长度为零的点组成；古希腊人在遇到类似问题时却没有给出解释. 此外，柯尔莫哥洛夫的模型可以用来解释和证明伯努利的弱大数定律(见上一节)，甚至可以用来制订和证明一个更强的定律. 我们将执行一系列硬币的抛掷. 这些可以建立一系列的结果. 我们将研究这一系列的结果，其中正面朝上的次数占总投掷数的比例随着投掷数的增加不会接近 50%. 这组系列说明强大数定律，也具有零的概率. （知道柯尔莫哥洛夫理论的细心读者会发现，尽管事件具有零概率，但仍然可能发生. 事实上，可能有这样的样本，其比例不接近一半，但这些是可以忽略的.）

柯尔莫哥洛夫公理的另一个方面是，它给出了对两种类型的概率使用相同的数学原理的严密解释，即在多次重复结果下频率的意义就是概率，以及具有评估非重复事件可能性意义的概率. 这种二元性的两个层面都用同样的公理来描述. 事实上，对上述三个公理的另一种看法将表明，常识上将接受概率的这两种解释. 由于数学完全只基于公理，所以同样的数学也适用于这两种情况.

那么，该如何评估非重复事件的概率呢？数学的解答将在公理及其导数中给出. 日常生活影响解释问题，这可能是主观的. 有趣的是，柯尔莫哥洛夫晚年对与非重复事件相关的概率论的解释也曾表示过怀疑，但他并没有提出另一个数学理论来用于分析这个方面的概率.

柯尔莫哥洛夫的书改变了数学处理随机性的方式. 曾被认为是直觉的概念，也变得服从于明确的数学定义和分析，并且依赖于直觉的定理现在也被严格地证明了. 在短时间内，柯尔莫哥洛夫的模型成为整个数学界的公认模型. 然而，正如以前没有遇到这样的数学的读者所猜测的，柯尔莫哥洛夫提出的方法不容易使用. 此外，形式主义没有克服在直观的随机性方法中的许多困难和错误，因为它是一个逻辑形式主义，人类的大脑并没有建立直观接受.

42. 直觉与数学随机性

当我们对涉及随机事件的情况做出反应时，我们使用超过百万年发展进化的人类的直觉．正如我们在本书第一章中声称的，进化没有为我们提供直观地思考逻辑情况的工具．使用逻辑考虑并直观评估事情的正确性是有困难的；使用直觉可能导致错误，甚至是精神错觉，这与我们在第 8 节中描述的视觉错觉类似．在本节和下一节中，我们将分析一些与随机性相关的常见错误和错觉．

我们将从一个现实生活中的例子开始．每一次献血当然都要进行检测，以确保捐赠者没有患有导致艾滋病的 HIV 病原体．测试中的错误虽然很小，但它却是存在的，约为 0. 25%．这意味着有 99. 75% 的艾滋病毒携带者将被正确识别，但也有 0. 25% 的机会，使这个测试产生不正确的结果，并且将携带者宣布为健康的．由于平均 0. 25% 的机会的存在，一个完全健康的人也有可能会被错误地诊断为艾滋病毒携带者．测试了献血单位中的潜在供体，结果显示他是 HIV 携带者．那么他真的是一个携带者的几率是多少？

回答问题的绝大多数受访者（我在不同论坛和不同群体中提出过这个问题）会猜测，被测试者是一个携带者的机会是 99. 75%，即根据测试中可能出现的错误一样．有部分人估计的机会略小，通常没有解释为什么他们的估计会低于我们所设置误差范围内的数字．他们可能认为正确的答案不是 99. 75%，否则为什么会问他这样一个明显简单的问题？很少有人给出正确的答案（一般来说，他们已经遇到过这个或类似的问题）．什么是正确的答案？为了得到正确的答案，我们必须首先检查什么情况可能会在测试中产生积极的结果．被测试者可能确实是 HIV 携带者，并且测试给出阳性结果的概率非常高，为 99. 75%．然而，受试者可能是完全健康的，并且测试给出不正确的阳性结果的机会非常小，为 0. 25%．与艾滋病毒携带者的人口相比，健康人群的人口数量是很大的，被错误识别为携带者的人数可能非常多，大于实际携带者的整个人口数量．为了能够评估被测试者是真正的病毒携带者的概率，我们需要知道一个另外的事实，即病毒携带者在整个人群中的比例．世界卫生组织（以下简称世卫组织）公布的数字表明，在发达国家，艾滋病毒携带者占总人口的大约 0. 2%，即每 500 人中就有 1 个．如果我们接受这个数字，那么就可以使用上一节中描述的贝叶斯公式．该公式通过对在测试中可以查出 HIV 病毒携带者的概率进行加权，然后将得到的概率和对每一个人（无论是健康人还是病毒携带者）的概率进行比较，就可以得到在测试中病毒携带者所占的比例．计算式为

$$\frac{0.9975 \times 0.002}{0.9975 \times 0.002 + 0.0025 \times 0.998}$$

得到的概率约0.44，也就是说，结果被正确识别的机会只有44%．如果携带者只占总人口的0.1%，那么概率将会降至约28.5%．

事实上，分析中一个重要事实是供体的血液测试样本，换句话说，被测试者即供体，几乎是随机选择的（它涉及到我们在前面部分中引入公式时所做的假设）．如果被测试者因为被怀疑是HIV携带者而被送去测试，例如因为他显示某些症状，那么他实际上是一个真正病毒携带者的可能性将会有所不同，我们应该使用原来的贝叶斯方法来得到它．

为什么大多数人问这个问题：在测试中获得正确结果的人是真正携带者的概率是99.75%？原因在于大脑分析情境的方式与数学逻辑在理解上的不一致．大脑感知某些数据并直观地决定哪些是重要的，但不进行有序的信息分析．它不会寻找缺少的信息．进化使得我们，或者更精确地使得我们在潜意识里认为，通常不值得花费精力分析这个问题．因此，大脑集中于一个突出的信息：错误的机会只有0.25%．

这种类型的错误不仅限于医学检查．法院倾向于定罪于自己承认谋杀甚至没有佐证的人．法官给出的理由是，某人承认了，但他没有谋杀的可能性是很小的．这个事实是正确的，但统计得出的结论却不是这样的．举例说明：假设在十万人中只有一个人承认他没有犯下谋杀罪（考虑到嫌疑人经过警察审讯这一条件，这种假设当然不是高估的）．还假设有人从40万人口中被随机逮捕了，并且他承认前一天进行了谋杀．他是真正的凶手的机会只有20%！真正的凶手被发现的机会只有五分之一（如果凶手本人承认，其他四个人即使他们没有犯谋杀罪，也承认了）．随着人口增加，这一机会将更低．法官的错误在于，他们只检查那些倾向于承认没有犯下罪行的人被逮捕的概率；但一旦嫌疑人承认，那个概率就没有意义．一旦嫌疑人承认，重要的是如何区分谁是提供假证的人，而谁又是真正的凶手．这可以通过其他的证据或可疑的情况来完成．法官经常忽略这种区别．在2010年《以色列日报》的法律研究（Mechkarey Mishpat）上发表的一篇文章中，莫迪凯·哈尔伯特（Mordechai Halpert）和波阿斯·桑格若（Boaz Sangero）分析了Suliman Al-Abid的案例，他承认谋杀了一个女孩，尽管事实上几乎没有任何独立详尽的证据能够证明他．最后，发现他被错误地定罪．文章揭露了法官在概率方面的错误，并从法律领域给出了其他例子．

这里是一个有趣的轶事，我们将它作为下一个例子来介绍．一个人在机场被捉住，他设法带着装有炸弹的手提箱乘坐飞机．他的论点如下："我没有打算炸飞机，但我听说，两个不认识的人把一个炸弹放在飞机上的机会远远小于一个人尝试这样做的机会，所以我拿了一个炸弹在身上，减少飞机将要被炸毁的机会.”显然，这位乘客的逻辑是错误的，但是很容易找出这样的错误吗？然而，这种错误不是一个笑话，而是在我们的日常生活中经常遇到的情况．这里我们再举另外一个例子.

这发生在美国著名的橄榄球运动员辛普森的身上，他被控谋杀他的前妻和她的男朋友的审判中．为支持其案件，控方提出了证据证明辛普森以前曾殴打他的前妻，并多次威胁他会杀了她．这些情况已引起警察注意，他们不得不多次干预，并将他从家里带走．辩方提出以下概率方面的反驳．关于数千起案件的可靠统计数据表明，在警察登记的那些案件中，殴打配偶并威胁杀害他们，但实际上确实在尝试这样做的人不到十分之一．真正杀了他们的配偶的人甚至更少，不到百分之一．根据辩护得出的结论是，辛普森实际杀死他的前妻的概率小于1%，这是一个构成合理怀疑的概率．陪审团显然接受了这一说法，甚至法官也没有对辩方所犯的基本错误发表评论．被告无罪释放．一个恰当的分析表明，辩方提出的概率计算没有考虑到一个基本的相关事实：辛普森夫人被杀了．如果考虑到这个不可否认的事实，然后再问这个问题：如果一位女士受到她的前夫的威胁，然后被谋杀了，那么她被前夫谋杀的机会是多少？这将完全不同于之前辩护律师所提出的概率．认为陪审员是无知的这样的结论是错误的．对于这些声明是否是逻辑证据的问题，进化论并没有对其进行适当的分析.

这里是反映现实生活情况的另一个例子．六个同样有吸引力的女孩参加了一场选美比赛，并坚持到了最后一轮．每个女孩都有相同的获胜机会．获胜者已被选中，但没有宣布是谁，女孩们在舞台上以她们的方式等待宣布胜利者．她们排队走向舞台，处在队伍最后的女孩（也就是第六个女孩）不能压制她的好奇心，请求工作人员告诉她谁是胜者．工作人员回答说，他们无法透露结果，但却可以告诉她，第一个不是胜者．这个女孩非常开心；她认为她的机会从刚刚的六分之一上升到五分之一．她对吗？大多数人会认为她是对的，或者认为她的机会仍然是六分之一．第一组提出的论点是，第一个女孩不是获胜者，还剩下五个参赛者，又因为没有增加关于其他参赛者的任何信息，因此剩余参赛者的机会是相等的，即五分之一．另一部分人则认为，由于工作人员必须提及一个没有获胜的参赛者，所以他在指出其中一个没有获胜的参赛者时不会添加任何信息，剩余参赛者的机会仍然保持原样，即六分之一．这些是直观的答案.

很少有人注意到一个重要信息的缺失，没有它就不能给出可靠的答案！这个故事并没有揭示工作人员所采用的方法，即他是采取什么样的算法或公式来确定将第一个女孩作为非优胜者的先验性的．尝试完成贝叶斯方法中需要的条件，你会发现没有足够的信息可供使用．如果没有详细说明工作人员可能指出第一位参赛者是非成功参与者的可能性的信息，就不可能回答该问题．这样很容易构成一个描述工作人员用怎样的行为来使机会保持为六分之一的故事（例如，工作人员在那些没有赢的女孩之中随便选择了一位，不包括第六位，我们开始计算）．但也有可能补充另一个故事，他的行为会增加到五分之一的机会（例如，工作人员在那些没有获胜的女孩中选择了先登上领奖台的人）．甚至可以描绘会导致其他后果的情况．人类大脑不是以这样的方式构建的，即它搜索丢失的信息．这样的搜索从进化的角度来说是浪费的．大脑用合理的数据来填充事件的故事中所缺失的东西．有时，这被证明是正确的，有时则不是．大脑的这种效率在大多数日常问题中是合理的，但它远还不能与数学的分析一致．

由数学逻辑分析和大脑处理这种概率问题的直观方法之间的差异产生的误差有时会带来严重的错误．在本书末尾的参考文献中，德国心理学家格尔德·吉仁泽（Gerd Gigerenzer）引用了令人震惊的错误医疗程序的例子，以及由于实验室检查结果的不正确信息而造成患者的创伤性反应的例子．吉仁泽和其他人认为，决策者（包括医生、经济学家、政治家等）必须被教导如何在不确定的情况下行动，换句话说，学习和实施贝叶斯的思想过程．然而这有可能吗？吉仁泽的观点是贝叶斯逻辑是可以被学习的，我们应该训练自己在一个重复的情境中去思考，而不是去用概率事件的概念来分析问题．也就是说，我们应该在柯尔莫哥洛夫（Kolmogorov）模型中交换事件，以考虑相对频率．因此，根据吉仁泽的理论，如果在上面提到的献血者和他的血液测试的例子中，不是考虑一个人，而是检查一系列项目，我们会注意到，他们中的许多人（超过一半健康受试者）在测试时会被错误地显示为携带者．实际上吉仁泽提供的一些数据显示在医生群体中有巨大改进，这些医生已经学会以这种方式分析随机性的情况．

笔者发现吉仁泽的理论很难被接受．而且这种理解上的错误是基本的，并且源于直觉思维．在某种情况下，犯错的人如果再次遇到完全相同的情况，不太可能再犯同样的错误．然而，如果不确定性出现在一个略有不同的情形中，他们的决定就不会得到改善．有人注意到，通过测试被记录为携带者的大多数受试者实际上是健康的，可以在相同的程度上实现贝叶斯的原始公式．笔者可以想到的错误问题的唯一解决方案是，在那些错误可能会导致很大损失的医学、经济学、智能数据评估等领域中，必须使用明确的数学工具，避免直觉思维.如果达到正确的答案并不是特别重要，也就是说，如果潜在的错误是可以承受的，也许进化论教导我们做出反应的方式是可接受的，甚至是更可取和更有效的. 这虽然可能会导致多个实例中的错误，但是它却可以正确地解决其他情况并且可以节省时间和精力.

43. 直觉与随机统计

虽然进化并没有使我们准确地分析逻辑元素的不确定性，但我们可以假定会对统计情况做出正确的反应. 在整个进化过程中，人类已经有很多的随机事件. 然而，即使在这些情况下，与统计随机性相关的误差也是重复出现的；我们在第 39 节中提到了一些关于数学的预测和误差. 一些误差可以通过进化本身来解释. 我们将举几个例子.

以色列的阿瓦隆（Avalon）高速公路穿越特拉维夫及其郊区，目的是使车辆能够快速穿越城市. 在举行完高速公路的中央部分正式开通的仪式后不久，阿亚隆河由于大雨而溢流，公路被洪水淹没. 这导致严重的交通堵塞，阿瓦隆（Avalon）公路公司的首席执行官被邀请在电视上解释洪水发生的原因. 他的解释是令人信服的：建设一条抵挡任何可能出现的洪水的高速公路将是非常昂贵的. 因此，工程师评估风险并建造了一条具有较大误差范围的道路，因此预计在 25 年内只会发生一次洪水. 这很糟糕，他解释说，这次洪水只发生在高速公路开通后很短暂的一段时间内，尽管这是随机性的. 他一直在使公众保持冷静，并安慰他们从现在开始可以期待在公路上长时间的驾驶而不会再发生洪水了. 但刚过了三个星期，公路又被淹没了. 这位负责人再次被邀请出现在电视上，他沮丧的表情说明了一些关于独立事件和相关的事件，他也没有能力来说服公众使他们相信工作人员在一定条件下的计算是准确无误的. 错误的原因很清楚：在第一次采访中，他对最重要的信息没有足够的重视，公路刚刚被洪水淹没，如果洪水的发生是由于极度剧烈的大雨而造成的地面被水饱和，那么即便是小雨也可能导致洪水、换句话说，下一次洪水不是独立于第一次洪水的事件.

对数值的态度很重要，即各种事件的概率属性规律是不一致或者一致的. 几年前，有一个危险的事件，加利利海的海岸线将会被洪水淹没. 以色列水利部门的负责人在电视上解释说，这种洪水发生的机会是60%，并继续说，需要一个奇迹来避免它．一个有40%发生概率的事件可以被认为是奇迹吗？笔者对此表示怀疑．事实上，那一年“奇迹”的确发生了，加利利海的海岸线没有被洪水淹没．对许多医生来说，患者有80%的康复机会和97%的康复机会看起来类似，但对于理解概率定律的患者来说，差异是巨大的．97%的康复机会意味着除了少数病例之外，治疗都是成功的．而20%的失败概率则表明失败是一种系统的可能性．

人们对概率非常低的事件的态度也不一致．一方面，人们购买彩票，尽管这样做所带来的麻烦可能要大于赢得奖金．原因显然是积极的个人感觉，即期待可能获奖，即使他们知道这不可能实现．另一方面，人们的直观感受又倾向于忽略很少有机会被实现的事件．有时，这种趋势是至关重要的，特别是在金融、经济、政治和类似问题上．忽略不可能发生的事件的这种趋势也可以追溯到进化的起源．在残酷的生存斗争中，这种对小概率事件的研究有时是以优胜劣汰过程中的重大牺牲为代价的。例如，如果恐龙进化出鳃，使它们能呼吸多尘的空气，那么它们将有可能在大气尘埃中幸存下来，而这正是导致它们在地球上灭绝的普遍接受的解释．另一方面，如果一种类型的恐龙致力于进化出这样的鳃，那么它在日常的生存斗争中可能无法生存下来，甚至有可能在流星与地球发生碰撞之前就已经灭绝了．进化斗争是此时此地的争斗，也就是说，它只考虑当前条件，忽略可能发生的未来事件．这个事实已经渗入了我们对低概率的危险发生时所做出反应的方式．

另一个与统计数据的解释有关的被称为精神错觉的错误，也可以追溯到进化起源．正如我们在第4节中所解释的，识别模式是一种先天的能力．而且，多数物种宁愿在过度认同的情况下犯错，因为与通过识别不存在的事件可能遭受的损害相比，未能识别现有模式可能会承受更加沉重的影响．心理学家和决策专家特阿莫斯·特沃斯基（Amos Tversky，1937—1996）与他的同事托马斯（Thomas）和罗伯特·瓦隆（Robert Vallone）一起决定研究篮球的“热手”现象．每个球迷都知道这种现象．当一个球员在连续投篮得分时，他、他的教练、对方球员以及观众，都觉得他是“热手”，他也应该尝试在未来得分．根据概率定律，热手规则表明，在篮筐上的多次成功投篮增加了下一次投篮成功的机会，这也与在相同条件下相同球员之前在篮下尝试得分没有成功的情况相反．这种情况是可以解释的，通常公认的解释是展现自信与成功运行之后的心理效应的结合．

特沃斯基和他的同事们决定研究热手的概念，在一整个美国男子职业篮球联赛赛季，他们观察了当时最成功的球队之一——费城 76 人，记录他们在篮下的每个镜头，并监测成功的镜头. 令很多人惊讶的是，他们发现手热是一个错觉，一个谬误. 在随机序列中，一次成功的投篮可以发生，而成功的机会则不会在下一次尝试时增加. 在费城 76 人的比赛中成功投篮的次数（或“数量”）与随机序列的投篮没有区别. 该序列的参数，即成功投篮的百分比可能会随着从球员到另一名球员和从一场比赛到另一场比赛而改变，但是在相同的条件下，成功投篮的机会不会在上一次投篮成功后增加.

这个发现应该有直接的影响，因为如果一支球队不存在热手，这将直接影响教练在比赛期间如何管理球队. 特沃斯基和他的同事的调查结果毁誉参半. 他们的结果对观众、球员或教练没有影响，这些人继续相信“热手”，并继续采取相应行动. 但科学界的意见却有分歧. 有些人接受发现，因为他们认为这是对的，但其他人则认为“热手”现象的确存在，只是他们对这种表示不赞同. 笔者不知道它是否存在，但是对于错觉有一个简单的解释：寻找和发现模式的必要性深深地体现在我们的基因中，如此多的事件，如成功的运行模式，或成功的投篮，或连续几年比往常天气更热，或连续的证券交易利润，这些都是随机事件，与我们解释非随机事件的有效性统计相一致.

第六章

人类行为中的数学

- 是消费者物价指数（Consumer Price Index，CPI）造成了太阳黑子吗?
- 有最佳婚配吗?
- 是博弈论还是冲突论?
- 为了一张预计中一百万美元的彩票你会花费多少钱?
- 把钱丢进垃圾箱就是不理智的吗?
- 相信一切的人会很“简单”吗?
- 有人能做出没有偏见的决定吗?
- 怎样理解进化的合理性?

44. 宏观思考

从古至今，人类的行为一直是不同领域中分析和辩论的主题，如文学、艺术、法律、政治和哲学研究，等等．然而，尝试使用数学方法去描述并分析人类的行为或决定，是从18世纪末才开始的．在本章中，我们将介绍这段发展中的一部分．

人类的行为，特别是经济行为，可分为个体行为和群体行为．显然两者是有联系的，比如个体行为可以决定群体行为．然而，在经济问题上，仍然很难找到一个数学模型，可以提供一个关于全球经济参数将如何遵循个人决定而变化的定量预测．英国哲学家、经济学家亚当·斯密（Adam Smith，1723—1790）创造了*无形之手*这一短语．他在1776年出版的著作《国富论》中提出了这一概念．在这本书中，亚当·斯密以资本主义理论为基础：每个人都在试图最大化自己的利益而不考虑公众的需求．“无形之手”就是帮助转化这些个体行为，从而改善整个社会的情况．对于“无形之手”的本质，至今仍没有明确的解释．第一种解释是在20世纪50年代出现的，当时的经济学家开始尝试以定义基本原理的方式建立系统的资本主义理论．然而，这种方法只取得了非常有限的成功.

仅就外在的表现而言，个体只关注自身利益的这种行为与达尔文的进化论观念高度吻合，例如个体要为自身的进化而斗争，由此就出现了相互竞争的现象. 然而，深入的研究表明，自然界的竞争并不在个体之间，而是在物种之间. 优胜者是那些能够世代存活的物种，并且在其群体中的个体并不一定只顾自身，一个物种可以生存，是因为它的成员愿意为了共同的利益而牺牲自己. 这样一种进化分析表明，个体行为与群体成功之间的联系还不能视为与群体间的经济行为相关. 此外，一个大规模的经济行为在很大程度上是由多个决策者共同决定的，单个人都有很小或可以忽略不计的影响. 从这个意义上说，与自然的数学描述有相似之处. 将具有波的特性的基本粒子组合成满足牛顿定律的粒子的无形之手的定量机制还没有被发现.

目前，用于分析人类宏观经济活动所使用的数学工具，与那些为了理解自然规律而产生的工具在本质上是相同的. 这些工具包括不同类型的方程，例如，微分方程或者其他用于处理经济学问题（消费、储蓄和利率）的方程. 这些方程描述的是当前经济实际正在如何运作，而不是人们想要的经济模式. 分析数学模型，可能会帮助财政（货币）政策的制定者们理解应该采取什么样的步骤来达到预期的目标. 然而，模型本身按照经济的本来面目描述经济. 正如在现实世界中，我们不能进行有效的受控实验，所以，经济学家所使用的数据由统计局提供，而分析这些数据所使用的方法就是计量经济学，它是由我们在上一章所描述的统计学发展而来的. 该方法是以经济分析为目的而发展起来的，是一种先进的方法，但这与我们之前在自然科学与技术上所使用多年的方法并无本质差别. 目前，数学用于描述宏观经济行为的成功水平，仍落后于其描述物理学和其他科技方面的应用. 这仅仅是一个时间问题吗？这个差距会因现有模型的进步而缩小吗？还是现在仍缺乏描述人类行为的新的数学知识？这些并没有明确的答案.

在这里，我们不打算详细地讲宏观经济模型，只介绍两个在社会科学方面获得特别关注的例子，它们都与2011年度诺贝尔经济学奖的获得者有关. 诺贝尔经济学奖实际上是由瑞典中央银行为纪念诺贝尔而设立的，这是因为当初艾尔弗雷德·诺贝尔（Alfred Nobel）并没有指定社会科学可以作为一个被授予奖项的领域，即最初没有诺贝尔经济学奖. 我们引用这些例子，是因为它们体现出数学在描述人类行为的复杂性上有着其特殊的方法，但这些并不能反映数学在宏观经济学中的全部应用范围.

我们知道，存在于人类决策中的一个内在因素是人们对未来可能发生的事情的评估. 在多数情况下，个体会认为其自身对未来的影响是微不足道的. 但是多年来，却有着这样的一种理解：宏观经济的发展会受到个体对未来生活期望的影响，只是这种理解还不能转化为方程的一个组成部分. 芝加哥大学的罗伯特·卢卡斯（Robert Lucas）在1995年获得了诺贝尔经济学奖. 还有他的同行，纽约大学的托马斯·萨根特（Thomas Sargent）也成为2011年诺贝尔经济学奖得主，他们共同提出了合理预期理论. 他们发现了一种数学方法：将市场预期归纳为方程，并以此决定经济参数的发展变化过程. 上述的个体期望便转化为该数学模型中的一些变量，它们与其他变量之间是相互影响的关系. 那些能够影响市场发展的市场预期，是社会科学的特殊关注点. 这种用数学术语来描述未来发展预期的方法被经济学家所接受，并且成为了宏观经济模型中的一个基础要素.

第二个例子仅仅是传闻，不应作为经济学实践的代表来考虑. 但是之所以选择了这个例子，是因为它在某种程度上能够告诉我们一些数学本身与其用途之间的联系. 与托马斯·萨根特一起获得2011年诺贝尔经济学奖的是普林斯顿大学的克里斯托弗·西姆斯（Christopher Sims）. 该奖是表彰西姆斯在时间序列（即随时间变化的统计序列）分析方面所做出的贡献. 在一般的统计序列分析中，尤其是那些随时间变化的序列，长期以来让科学家们很感兴趣. 用来分析这些序列误差的数学模型的基础可以追溯到高斯的时代. 相比于其他的进步，用于发现两个序列的数据是否相互关联的理论有着明显的发展，并且能够给出刻画其关联程度的数量指标. 然而，在自然科学的应用中，这两个序列中的哪一个占优势的问题没有出现，即哪一个引起了另一个序列的变化. 例如，地球绕轴自转与潮涨潮落之间存在因果关系. 但是没有人能够从这两个数据序列中找出什么是原因，什么是结果，即究竟是潮汐流动造成地球旋转，还是恰恰相反. 答案源于自然规律本身. 一般情况下，在自然科学中，我们不会试图从两个数据序列本身去探寻因果关系，而是从它们的具体模型开始推导. 不幸的是，社会和经济现象的数学模型在做一个类似的分析时并不十分值得信赖. 因此，会很自然地从序列本身去尝试推导出两个序列中哪一个占主导地位，也就是造成和决定结果的是哪一个. 以西姆斯对时间序列的理解为基础，英国经济学家克利夫·格兰杰（Clive Granger，1934—2009），即2003年诺贝尔经济学奖获得者，将这一方法进一步改进. 该方法确定了两个序列中，哪一个决定和产生了另一个. 这个测试被称为格兰杰-西姆斯因果关系检验，用于测试和检验许多社会科学和经济领域中的因果关系.

1982 年，两位经济学家，理查德·西恩（Richard Sheehan）和罗宾·格瑞维斯（Robin Grieves），公布了应用格兰杰-西姆斯因果关系检验法的情况，即检验太阳黑子的出现和美国经济周期之间的可能性因果关系，以及相关的国民生产总值与价格指数的关系. 这篇文章被发表在《*南方经济杂志*》上（第48卷：775~778 页）. 这一结果有着统计学意义，它表明美国经济中的商业周期是太阳黑子产生的原因. 很显然，这个结果让人难以置信. 而为了使得它更加清楚，人们又对其进行了统计学测试. 我们应该从中学习到的是，我们不能依赖一个没有独立模型支持的统计检验. 由于没有模型能够把国民生产总值对太阳黑子的影响一体化，进行统计分析检验并不适合. 这种统计检验的使用是有限的. 正确的方法是首先提出一个模型，表示因果关系，然后用它的统计数据来确认或否定模型. 一个单独的统计测试，若没有一个与其自身的影响接近的模型，很可能会导致根本性错误.

45. 稳定婚配问题

我们现在要举这样一个例子，关于一群人的可能行动的数学分析. 我们使用术语“*可能的*”行动和“*不被渴望的*”行动或“*被建议的*”行动. 稍后我们将解释这样做的原因，在这里我们只记述，在自然科学和技术中使用数学的成功经验，很多人都希望在社会科学中也能如此，数学分析会给出一个社会将如何运行. 当前人类行为的数学分析还远远不能实现这样的希望.

这个例子涉及的问题在我们的生活中时常发生. 医学院的毕业生会以他们已选的专业来寻找想要工作的医院，同时医院也在寻找实习生. 毕业生对医院有自己的偏好，而医院对他们想要的实习生也有自己的偏好. 如何使双方的愿望同时得到实现呢？同样的道理，大学应该如何选择教学职位的候选人呢？足球队应该如何选择队员呢？甚至说媒人该怎样选出合适的新郎和新娘呢？

由此，很自然地出现了这样的问题，填补现有职位的最佳方式是什么？要回答这个问题，我们需要定义“最佳”的标准，然后找到一种获取解决方案的方法. 两位著名的数学家，来自加州大学伯克利分校的大卫·盖勒（David Gale，

1921—2008)，以及来自加州大学洛杉矶分校的劳埃德·沙普利（Lloyd Shapley)，他们使用以下的数学方法解决了这个问题. 这使沙普利于 2012 年获得诺贝尔经济学奖.

由于这属于数学领域，我们应该首先明确讨论的框架. 在这里，我们将针对特定的情况. 一旦我们找到解决方法，对于其他更接近的情况，扩展这一解决方案并不困难. 假设有 N 个女人和 N 个男人构成的两个组，我们的任务是将一组中的每个成员与另一组中的每一个进行匹配. 每个男人对于将要匹配的伴侣有自己的优先级，每个女人也是如此. 两组成员的偏好没有必然的关联性，如果我们随机地匹配他们，许多人会不开心. 实际上，在他们之间的任何配对系统中，很可能使有些男人和女人最终不会与他们的理想类型匹配，甚至可能会与一个与他们最初偏好相差很远的人相匹配. 在这种情况下，什么是最佳匹配？在我们的背景下，“匹配”意味着所有男人和女人的整体匹配.

由盖勒和沙普利做出的第一个贡献是改变这个问题！而不是试图找到最佳标准，他们制定了一个匹配必须满足的条件，这在古希腊时代被称为公理. 他们称它为稳定性条件. 下面将简单地描述一下. 如果发现一对男女相比系统推荐的搭档来说，更喜欢彼此，那么我们称匹配是不稳定的. 盖勒和沙普利提出的情况是匹配是稳定的，也就是说，不应该不稳定. 这种情况的原因是显而易见的：不稳定的匹配将不会持久. 可以通过相处来改善他们的匹配情况，但这样做将会扰乱已经决定的匹配秩序. 下一阶段是定义一个最佳匹配，如果每个男人和女人通过稳定的匹配找到了最佳伴侣. 换句话说，首先，匹配必须是稳定的. 在稳定的匹配中，结果对每个男人和女人都是最好的. 在 1962 发表的题为《大学录取和婚姻的稳定性》的论文中，盖勒和沙普利提出了一种稳定匹配算法. 该算法没有用公式或方程表示出来，但可以证明它的结果是一个稳定的匹配. 我们将利用准视觉的形式（见下图）清晰地展示这一算法，在计算机时代，即使涉及非常大的人群，也可以立即得出结果.

在第一阶段，每个男人都与自己优先级列表中占首位的女人站在一起. 一些女人可能有不止一个男人站在她们旁边. 每个女人选择其中她更喜欢的人，

并站在他旁边，然后将其他人送回他们原来的位置. 在下一阶段，每一个被其第一选择拒绝的男人，他最优先考虑站在其列表中第二位的女人旁边. 同样仍有一些女人身边有不止一个男人，而她们中的每一个都选择了一个最喜欢的男人. 也许她选择的是她在第一阶段选择的那一个，但也有可能是她现有名单中的新人之一. 其他人回到他们原来的地方. 这样继续下去，直到每个女人身边只有一个男人为止. 该算法结束，结果是一个稳定的匹配. 这证明了只有当一个女人身边至少有两个男人时会出现这种情况：其中一个被拒绝的男人将在下一阶段选择优先级相对较低的女人. 像这种每个男人优先级中的“下降”数量是有限的，当不再下降时程序也就完成了，也就是说，这时每个女人身边只有一个男人. 从这一事实就能知道其具有稳定的性质，在每一个阶段，女性要么留在之前选择自己的男人身边，要么就是选择一个自己优先级中更靠前的男性. 如果一个男人更喜欢一个在程序结束后没有匹配到的女人，事实是他已经在一个更早的阶段就被提供给了这个女人，只不过女人选择了自己优先级中更高的男人. 因此，那个女人不会喜欢他，而是喜欢匹配给她的那个男人，因此性质是稳定的.

那么关于上文中稳定情况的最优条件该如何定义呢？盖勒和沙普利表示，在一些情况下是不可能找到一个最佳的匹配的. 他们还发现，我们所描述的算法具有局部最优的特点，即每一个男人都能得到一个在稳定匹配中所能匹配到的优先级最高的女人. 此处展开说明这一观点较为困难. 如果一开始，把每一个男人接近他最喜欢的女人这一条件替换为每个女人去接近她最喜欢的男人，等等，结果都会是一个稳定的匹配，这可能与我们描述的过程中的最终结果不同. 它将是部分最优匹配，按照程序，每个女人都将匹配到她们所能匹配到的相对优先级最高的男人. 两种可能性哪一种更令人喜欢呢？数学不能回答这个问题；它只是提供了一种选择性，并描述了它们的特征.

盖勒和沙普利的分析与算法对人员安置、选择等问题，无论在理论研究还是在实践操作方面都有显著影响. 这是一个基本算法，其结果能被推广到更接近现实的复杂框架中，它们也能在概念上得到扩展、改变和提升. 例如，当这个算法被使用时，可以很容易地看出，对于双方的优先权都没有特别的偏向. 这与社会行为中的各种情况形成对比，对于参与该程序的人来说，表露出个人的偏好是有价值的.

一些机构已经采用的分类、选择程序与盖勒和沙普利的建议是一致的，包括医院选择新的实习生．有趣的是，在上述两个例子中机构所选择采用的算法，从候选人、实习生或学生的观点来看是最优的．这种选择的理由显然是社会化的，考生与机构本身相比，机构认为更重要的是，考生更能体会到他们得到了最佳可能的位置，这与稳定性的定义相一致．其他的机构选择候选人使用了不同的方法．例如，美国的大学把教师职位提供给候选人，他们必须在一个相对较短的时间内做出回应；他们这样做是为了让候选者在收到其他心仪学校的聘用书之前选出合适的教员．其结果是稳定的，正如盖勒和沙普利的基本假设所预测的那样．

2012年诺贝尔经济学奖联合得主之一是哈佛大学的阿尔文·罗斯（Alvin Roth），之后他去了斯坦福大学．他发展了盖勒和沙普利的方法，将其应用于器官移植候选人与器官提供者之间的匹配，考虑到匹配的质量、成功的机会、每个人的具体情况，等等．罗斯的研究也涉及市场设计的问题，即关于器官移植的规则和程序的检查，考虑到大众的信仰和信念，从而增加了潜在捐助者的数量，在这一方面数学原理的深刻运用达到了非凡的目的．

由数学方法推导出的算法，对比自然进化发展过程中出现的匹配问题的解决方法，其结果还是很有意思的．在某些情况下，伴侣们必须为建立属于自己的经济基础而付出努力，如一个属于夫妻二人的家，或一对鸟的巢穴．这就是为什么我们可以在多年保持伴侣关系的各种动物身上观察到稳定特征的原因．即使是在最极端的情况下，它们依然保持最初的选择作为终身的伴侣．然而，在自然界中，这种稳定性匹配的产生方式与盖勒和沙普利提出的方法有所不同．在许多具有稳定性的物种中，对伴侣的忠诚实际上是蕴含在动物的基因中的．那些能够保持着关系的物种得以存活，整个物种同样存在着维护关系稳定性的特征．另一种方法，是在人类社会中可以看到的一种敏感的形式，即对于违背伴侣关系的，增加其难度或者给予其金钱上的惩罚．如果这种分离的行为对背叛的个体或决定分开的夫妻之间产生了不愉快，那么维持该稳定性的趋势也将增长．

46. 偏好与投票系统

我们展示的第二个例子，可以追溯到把数学应用在理解人类行为的开端．孔多赛侯爵，迈瑞·杰恩·安托万·尼古拉（Marie Jean Antoine Nicolas，1743—

1794）生于贵族家庭，是法国的数学家和政治哲学家．他对数学十分感兴趣，从小就很优秀，他投身于社会和经济问题．与许多同时代的政治领袖和思想家相反的是，他公开表达了较为激进的自由主义观点，包括支持妇女和黑人权利的平等．他达到了法兰西科学院院士这样高的位置，并且是法国大革命的主要领导者之一．在思想领域，他与一些革命领导者观点冲突，像他的许多科研同行一样，他不得不逃走和躲避当局的追捕，但是他最后还是被捕了．孔多赛侯爵在秘密的情况下死于监狱中，据推断可能死于谋杀．

孔多赛侯爵的数学背景在其社会和经济学著作中得以突显，有理由相信，是他发起了倡导用数学方法来解决社会和经济问题．能够体现时代精神的是，孔多塞侯爵尝试检验民主选举中的不同选举系统．在他的著作中，构造并提出了一个非常基本的例子，说明了认同一个较好的选举制度并不是件容易的事．这个例子有时被称为孔多塞悖论（Condorcet's paradox）．他所考察的情况是选民群体必须对候选人中的一个达成一致意见．让我们看看标准，按照侯爵观点，就是多数人的决定．换句话说，如果大多数选民更喜欢他或她，那么这位候选人就会脱颖而出．这种偏好关系能够定义获胜的候选人吗?

在回答中，孔多赛描述了下面的例子．三个选民必须从三位候选人中选择一个代表，我们用 A、B 和 C 表示．每个选民对三个候选人都有自己的评级标准．第一个选举人认为 A 优于 B，而 B 优于 C．第二个选举人认为 B 优于 C，C 又优于 A．第三选举人认为 C 优于 A，A 优于 B．现在我们将从设定的标准中得到结果．可以很容易地看到，按照我们的标准 A 比 B 好（第一和第三个选民都认为 A 优于 B，即多数人认为 A 优于 B），B 比 C 更好（第一和第二个选民的偏好，又一次是多数人的意见），C 比 A 好（第二和第三个选民的偏好，还是多数人的意见）．结果是，尽管每个选民都有一个明确的优先顺序，但这种多数人表决系统使得没有一个明确的候选人胜出．

孔多赛的悖论说明了采用多数表决标准存在固有的困难．孔多赛侯爵自己捍卫这个选举系统，并试图推动它在一些情况下被应用．他甚至建议，并强烈敦促采用该算法．根据这样的标准，这将导致这样的情况出现，如果存在一个更好的候选人，也就是说，这个人是所有候选人中最好的，那么他才应该当选．

在当时，孔多赛侯爵的一位对手，杰恩-查尔斯（Jean-Charles，1733—1799），博尔达骑士，提出了另一个系统．他建议，每一个选民都应该根据自己的喜好来排序候选人，并根据其赞同的总和，或者其权重的组合，来决定选举的胜出者．这种方法在现在的许多场合同样还在使用，即根据选民偏好对候选人排序．可以看出，博尔达的方法并没有完全依据孔多赛的标准．

试图去寻找到更好或更合适的系统这件事进行了好多年，直到 1951 年斯坦福大学的一个数理经济学家肯尼斯·阿罗（Kenneth Arrow），提出了一个新的方法，他用一个全新的视角提出了整合各种偏好的问题．阿罗也因此而成为 1972 年诺贝尔经济学奖得主之一．阿罗的结果对于复杂系统中的个体也有所涉及．我们将在这章的最后做出解释．

阿罗选择了公理化的方法．代替构建和分析实际的选择系统，他将许多满足偏好集合系统的要求进行公理化．这个框架与孔多赛侯爵的很相似，每个选民都有自己的候选人分级．这个系统必须产生一个候选人分级，以最终反映出所有选民的意愿．下面列出了简化后的要求．

1. *无关选择的独立性*：如果一个候选人退出，这并不影响任何选民对剩余的候选人的评级，系统给出的其余的候选人的分级也不会改变．

2. *一致性*：如果一个群体中所有成员都倾向于候选人 A 而不是候选人 B，那么系统给出的这个群体意见也应该是更倾向于 A 而不是 B．

3. *无独裁者*：不存在我们称之为独裁者的选民，即整个系统中都按照独裁者的偏好去选择而忽视了其他成员的意见．

这些要求的表达是有所保留的，确实是在能够接受范围内的最低标准了．例如，这里的要求 2 相比孔多赛对应的要求更容易得到满足，这是根据足够的数据，大多数选民喜欢 A 而不是 B，那么这就会变成群体的偏好．阿罗只要求所有选民都偏爱 A 而不是 B，那么这就将是群体的选择．如果在这样的情况下，该群体的所有成员都认为 A 比 B 好，那么要求 2 对最后的结果就没有限制．同样，如果一个候选人的退出确实改变了一个选民的评级，那么第一个要求就不会对最终评级做出任何限制．无独裁者的条件防止了这种情况的发生，独裁者的偏好是决定性的因素，即使在其他选民中，也有很多都有着与独裁者不同的偏好．

阿罗令人惊讶的结果，被称为*阿罗不可能定理*，它表明没有一个选择系统能够同时满足这三个要求（至少有三个选民和至少三名候选人）．

这个结果，其数学证明一点都不难，对社会科学家却有着巨大的影响．数学达到了所有获得成果的边界．当然，研究在不同方向上仍在继续．例如，在上面讨论的框架中，所有可能的个人优先顺序都将会被考虑在内．我们可以考虑这样一个框架，只考虑一定数量的优先权，然后尽可能地满足阿罗的公理.人们也曾尝试用其他公理. 另一方面，一般化的概念表明，阿罗不可能定理实际上比阿罗限制的选择方法的例子有着更广泛的应用. 也有人试图去提出这样的选择方法，对大多数选民的偏好，定理是满足的. 这一主题作为社会科学中的数学问题，是一个热门研究领域，被称为社会选择学. 研究并没有产生任何明确的结论作为理想的选择系统，但是他们找到了工具来帮助检验给定情况下不同选择系统的适宜度.

选择方法的研究对日常生活有影响吗？并没有多少. 在少数情况下是对的，尤其是在决策者与专家协商时，可以看到选择方法的局限性应被考虑到其中.然而，在大多数情况下，并非如此. 笔者所工作的科学调查委员会，其中包括约两百名教授，他们在各自的科学领域都是带头人. 有一次，委员会必须在两个备选方案之间做出选择. 从讨论情况看，两个方案各自被选中的可能性相差无几. 其中一位教授希望他倾向的方案更有吸引力，提议将方案稍加改动. 主席也表示赞成，立即接受了这个想法，并宣布在三种可能性中进行选择，获得票数最多的为最后结果. 主席显然没有意识到，他的做法无形中阻碍了自己偏好的那种选择获胜的机会. 因为支持这一选择的投票被两个相似的方案瓜分(两个原始方案中的一个和那个稍做修订的方案). 在讨论中，有人指出不应该在三项之中进行投票，但在骚动中已经无法去解释其中的原因. 防止投票中发生争议的方法就是参考议会投票. 议会的方式，被主席解释为只能在两者之间做出选择，对一个提议或者接受或者否定，科学委员会就像是一个议会. 然而，只能二选一的系统也存在着缺点. 例如，改变选民的投票顺序对选举结果有显著影响. 让我们再一次看看孔多赛侯爵提到的例子. 假设第一次投票是在 A 和 B 之间，而赢家则与 C 进行第二次投票. 结果是 C 成功了. 如果第一次投票是在 B 和 C 之间，获胜者与 A 进行第二次投票，A 最后赢了. 这让决定议事顺序的人拥有了极大的权利.

对于阿罗结果的一些解释的确意义深远. 在同样的情况下，争议的出现可能源于对结果的公理化解释上，从逻辑的角度看，都等同于阿罗的结果，只是在不同方向上倾向了使用者. 与其说没有投票系统能同时满足上述所有三个要求，不如说，如果我们想满足要求 1 和要求 2，那么就必须承认，评级将由单一的选民（即独裁者）决定. 公理 1 和公理 2 是基础的，区别被解释为，可以选择允许有一个独裁者或者是忽视数学分析. 我可以用一个真实的例子来说明.

1976年，以色列的公众情绪由于一个新政治运动的进行而得到提升——民主改革运动. 在此运动中的活跃分子必须找到一种候选人名单的选择方法，从而使得该运动能够在即将来临的以色列议会上得到确立. 他们求助于数学家和物理学家来选择出最好的系统，这些顾问们想出了一个复杂的系统. 此处我们不描述该系统的细节，但我们会观察到，即使只是很快的看一眼，对于一个有组织的政治团体来说，候选人名单中所包含的代表远比实际批准的要多得多. 当这引起了系统设计者的注意时，他们立即被解散，表示必要时这是给系统的构建者设立的，并反复强调，上述提及到有关于阿罗的结果在这里是不必要的，因为如果接受将导致候选人名单是由独裁者选择出来的，这将与民主运动的发起者所宣称的目的相反. 他们补充说，他们已经进行了模拟的可能结果，结果表明没有任何少数群体被控制. 当实际的内部选举发生时，两个团体利用该系统都获得了远远超过其实际运动中所占有的代表数. 这最终导致了运动的瓦解，虽然在通常的议会选举中被选入以色列议会的候选人数量上是非常成功的. 一个运动的发起者在书中总结了这些事件，并或多或少地写道有组织团体并没有像预期的一样进行投票. 实际上，他和他那些进行模拟的同事们对投票方式并没有表现出太多的了解.

如前所述，阿罗的数学定理也可以在这样的框架中解释，个体必须决定出他在复杂环境中的优先顺序是什么. 对于一个潜在的我们必须划分等级的列表，我们的处理的方式之一是，比如说在下一个假期之前，我们筛选出要参观的地方的名单，列出一份符合条件的名单，而不是划分优先级. 这个标准可能有这些特征，比如消费、愉悦程度、到达那里所需要耗费的体力，等等. 每一个标准都影响着我们做出分级的这份可能的名单，我们也必须基于这些独立的标准做出整合，并拿出一个统一的划分标准. 阿罗的要求在下面可以看到.

1. *无关选择的独立性*：如果选择中的一个被排除，但这并不影响任何剩余选择的评级标准，那么系统给其余选择的分级结果也不会改变.

2. *一致性*：如果其中的一个选项，比如说 A，在所有的标准中被评为高于 B，那么系统将认为 A 高于 B.

3. *无优势性*：没有单一的标准占主导地位，也就是最终的评级将永远由这一标准所决定，而忽视其他标准下的评级.

对这三个要求的解释与之前做选择时所给出的情况类似. 在现有例子中第

三个要求没有社会实例. 事实上，如果有一个标准（比如价格）是主要的，它决定了整体的评级，那么该评级问题就变得很简单了. 阿罗定理认为，不可能有同时满足三个要求的评级方式存在. 那么该如何进行评级呢？上面关于选择的问题的讨论，也适用于这里. 例如，我们可以采用博尔达划分点的方法，整合每个不同的划分点，从而得出整体的划分结果. 这在我们通常遇到的大多数整合评级问题中被广泛使用，这是最普通的评级方法，即使在这种方法中，也不是所有阿罗条件都能得到满足.

47. 对抗中的数学

在这一节中，我们将讨论人类决策方法的数学分析. 社会框架中的特殊之处在于，任何特定的人的决定都可能与其他人的活动相冲突. 做出决定的人必须考虑到他的同事或对手会做什么. 在这一点上，我们可以区分两种不同的情况. 一种是，个别决策者的行动对市场情况的影响可以忽略不计. 另一种是，每个决策者的行动都会影响最终结果.

在第一种情况下，决策者评估他所遇到的情况，继而预见选择不同决定所带来的不同结果，并选择对其最有利的决定. 在这个过程中，数学的作用是构建数学模型，实现定量分析，由此提出最优的决策方法. 这在数学学科里称为最优化问题. 此处我们不会展开来讲，因为它所使用的数学方法与我们之前所遇到的并没有本质的不同. 但我们会提到这一数学发展中的杰出例子，它对资本市场的决策有重大影响. 我们指的是布莱克-舒尔斯（Black-Scholes）模型和布莱克-舒尔斯公式，它分析了在资本市场投资所带来的风险和机遇.

经济学家费雪·布莱克（Fisher Black）和麦伦·舒尔斯（Myron Scholes）在 1973 年发表的一篇论文中提出了一个数学框架，用它能够分析参与投资资本市场的风险. 他们的论文发表后不久，罗伯特·默顿（Robert Merton）也发表了一篇论文，扩展并优化了这个数学方法，使它成为股票市场中投资者手中的一个工具. 在该模型中使用的数学工具是微分方程，我们在对自然现象模型化的讨论中也用到了它，所不同的是，这里变量不是位置、能量和速度这样的变量，而是价格和感兴趣程度等，该模型被股票投资者所经常使用. 默顿和舒尔斯于 1997 年获得了诺贝尔经济学奖. 布莱特于 1995 年去世.

上述两种情况中的第二种，决策者会考虑到其他个人决策者对自己的决定的反应，他们也会借鉴别人的评估．在这种情况下，使用“最佳”这个词可能会产生误导．例如，这样的情况，几个人分别做出个人决定，而最终结果是综合他们的决定而得出的．在这种情况下如何定义最优？对于一个参与者是最优，对另一个人情况却可能正好相反．如果一个成员了解或评估了其他人的决定，那么他将面临上文描述的最优化问题．但是，其他的每一个人也都可以去评估别人的决定，并随时改变自己的选择．在这种情况下，第一个人可以根据新的情况改变自己的决定，等等．然后就不清楚什么是最佳的决定了．数学上将分析这种情况称为*博弈论*．这个过于简单化的名字很可能会造成误导，因为这个数学分支处理的是一个非常严肃的学科，对抗分析．另一方面，*博弈论*已经被公众普遍接受，在这一背景下，博弈也就意味着对抗．

我们已经描述的这种情况与日常生活中决策者之间的冲突相关，就像社会游戏中的象棋．德国数学家恩斯特·策梅洛（Ernst Zermelo，1871—1953）在1913年做出了象棋游戏中理论可能性的数学分析，他因对数学基础的贡献而闻名，其论文《象棋游戏理论对集合论的应用》中引入了该研究理论中的一个新概念，并提供了*博弈论*名字的来源．其他知名的数学家继续发展了这个领域，包括法国数学家埃米尔·博雷尔（Émile Borel，1871—1956），他在1921年引入了混合策略的概念，还有约翰·冯·诺依曼（John von Neumann，1903—1957），他在1928年证明了极大极小值定理．我们将在这一章的后半部分再次碰到这两个概念．策梅洛的论文解决了社会游戏问题，使得这一学科得到了发展，它分析了个人决策者之间的冲突，这些人指的就是个人、公司董事或者军事及政治领袖．从那时起，博弈论得出的结论被用于分析广大民众和公司的情况，以及理解动物之间的利益冲突．动物并不能意识到决策的制订，但是这个过程本身就犹如人在深思熟虑地做决定．特别是，把进化斗争本身视为物种之间的冲突有助于对进化过程进行分析．

正如在其他专业化的领域一样，数学被用于描述和解释现象，在使用前必须指定出我们要用到的数学框架．在博弈论模型中，有一种叫作*策略游戏*（我们在下一章将提及的另一种模式，即合作游戏）．这是一种几个玩家之间的游戏，每个玩家必须选择给定的可能性中的一个，称为策略．每个玩家是同时进行选择的，当每个参与者做出决定时，他并不知道其他人选择的是什么．当所有人都做出了决定时游戏结束．接下来，每个玩家收到一个“回报”，它是所有参与者决定的组合．所有玩家事先都已知道回报所依赖的策略．回报可以是货币，也可以是其他形式，假设玩家对他最终获得的各类奖励有全面的偏好. 当然策略形成模型并没有覆盖所有玩家之间的冲突. 我们将施加条件来限制数学分析，使得每个玩家面对的策略数量是有限的（仅限于讨论的目的；专业的文献还分析了无限的情况）. 在这一点上，我们的目的是对数学在概念层面可以提供的东西进行理解，并且可以用一个简单的模型来实现. 如果我们希望用这个结果来分析日常情况，则需要检查一下数学模型与这些情况的匹配程度.

即使在给出游戏定义的层面上，我们可以提出玩家可能做出的决定有“明显”属性. 例如，假设一个球员承认以下他面对的一个策略属性，策略 A 是这样的：对于其他人每一个可能的举动，策略 A 可以使他回报最高. 那么对我们来说选择策略 A 作为最优决策是十分恰当的. 在博弈论中，像这样的策略被称为优势策略. 理所当然的是，一个玩家在对抗选择中将会采取这样一个优势策略. 如果每个球员都有一个占主导地位的策略，那么我们已经“解决了”游戏. 然而，玩家不会总是有优势策略. 在这种情况下，对一个对手的动作最好的反应是通过不同的策略来实现.

另一种可能性，玩家可以选择寻找一个极大-极小策略. 换句话说，玩家可以计算出每一个策略可能收获的最低回报，并选择出这些低回报中最好的. 这个概念描述的行为，使得损失达到最小化，或反映出在最坏情况下的选择. 在许多情况下，使用这些策略并没有得到合理的回报.

在策略模式游戏的可能性分析中，普林斯顿大学的约翰·纳什（John Nash）迈出了关键的一步. 纳什被公众所熟知主要是通过传记以及后续的电影《美丽心灵》. 在传记中，希尔维·纳萨尔（Sylvia Nasar）讲述了纳什的生活史，从他于1948年在普林斯顿大学毕业，后又因患病从科研领域消失，直到他于1994年获得诺贝尔经济学奖. 在多个数学领域里都有纳什巨大的贡献. 下面的定义就是他提出的.

假设每个参与者都选择了一个对自己有利的策略. 如果在其他人的策略都保持不变的情况下，无一参与者可以通过改变自己的策略而使自己获得更大的利益，那么此策略组合将保持平衡.

提出该定义的理由是，如果参与者都统一选定一种保持平衡的策略，那么保持均衡，或者当其他玩家选择均衡的策略时，他们中的任何一方都不愿意单方面改变策略.

纳什不是凭空提出他的定义的. 完全相同的概念早在一百年前就由法国数学家和经济学家安托尼 · 奥古斯丁 · 古诺（Antoine Augustin Cournot，1801—1877）提出了，他在几个领域里对经济学理论做出了有价值的贡献. 古诺在两个寡头垄断公司之间提出了均衡的概念，即两家公司控制市场. 因为古诺是在一个相对复杂的模型中提出这一概念的，所以他的定义缺乏纳什定义的简化性和清晰性，但无可厚非，为了表示对他的尊敬，这个概念被命名为古诺-纳什均衡. 在古诺之后，又有其他人在不同的形式中使用了这个相同的概念，但最终是纳什的精确描述使得这一概念被认识并广泛使用. 纳什进一步证明了均衡性存在于我们接下来描述的框架中. 首先，我们将给出三个该均衡概念的例子，这在任何博弈论的书籍中都是公认的.

第一个例子叫作“囚徒困境”. 抛开其引人注目的名字，该故事中所说的情况我们经常能够遇到，它可能出现在贸易、经济、社会生活等领域. 这个困境是在一种合作中产生的，这个合作在一定程度上对双方都有益，如果不合作，那么将使其中一方比另一方的收益更大. 这确实是一种常见的情况，但值得注意的是，这里要求每个参与者都必须在不能与另一方有任何沟通的情况下做出决定. 故事的数学版本是讲两名嫌疑人都参与了一起犯罪案件，但是警方没有足够的证据来确定罪犯，除非一名嫌疑人能够指控另外一个嫌疑犯. 警方提出：如果其中一名疑犯指证对方，而另一名继续声称自己无罪，那么提出指证的疑犯将被判无罪，另一人将按照法律规定的刑罚被判四年监禁；如果双方都不愿意指证对方，那么警方就仍没有足够的证据破案，但是两人都将被判罚一年监禁的轻罪；如果双方互相指证，那么他们都将被定罪，但会获得减刑，各自被判三年监禁. 每一个犯罪嫌疑人都面临着两种可能性，或按博弈论的术语说，各自有两种策略. 一种选择是指证，另一种选择是拒绝指证，即否认指控. 每个人必须做出决定，但不知道对方会怎么做. 现将两人采取的策略及相应结果列于下表中.

	嫌疑人 2	
嫌疑人 1	0，4	3，3
	1，1	4，0

表中的行代表的是第一个嫌疑犯的策略. 列表示的是第二个嫌疑犯的策略. 第一行表示的是，当第一个犯罪嫌疑人对第二个证人指证时的情况，第二行则

是当他拒绝这样做时的情况. 左侧的列表示的是，第二个嫌疑人拒绝指证，并继续不认罪，而右边显示的是，他同意指证第一个嫌疑人. 每一栏中的两个数字表示，每个犯罪嫌疑人根据他们的决定被判的年数；左边的数字是第一个人的，右边的是第二个人的.

读者会很容易地看出上述表格反映出的情况. 每个犯罪嫌疑人都想尽量减少自己在监狱里度过的岁月. 当上述概念被应用时，我们很容易看到，指证对方对自己来说是优势策略. 换句话说，对于每个嫌疑人，不管对方怎样选择，指证对方都是有价值的. 特别地，每个犯罪嫌疑人都同意指证对方这个策略是均衡的. 根据我们上述对最优策略的描述，我们已经解决了这个游戏. 每个嫌疑人都同意指证对方，结果是两人都被判罚三年，如果双方都不同意指证的话，他们每个人都将被只判罚一年.

我们是否正确地解决了这个游戏？我们将回到这个问题上来，这里我们将强调，我们已经解决了这个数学游戏，但该数学游戏忽略了许多在我们日常生活中遇到的冲突.

第二个游戏被称为“*夫妻争执问题*”，两人的策略及结果列于下表中：

	妻子	
丈夫	0，0	2，1
	1，2	0，0

当时的情况是夫妻俩约定当晚一起出去. 丈夫更喜欢去体育馆看足球比赛作为他们的共同目的地，但妻子更想去歌剧院看歌剧（行表示丈夫，列表示妻子）. 两人都喜欢晚上一起出去，而不是分别去参加不同的活动. 如前表所示，每一栏中左边的数字是丈夫的“回报”，在这种情况下，用行来表示，而每一栏中右边的数字则是妻子的“回报”（用列表示）. 每个人都希望获得尽可能高的“回报”. 可以很容易看出，在这个游戏中有两种可能的结果是均衡的：要么一起去看足球比赛，要么一起去看歌剧. 数学并不能说明哪一个是更好的选择.

第三个游戏是一个常见的掷硬币问题. 一位玩家写下他选择的是正面或者反面，而不向另一个玩家透露. 第二个玩家不得不猜测第一个人的选择. 如果他猜对了，第一个玩家付给他钱，比如说，一美元. 如果他猜错了，他付给第一个玩家一美元. 对于这个游戏，用表格的形式表示出来是这样的：

玩家2

玩家1		
	1，-1	-1，1
	-1，1	1，-1

可以很容易地证明，在这个游戏中没有均衡策略. 这个游戏叫作零和博弈或定和博弈，因为付出只是从一方到另一方. 可以在表上看到，每一栏中的收益之和为零，即一方的收益数就是另一方的损失数.

我们发现在这三个游戏中，第一个有一个均衡结果，第二个有两个均衡结果，第三个中没有均衡结果. 之前给出的均衡的解释在某种程度上仍适用. 例如，在“夫妻争执问题”中，如果丈夫和妻子同意在剧院见面，那么其中一方在没有事先商议的情况下去了另一方想去的地方，这就是没有任何意义的. 博弈论没有回答歌剧或足球比赛哪个更好的问题；它本身并不评估这两种选择. 也不推荐采用均衡策略，即使它是唯一的方法. 这有一个游戏表，反映了这一点.

玩家2

玩家1			
	0，0	0，0	1，1
	3，4	4，3	0，0
	4，3	3，4	0，0

每一栏中的数字表明了回报，第一个玩家选择上面的行，第二个玩家选择右边的列是唯一均衡的策略，虽然清楚的是如果玩家限制自己选择其他的行和列，那么他们的情况都将得到改善，而且不会促使他们回到初始的策略上.

博弈论可以提供给游戏参与者另一种游戏策略——混合策略. 这是孩子们在玩掷硬币游戏时经常采用的做法. 为了防止他的对手了解到他选的是正面还是反面，他会掷一个硬币，以使得他的选择是随机的. 他的数学解释是，先不决定一个特定的策略，而是在一个对局中，根据玩家所选择的概率分布来选择策略. 在这种情况下，回报是什么？实际结果只有在所有抽签结果发生后才确定，然后才知道哪一个策略是随机选择的. 在决策阶段，玩家仅仅知道自己选择了什么样的抽签. 同样，其他玩家也是一样. 对于决定选择抽签的目的，我们确定了比赛的结果将是（在概率意义上）收益的期望，这个期望是根据玩家选择的概率得出的. 玩家最终会收到回报，这也是各种抽签的结果，假设在各种策略之间来确定抽签的阶段，玩家将会对能够取得最高可能的期望感兴趣.

我们将在下一节中来试验一下这个假设.

正如我们所说的，混合策略的概念是由埃米尔·博雷尔提出的，他也在许多零和博弈的例子中展示了如何去计算这样的均衡策略，但他并不认为这种方法可以解决所有的问题. 然而，约翰·冯·诺依曼证明，在这样的游戏中，总是可以找到均衡的混合策略. 并且如果混合策略彼此独立，那么在所有的混合策略中回报的均值是相等的，这时回报被当作游戏的价值. 这被称为极小极大值定理，因为这个策略游戏使双方分别减少了可能的损失，从而产生了一个均衡的结果. 在掷硬币游戏中，价值为零，并且孩子选择的策略，实际上就是一种均衡. 即选择正面或反面，它们的可能性相等. 约翰·纳什进一步证明了在每一个策略游戏中（即每个玩家的策略数是有限的一种游戏）都存在均衡的混合策略.

如果我们接受混合策略的可能性，那么它不仅存在均衡，而且在一定情况下，更合理的、均衡的可能性也会增长. 例如，我们解释了为什么在上述 3 × 3 表格里的均衡作为游戏的结果是不合理的，虽然它是唯一的均衡. 如果我们允许混合策略，并假设玩家想要得到最大限度的预期回报，就会出现一个新的均衡. 这包含了当每个人都选择了其他选项中的一个，也就是说，表格中比第一个玩家更低的两行，第二个玩家左边的两列，这就伴随着均等的可能性.

由此可知，我们在面对一些问题时，例如一个玩家收到的实际支付是多少，嫌疑犯被判处的监禁年数，你能得到的东西有多少，等等，通过使用混合策略，可以确定其最终结果是几种实际可能发生的结果之一. 在接下来的三章中，我们将讨论人们对于这种不确定情况的态度，特别是对抽签如何使用的态度.

有时建议寻找一个平衡策略会造成不安，例如“囚徒困境”的案例. 在抽象的层面上，我们同意，如果一个参与者有优势策略，他将使用它. 然而，在类似的日常情况下，我们发现合作是值得的，而不是去选择一个优势策略. 在日常生活中，像这样选择的原因在我们有限的模型中不能够得到反映. 例如，我们的模型没有考虑到被判入狱多年的嫌疑犯的朋友可能会因其背叛行为对他做出什么. 事实上，这个例子很明显地说明了这个数学游戏缺乏一些决策者需要考虑的非常重要的因素. 研究人员意识到了这方面，并提出了新的模型，这里考虑了表格本身之外的因素. 其中一个模型允许有无限或未知重复次数的游戏，使得每一个嫌疑人都将考虑到其他犯罪嫌疑人未来的决定，决定包括目前合作所缺失的互相间的报复. 对如此重复游戏的分析，是授予来自耶路撒冷的希伯来大学的数学家罗伯特·J. 奥曼（Robert J. Aumann）2005 年诺贝尔经济学奖的理由之一.

博弈论的概念已深入到了其他领域，如经济学，通过市场使得不同产品的价格保持均衡从而进行资源配置. 提出了这样一个模型的是我们前面提到的阿罗，以及来自加州大学伯克利分校的数理经济学家吉拉德·德布鲁（Gérard Debreu，1921—2004），他获得了 1983 年的诺贝尔经济学奖.

作为这些结果的发展，均衡的概念和在博弈论中发展的其他概念一样，比如零和博弈，都成为公众话题的一部分，虽然参与讨论的人并不总是能够得出相应的结论. 例如，个人或企业签署协定，如果违反协议将受到相应的处罚. 处罚的结果是由法院强加的，如监禁或罚款，或是抵押. 在没有任何惩罚或预期的侵权惩戒时，协议只不过是一个意向声明而已，一旦一方认为即使受罚也划算时，那么协议将会被打破. 因此，在没有惩罚制度的情况下，如在许多国际协定中，协议各方应尽可能使协议本身具有纳什均衡的性质. 也就是说，协议的任何一方都不应单方面违反协议. 尽管这一基本要素来源于博弈论，但是政客们在签署协议时，有时是关乎命运的协议，都不考虑这一点.

我们所分析的模型只是博弈论所提出的众多可能性中的一种，用以反映和分析情况，即在对抗或与我们利益相冲突的其他人的合作中做出决定的情况. 一个基本的模型是合作形式的游戏. 我们不详细说明这种方法，只是说明游戏的结果不是由参与者所采用的策略决定的，而是由他们合作后的回报决定的. 不同的合作形式会产生不同的分配，也就是财富. 例如，理论研究表明了什么是稳定的决策，即不会导致合作瓦解的决策；还表明了如何去测量一个基于不同合作形式的参与者的优势. 该理论被约翰·冯·诺依曼和他的同事奥斯卡·摩根斯特恩（Oskar Morgenstern，1902—1977）所扩展. 他们在 1944 年出版的《游戏与经济行为的理论》一书中发表了该理论的主体部分. 在此之后，合作游戏理论逐渐被增添和完善. 我们或许可以看到冯·诺依曼自己对这一理论的看法：为研究人类行为而建立的数学分析，就如同为探索物理世界而建立的微积分一样，是件很正确的事. 尤其，冯·诺依曼并不是很热衷于策略性游戏. 而在最近几年，策略性游戏似乎变得更具吸引力了，此外合作游戏模型，包括依赖于合作游戏理论的市场设计，（回忆上述提到的诺贝尔奖获奖者罗斯）更是没有被遗弃，而且还可能成为一个成果丰硕的研究领域.

数学在分析我们解决的这种情况中起着至关重要的作用．但却不像自然科学中的数学那样，可以预测可能发生的事，在冲突的情况下，决策者应用的数学并不能明确可能会发生什么，也不会建议你如何行动．目前的模式与对我们现实生活中的对抗的精确描述相差很远．这个数学模式的产品是由概念或方法构成的，它使得决策者更好地了解其面对的情况．有时数学可能会给出一种方法，从而得到一个标准，用来描述“所有情况中最好”的情况．数学有时也可能暗示模型中的哪一个特征限制了决策者，如果可能的话，会相应地改变游戏规则．上面的分析是基于一种假设，即参与者都是理性的，他们的行为都是为了达到最好，当然这是基于自己主观偏好中的最好．决策者（包括个人或是国家领导者）实际上能否采取理性的态度是一个重要的问题，我们将在接下来的章节做出解释．

48. 期望效用

本节是有些技巧的．目的是为了描述人们是如何理性地接受抽签这种想法的，因此我们能够在下一节中看到，当凭借直觉的时候他们不会这样做．

博弈论允许决策者根据自己的主观喜好来行动．在混合策略下，即使用抽签作为一种做决定的方式，其主体性也可能反映了做决策者对于抽签的态度．不过在之前的小节中，我们假定对于每一位玩家来说预期的回报决定着抽签的价值．这个假设并没有实际的影响．有些人坚信运气总是让自己失望，因此他们不赞成预期的回报决定着价值．另一些人则喜欢冒险，对于他们来说抽签的价值超过预期的回报．

约翰·冯·诺依曼和奥斯卡·摩根斯特恩在他们共同出版的书中研究过这个问题．他们提出了下列的解决办法．在不改变之前所设置的预期条件下，试图用其他数值去替换游戏表格中的回报．换句话说，约翰·冯·诺依曼和奥斯卡·摩根斯特恩称抽签的价值为抽签的效用，它将会成为新的预期回报．毫无缘由，总是能够发现一些数字，其期望能反映出玩家对于抽签的偏好．然而，约翰·冯·诺依曼和奥斯卡·摩根斯特恩证实玩家的行为是根据一些简单的特点来进行的，每一个人都能够欣然接受这些特点，并有可能会找到这样的一个效用．我们一开始就注意到人们的表现与约翰·冯·诺依曼和奥斯卡·摩根斯特恩所认为的特点并不一致，这个我们将在下一节讨论．但是如果我们用一个抽象的理性态度来检验这些特征，显然他们描述的是我们应该如何管理自己. 在我们的讨论之中，依照希腊数学中公理的特点，它们应该是如下这样的.

1. 玩家知道他的任意两个可能的回报中哪一个对于他来说是更可取的，包括被抽签确定的那一个，或者他能够决定它的公平性. 这个关系是有传递性的，也就是说，如果选项 A 比选项 B 更可取，选项 B 比选项 C 更可取，那么选项 A 比选项 C 更可取.

2. 如果在某一个确定的抽签中，一个玩家被提供了为另一个更可取的回报而改变的可能，他将会接受这个可能.

3. 抽签的方式，即概率形成的方式. 只要概率不改变，就不会影响抽签的价值.

4. 对于三种可能的回报，A 比 B 可取，B 比 C 可取，这就产生了一个实证概率，我们用 p 表示，并且这个概率可能会非常小. 得到 C 的概率为 p，且 A 的概率为 $1-p$，这比得到 B 的概率更可取.

这个公理确实令人信服. 对于不迷信的人来说，没有理由不去接受第二、第三个公理. 第一个公理在理论上是正确的，但不具有实践性. 然而，约翰·冯·诺依曼和奥斯卡·摩根斯特恩建议计算新的效用的方法，如果存在的话. 第四个公理也是合理的. 对于任何声称有强烈愿望得到回报 C 的人来说，他没有准备承担得到 C 的概率仅为 p 的风险. 我们指出他确实离开了家，乘小汽车或者火车，甚至是偶尔乘飞机去旅行，尽管这些活动是有风险的，虽然很小但毕竟不是0，他仍将有可能遭受严重的甚至是致命的伤害.

一个实用程序具有我们所提到的性质，也就是说，这个实用程序是被期望的实用程序，它是以发明人的名字所命名的，即冯·诺依曼-摩根斯特恩效用. 就像所陈述的那样，如果满足这些公理的条件的话，约翰·冯·诺依曼和奥斯卡·摩根斯特恩的效用就是存在的. 对于一些人来说改变真实回报的概率，比如新的期望反映了抽签的价值，事实上，在第39节的圣彼得堡悖论中丹尼尔·伯努利（Daniel Bernoulli）就提出来了. 伯努利对悖论的解释是，非常大的金钱回报并不能反映出它们的实际价值，但是能反映出其他的价值，这被伯努利称之为效用. 这个效用有一个功能，就是当金钱的数量持续增长的时候，它可以增长得非常慢. 按照伯努利的观点，在圣彼得堡悖论中抽签的价值应该由期望值所估计. 这也就解释了为什么人们不会花费大量的精力在抽签上.

49. 决策的不确定性

在本节我们将集中于讨论这样的问题：人们如何在不确定结果的情境下做出决定. 类似问题我们曾在40、42、43节中讨论过. 在本节中，我们继续讨论这个常见的问题：在没有进行数学分析的情况下，我们是怎样凭直觉做出决定的. 通常来说，我们做的决策与运用数学和有序逻辑分析所推导出的结论并不总是一致的，这一点不足为奇. 现在我们将试着去理解这其中的原因. 但是一些问题仍然是无解的，比如：数学是否能够发展到可以去描述人类一些不理性的行为？理性是一种能够通过教化而形成的表现吗？如果可以，这样做是否是值得的？当面对真正重大的问题时，决策者的行为是否是理性的？

在我们宣称某一行为是不理性的同时，我们还需要说明其中的含义. 俗话说：仁者见仁，智者见智. 所以贸然地说伤害自己或者故意丢钱就是不理性的行为，这样的判断其实是错误的. 人对自己资产的欲望属于个人主观特征. 所以说如果有人憎恨金钱而将其故意扔掉，那么这种行为对他自己来讲就是合理的. 同样地，伤害自己也可能是理性的行为，假如他本人不得不这样做的话. 一个用于描述真实主观倾向的常用短语具有*显示性倾向*，即你的行为透露着你的喜好. 所以根据这种思路，从你自己的角度来看，你做的每一件事都是合理的.

而我们这里要分析的不合理性是与之不同的. 有时我们发现一个人的行为偏离了基本的假设或公理，这些公理可能不是主观的或是决策者所赞同的指导方针. 然而，他们总是违背这些公理去表现，这是为什么呢？我们认为对于这种不合理行为的原因是出于进化的. 我们思考和反应的方式是经过数百万年的变革所塑造的，进化给我们带来了做决策的方式，而这些决定一般都是非理性的. 这些行为背后隐含着一种逻辑，而且我建议将这样的行为描述为*演化理性*. 在许多不合理行为的案例中，我们可以发现这些潜在的演化理性.

在不确定性和做一般的决策这样的背景下，理解人类行为方面，两个主要贡献者是阿莫斯·特沃斯基（Amos Tversky）和他的同事丹尼尔·卡尼曼（Daniel Kahneman），他们在耶路撒冷的希伯来大学开始工作，并继续在斯坦福大学和普林斯顿大学工作. 卡尼曼在2002年获得诺贝尔经济学奖，他与特沃斯基的合作在诺贝尔奖评审委员会的引用中被提到（特沃斯基逝世于 1996 年）. 在这里我们不总结阿摩司 · 特沃斯基和丹尼尔 · 卡尼曼以及其他人的发现，但是我们可以引用一些例子.

我们从 1998 年诺贝尔经济学奖获得者法国人莫里斯 · 阿莱（Maurice Allais，1911—2010）所得出的结果开始. 阿莱完成了一个比较容易再现的实验，并且在笔者的几次演讲中也使用过. 这个实验表明我们容易赞同的行为背离了合理性的基本原理. 为了理解对于理性的偏离，我们将会讨论一些抽象的例子. 一个人被要求在如下两个选项中做选择.

1. 抽签决定得到礼物 A 和礼物 B，而得到礼物 A 的概率为 75%，得到礼物 B 的概率为 25%.

2. 抽签决定得到礼物 A 和礼物 C，而得到礼物 A 的概率为 75%，得到礼物 C 的概率为 25%.

另外我们知道这个人相对于礼物 B 来说他更喜欢礼物 C，那么他会选择这两个选项中的哪一个呢?

一个理性的人将会选择第二个选项，虽然不是所有人但是大多数人都会这么做. 例如，我们并没有说，C 代表了一种更有价值的资产或更多的金钱，因为决策者的倾向可能就是想失去钱. 我们仅说明了按决策者的倾向选择排序，C 高于 B；换句话说，在 B 和 C 之间他会选择 C. 这就是在前一节中冯 · 诺依曼和摩根斯特恩的第二条公理. 如果我们改变决策者的现状，将碰运气的部分合为一体，而不恶化其他的部分，一个理性的人将会选择这个改进了的回报. 注意我们没有讨论有关碰运气的期望的注意事项. 我们所提到的礼物可能没有数值的测量. 阿莱发现的行为偏离了我们所描述的理性选择. 他的例子如下.

一部分人被要求在下列两个选项中做出选择.

1. 抽签决定得到三千美元和零美元，有 100% 的概率得到三千美元和有 0% 的概率得到零美元.

2. 抽签决定得到四千美元和零美元，有 80% 的概率得到四千美元和有 20% 的概率得到零美元.

同样地，人们还会被要求在下列选项中做出选择：

3. 抽签决定得到三千美元和零美元，有 25% 的概率赢得三千美元和有 75% 的概率得到零美元.

4. 抽签决定得到四千美元和零美元，有 20% 的概率赢得四千美元和有 80%

的概率得到零美元.

（我们将100%的概率放在第一个选项中是为了强调在例子中并不是一定会赢得三千美元，事实上，零概率的事件也是有可能出现的.）大多数被调查者会选择前两个中的选项1，后两个中的选项4．按照偏好原则，我们无法决定哪一个更好，而且我们也无法推测说和我们选择不一样的人是不够理性的.

这就是令人感到惊奇的地方．那些选择选项1和选项4的人，没有选择我们上述认为的更好的选项，也就是说，在前面介绍的抽象的例子中选项（ⅱ）是一个理性的选择．同样地，在具体例子中选择选项2和选项3的人也偏离了我们所得到的结论．我们强调选择选项1或选项2是合理的，但就我们所得出的结论而言，选择选项1和选项4反映了不合理性．我们的争论在某种意义上来说，选项3由选项1的25%概率和得到零美元的75%的概率组成，选项4由选项2的25%的概率和得到零美元的75%的概率组成．因此，如果你相比于选项3更喜欢选项4的话，那么你一定相比于选项1更喜欢选项2．一个人能够尽量通过声称这个例子是令人困惑的来辩解这种理性的偏离．计算是复杂的，所以对决策者来说解释与他理论上认同的原理的偏离是困难的．这个论据并没有解释参与者为什么一直选择选项1和选项4.

然而这种趋势是有理由的，依笔者看来，肯定是与表示概率的数字相关.在第43节中我们讨论了进化论让我们忽略了小概率的事件．根据进化论观点它是完全合理的，并且它帮助人类和其他物种得以继续生存在变化的世界中．选项1和选项2之间相差的20%，可能会使大多数调查者不会冒险去选择有80%的概率得到四千美元的选项2，因为他会有很大的概率获得三千美元．在选项3和选项4之间似乎只有5%的风险是合理的，因为在直觉上只有5%的概率是可以被忽略的．直觉无法领会数学的真相．从做决策的方面来说，这里的5%的概率等同于其他选项中20%的概率.

进化的合理性不断出现，其低估了小概率事件的重要性．在非理性行为中涵盖所有方面是困难的，但是它和数学计算之间的矛盾却一次又一次显露出来.例如，一个人在两个试验中选择一个，试验一有60%的概率成功，试验二是同样的试验独立地重复5次（一共执行6次），每次成功的概率是90%．如果这个选择发生在数学的情景下，也就是说发生在概率论的课堂上，大多数人将会进行计算，我们会发现0.9的6次幂比0.6要小，所以会选择第一个试验．如果这个情景和概率事件被描述，并且所需要的数学练习被强调，那么结果往往会趋向于第二种重复试验. 同样地，如果在两者中做一个选择，即是去克服一个障碍几次，每次失败的概率会很低，还是克服一个有很高失败概率的障碍一次，那么不经过任何的计算，大多数人凭直觉可能会选择第一个.

忽略了小概率事件发生的可能与人们在知道赢的概率非常小（甚至是微小）的情况下还在一直买彩票和进行运动赛事赌博这两点之间是互相矛盾的. 大体上，解释就在对于彩票的态度上，即是想冒险尝试还是不想冒险，并且这些会在不同的情境中以不同的形式出现. 一个理性的人去买彩票可能是因为预计的损失相对于能够赢得的奖金来说是非常小的，或者是因为那种直到幸运数字被宣布的那一刻才会体验到的赢钱的良好感受. 同一个人可能不会将他所有的财产都赌在一张彩票上，即使他所能得到的奖励可能是此数字的数十万倍. 不想冒险和想要冒险与理性行为都不会产生冲突.

在另一些情境中，人们的行为和对事件概率的评估结果与数学逻辑之间产生了矛盾现象. 卡尼曼与特沃斯基在 1980 年的实验中发现了下面的结论. 实验中，首先向一部分人单独提问：预估 2018 年俄罗斯与美国外交关系破裂的概率；同时再向另一部分人提问：如果 2018 年俄罗斯与乌克兰产生矛盾，美国干涉，预估俄罗斯与美国外交关系破裂的概率. 数学逻辑表明，方案一的概率比方案二大. 而经验表明人们认为第二种方案的可能性更高. 这个解释依赖于人们判断的方式. 第二种貌似有理有据地提出了实际的方案，而第一组则没有提出清晰的方案. 更多现实的声音克服了逻辑，进化的理性克服了理性. 卡尼曼与特沃斯基将导致这些偏差的原理叫作可得性启发式和再现性启发式. 由此导致的偏差在其他领域中也能够被看到.

在接下来讲的几个例子中，我们会看到，不确定因素是受偏见所影响而不一定受逻辑和数学争论所影响的. 之前我们看到在《圣经》时代和古希腊时期，为了达到公平的效果，至少感觉上是合理的，人们就被推荐使用随机事件. 我们不知道公众如何看待这种方法中的公平. 在现代，这样的方式在学术意义下并不是总能够做出合适的处理方法.

作为一个公平的军队征募新兵的手段，抽签一直被包括美国在内的几个国家长期使用. 在 1970 年越南战争的召募中，通过抽签，谁的出生日期在给定的范围内，谁就被征入伍. 这个结果引起了整个被选者的强烈反对. 这个系统是将所有出生日期的纸条放在第一个容器内，1 ~ 365 这些数字被放在第二个容器中，然后一个接一个，带有日期的便条从第一个容器中抽出，带有数字的便条从第二个容器中抽出．数字决定了抽出的顺序．例如，从第二个容器中抽出数字8，那么从第一个容器中所抽出日期出生的人所在的名单中的第八个被选中，等等．直到抽出所要求的人数为止．那些大数字明显不能够被抽出．不但只使用一个容器抽出出生日期，而且还认同抽出的顺序，这样做的理由似乎与《犹太法典》和它的注释中的理由相同（见第36节），这个方法更容易建立起公平性．1970年抽签的成果为此系统的评论家提供了基础．我们在下表中给出每一个月出生的新兵的平均数［日期来源于1971年1月的《科学》杂志中史蒂芬·费恩伯格（Stephen Fienberg）发表的文章］．

月份	平均数
一月	201.2
二月	203.0
三月	225.8
四月	203.7
五月	208.0
六月	195.7
七月	181.5
八月	173.5
九月	157.3
十月	182.5
十一月	148.7
十二月	121.5

因此，比如，通常在征募名单中那些出生在一月份的人平均有201.2个，而在十二月份出生的人平均有121.5个．上半年出生的人更多．一整年的平均位置位于一年天数中的一半，也就是说是183天．此名单明显地表明，在名单中出生在八月到十二月的平均位置是157，显然低于那些出生在一月份的人，大约203，也就是意味着那些出生在八月到十二月的人更有可能被抽中．

这意味着此过程是不公平的吗？不一定．此偏见在于便条是如何被放到容器当中的这个细节，这一点我们现在不深入探讨．然而，在便条被抽出之前，所有的月份被抽出的概率是一样的．数学上声称公平和平等，但这并没有起作用．这个结果导致了此系统的随机性受到了批判．虽然人们在1971年尝试改变它，但是对于此系统的强烈反对是导致取消这种强制征兵方式，而由专业士兵组队的因素之一．

另一个例子是关于投票方式的，收集关于吸毒者、酗酒者、逃税者的可靠数据是困难的．人们不会相信他们的回答会被保密．布朗大学和斯德哥尔摩大学的托雷·戴伦纽斯（Tore Dalenius，1917—2002）是心理学领域的拓荒者．他在设计投票调查的时候，提出了一个克服这种不信任的方式．假定这个问题是你是逃税者吗？在回答之前，应该让人们秘密地在红色和黑色中抽签，红色和黑色各占51%和49%的概率．如果红色出现，他给出正确答案；如果黑色出现，他说谎．个人信息不会被泄露，即使税务机关也不可以取走该信息．但是对于更多的人来讲，51和49之间小小的差距足够得到可靠的数据．此统计的合理性不会被大众所信服，那些被要求参与此问卷的人也不会相信这种方式．

这里还有一个例子是关于缺少对基于随机性做决定的理解．在选举以色列的议会议员时，投票方式是选举者把带有所选党派名字的便条放在信封中，并密封．即使他们是一个党派，在信封中也放了不止一张便条，如果他们是不同的党派，则单独放置．这就导致该信封不合格，而且投票也被破坏了．有时，对于以色列的投票者来说，决定去给哪一个党派投票是困难的，在这里我们不详述原因．而且，如果这个制度是投票者将5张便条放到信封中，一些投票者就会将5张代表同一个党派的便条放到一个信封中．其他人可能按照他们的选择和偏好，将三张便条投给同一党派，另外两个党派则各放一张便条．这从概念上的观点来说是有逻辑性的．选举决定了议会的成员，大多数的投票者不会将所有的信任都给一个党派，或者他们更喜欢将权利让两个党派平分．但是这种分开的投票是不被允许的．在几场选举之前，笔者向那些喜欢分开投票的人提议下列的步骤．假设你要分开投票，那么将你的选票的三分之一投给一个党派，三分之二投给另一个党派．为你最喜欢的党派中拿出两张便条，第二喜欢的党派拿出一张便条，将这三张混在一起，放在背后，不看着随便抽取一张放到信封中．然后不看另外两张便条将它们扔掉．用这种方法，你不仅将你的选票以你想要的比例进行了分配，而且，最后你所拥有的信息只是关于你所选择的分配方式，而对其他信息则一无所知．

如果有人问你给哪一个党派投票，你可以回答你是分党派投的，也是以概率来分党派的．主观上，你分开了你的选票，这里主观这一点是重要的，因为在很大程度上，去投票的原因是主观感觉．如果你知道你的投票并不会影响结果，那就不用麻烦了．一个有天赋的记者听了笔者的主意，将它发表在报纸上．在选举那天之前笔者被邀请参加一个电视节目接受一次小采访，期间还解释了自己的想法．（那个时候在选举之前政客不允许接受电视采访，所以电视台只能请数学家.）其反响是惊人的. 积极的方面是，笔者收到了许多的赞美. 好多朋友，还有之前不认识的人都告诉笔者他们采用了我的方式. 另一方面，也有很多反对的人. 一个听众给电台打电话并生气地抱怨说："万一我的票投给了我讨厌的党派了怎么办?"（他甚至说出了党派的名字）. 他显然没有完全理解这个系统，特别地，投票者自己决定投票的比重，你当然也可以把你不喜欢的党派排除在外. 另一个熟人是一个党派的积极分子，她反对这个系统并谴责笔者，"这是用抽签的方式去决定领导者." 对她来说，任何依靠随机性的决策都是不合适的.

50. 演化理性

我们将进一步对于人们如何做决定进行分析，而不仅局限于在任意的情况下. 这里我们看到了进化对我们的决定方式和行为方式、大脑如何思考和分析方面的影响. 决定不会总是理性的，但我们能够意识到演化理性. 在这节中我们将再一次受益于卡尼曼与特沃斯基以及那些根据人类思维方式制订策略的人所做的贡献.

这里是对一个趋势的描述，卡尼曼与特沃斯基称之为锚定效应. 一个标有数字 1~100 的轮盘赌，在一群人面前转，很明显球落到哪一个数字上是任意的. 例如它落在 80. 然后人们会被要求估计某一地理位置（如印尼的爪哇省）的人口数（以百万计）与轮盘赌上球落下的数字相比哪一个大. 换句话说，这个地区的人口总数是比 8000 万少，还是多. 我们会选择一些人们听说过的地方，但是我们不一定知道问题的正确答案. 他们的答案是按照自己的方式所进行的合理的估计或猜测. 在第二种情形中，还是这些人，他们被要求给出一个省份的人口总数. 答案又仅仅是一个聪明的瞎想. 但是一个令人惊讶的事实出现了. 第二个问题中人们所给出的答案是受第一轮轮盘赌中的数字影响的. 换句话说，如果轮盘赌上出现的数字比较高，比如 80，那么人们所猜测的数字就将比轮盘赌上出现的数字低，比如 2. 尽管所有的参与者都看见并且坚信轮盘赌上的数字出现是随机的. 但是当第一次被问到人口数时所暴露出的特殊数字确实会被人们对人口的猜测有影响.

锚定效应可能被看作是非理性的. 一个不相关的因素不会对事件产生任何影响，这一原理可以被任何一个理性的人所接受. 辨别出什么时候是相关的，什么时候是不相关的并不容易．但是轮盘赌上出现的数字肯定与人们所估计的任何地方的人口数无关．然而事实上轮盘赌上出现的数字确实有影响．这并不令人惊讶．这个结果影响着演化理性．做决定的人没有时间“浪费”在分析什么是相关的，什么是无关的，并在这样的分析之后忽略无关项．我们已经说过人们的大脑无法考虑强加的条件和原理，也无法从逻辑上检查哪些相关，哪些不相关，寻找与决策有关的数据，并依据它们做出决策，而不去考虑二者之间的相关程度．大多数情况下，这个系统显然是更有效的．因此，通过人类行为的演化，它变得更加根深蒂固．

以上的例子显示的是当一个动作或决定做出时大脑的运行结构．大脑并没有仔细地检查它所持有的信息的关联性和逻辑影响，就完成了对情况的处理．当我们将直觉上给出的答案与通过计算得到的答案进行比较时，我们看到了第42节中关于此类分析的其他例子．虽然问题缺少必要的解决信息，但是那些人凭直觉回答问题的时候并不知道这一点．大脑就是以这样的方式来解决问题的．

下面是有关于大脑不经过任何的逻辑检查，而知道内容的又一个例子．试着改述下面的句子．

即使是较小的头部伤害也不能够被忽略．

大多数人都明白这句话叙述的意思是，每一个头部伤害即使是很小的也应该被治疗．推敲这句话的相反面，没有头部伤害需要被治疗．是什么产生了这种困惑呢？首先，让我们回到第5节，大脑对于句子中的否定词会忽略，如“忽略”“不能”等，于是在分析时就会产生难度．与此同时，大脑还是能够辨别这句话中所要求的内容（不是意思），因为它能够懂得这样的头部受伤害的警告信息．因此，大脑能够将信息的一般情景与已知信息结合到一起，从而省略了逻辑分析，演化理论造就了这种反应．

决策的另一个特点是和大脑的结构相关的．大脑不能够没有偏见地去分析问题．当一个人面对问题时，会立即产生偏见，有时依赖于问题是怎样用言语表达的，或者信息是如何被提出的．因此一个病人对于医生说有80%康复的机会与医生说有20%的机会一直生病下去的反应是不同的．理性的思维可能会意识到80%的成功概率和20%的失败概率是一样的．只用演化理论的方式去分析将无法意识到这种等值关系．我们不必在每一个例子中都用这种理性认识去比较和分析，因此我们坚守大脑中已有的概念和态度直接去判断．人类能够没有偏见地检验一个问题这种想法是不对的．

一段时间以前，一位以色列的原国内安全机构的负责人表示，一个经由警察局到国家公诉的犯罪案件在犯人是否应该判刑方面不应该总是依赖警察局的建议. 这位负责人认为，国家公诉部门应该根据掌握的资料自己做出毫无偏见的决定. 这位负责人显然没有意识到世界上是没有毫无偏见的事情的. 如果一个警察没有给出关于嫌疑人的检查方面的观点，国家检查部门就会依据媒体报道产生出不同偏见，而这些几乎都不缺少权威性.

另一种来源于进化的行为模式是*不相信别人告诉你的话*. 我们中的大多数人都遇到过这样的情况，我们亲眼看见的事件在报纸上被报道得并不是很准确和可靠. 但如果还是在这张报纸上，当我们读到另一种我们无从考证的事，就会相信报纸上所写的内容. 理由同样还是演化理性. 怀疑我们所被告诉的是无效的，甚至有时是荒谬的事情.

这里有一个实验的描述，虽然它说明不了太大的问题，但却是一种有趣的行为模式. 一组猴子被放在笼子里，里面的一个杆子上放了一根香蕉，当一个猴子爬上杆子去拿香蕉时，所有的猴子将会遭受一次小电击. 不久它们就了解到什么时候它们会感受到电击，并且当一个猴子去拿香蕉时，其他的猴子就会阻止它，然后这个猴子又被另外的一个猴子代替，并立刻爬上杆子去拿香蕉，其他的猴子则阻止它以免遭受电击. 一会儿，用另外一组猴子做同样的实验，同样的结果出现了. 这组猴子的新成员去拿香蕉时也被其他这样做过的猴子阻止了，那些打它的猴子是那些之前拿香蕉的猴子，这样重复几次，笼子里的猴子再也没有遭受到电击. 即使当电流被断开后，无论什么时候只要有猴子表现出想要爬上杆子拿香蕉，都会被其他猴子打.

在人类社会和动物群体中这样的行为很容易被看到. 这种性质是演化的结果，一个将他所有的精力都放在检验他父母和老师给他的建议和行为上的孩子将不会有出息. 虽然科学允许，甚至可能要求，每一个科学理论都要被用钻研和怀疑的眼光看待，每一个结果都要被检验，甚至在数学上也是如此，但是这样的怀疑和检验不是学生和研究者练习的一部分. 这就是被我们基因所根深蒂固的演化理性，它当然也是我们日常生活的一部分. 然而，这样的行为给人类社会带来了许多严重的弊端. 很显然，相信我们所被告诉的这一策略的进化比其缺点更有价值.

另一个根植于我们大脑的模式是“*是什么*”和“*将会*”. 默认系统不相信任何的预言，特别是关于未来的改变和世界末日的预言. 理由仍是源于进化. 在可能发生的事情上花费时间和向着有意义的事情去做意味着进化所需. 正如我们之前所提到的假设，要是能长鳃恐龙就不会灭绝了. 我们一直在按照默认的方式来行事，这就能解释为什么我们会对每次突如其来的改变表现得如此手足无措，虽然当改变发生时，我们很容易能看到它们本来是能够被预见的.

另外一个来源于进化的偏离理性的模式能够在 1982 年古斯（Güth）、施密特伯格（Schmittberger）和施瓦茨（Schwarze）所做的实验中看到. 两个决策者必须用下面的方法将一百美元分开. 第一个人，我们称之为 A，他必须决定一百美元自己留多少，给 B 多少，但是前提条件是他必须给 B 至少一美元. B 可以接受也可以拒绝. 如果 B 拒绝的话，他们谁也得不到. 必须向 A 说明，他只有一次机会，实验不重复，而且重要的是两人都不知道对方是谁，一定会对双方都保密. 对于 A 来说拿出多少给 B 合适呢，而 B 又将会做出什么反应呢？问题的第二个部分有一个非常明确的、合理的答案（假设 B 接受了钱而不是拒绝的话），A 提供给 B 多少美元，才是 B 可以接受的. 因此，假设 A 给 B 一美元. 这个争论是明显的，且是基于理性的，即选择对自己更好的原则. 但是实验的参与者所表现出的不同并不令人惊讶. 一般情况下 A 都会提供给 B 四十到五十美元，而 B 通常会在少于四十美元时就拒收，参与者给出的解释是有关于公平和公正的. 经过进化，对正义的追寻是与生俱来的，正义感甚至在远古时代就存在，就像我们在第 3 节后面提到的那样. 对正义和公平的依赖反映出的是演化理性而非逻辑理性.

有时并不理性但却能反映演化理性的性质的是财产保护，也就是说，保护所取得的财产. 这种趋势一定会发生在演化过程中，为了生存，私有财产是最基本的. 丹尼尔·卡尼曼和他的同事针对此做了一项实验. 两组人都被给出两个选择，即一个是价值十美元的杯子，一个是十美元. 第一组人是在二者中直接选择，第二组则是当他们在走廊时，将会收到一个杯子作为礼物，接下来他们将收到十美元来交换杯子. 事实上杯子已经是第二组的财产了，而这一点严重地影响着他们的选择. 想保存他们的财产的潜意识反映了演化理性，并克服了简单的逻辑和数学理性. 关于这个主题读者将会发现更多的例子和讨论.

最后我们回到之前章节所问到的问题. 人类行为经常在某种程度上偏离理性的行为，而通常意义上人们普遍接受的是基本假设矛盾. 即便如此，数学能够用来描述人类行为吗？在数学归纳法的帮助下，基于其他的基本假设，我们可能提出一个理论去理解和分析人类的行为吗？依笔者看，答案是肯定的，这个理论的基本原理是来源于人们在演化过程中所表现出的特点.

人们能够被教导出理性的表现吗？也就是说在实际行为时履行了他们所认同的原理. 如果是这样的话，那么这样做值得吗？对于这两个问题，笔者给出的答案同与贝叶斯定律有关的问题的答案相似：当遇到与演化理论矛盾或不值得做的事情时，是不可能将理性的行为灌输到大脑中的. 通过进化形成的行为优势仍然存在，不过，有很多情况是在做出理性决定时十分重要的，而且对决定的结果有重大影响，如果决定依照的是演化理性而不是逻辑理性，可能会造成很大的伤害. 在这种情况下，花费时间去寻找理性的解决方法而不是依靠直觉来做决定.

最后，我们想说，决策者对于关键的决定是否是依照直觉做出的呢？或者我们是否能够相信一个人在说话和做事的时候，他已经进行过数学分析并做出了决策？比如说，当一个领导者手握一场战争的决定权时，我们能否指望他客观冷静地做出决定？他的决定会带有个人偏见吗？回归到我们每个人的视角上，又是否会认为那是理性的决定呢？这似乎更像是一个开放性的问题.

第七章

计算与计算机

- 为什么它叫作算盘?
- 织布机对计算机领域做了哪些贡献?
- 世界需要多少台计算机?
- 你怎样通过数独来赢得一百万美元?
- 在国家彩票中获奖数字是怎样被编码的?
- 计算机能思考吗?
- 计算机能模仿人类吗?
- 遗传学和数学计算有什么相同之处吗?

51. 计算数学

在古代的亚述、巴比伦和埃及，数学仅是用来处理计算的. 建筑、农业、贸易等行业都需要这些计算. 如前文所述（见第 6 节），没有证据表明当时的数学家曾投入时间和精力去系统地阐述和记录他们解决问题的方法，但可以确定的是，他们对此很熟悉，并能通过类比一个问题的解决方案去解决一个相似的问题. 他们通过在泥土或者纸莎草纸上记录下已解决的具体问题来传递知识. 成千上万的陶片和大量的纸莎草得以保存下来，它们记载下了庞大的知识累积，这已经被证实. 它们展示了多种不同类型的数学计算的实例. 例如，一些被发现的陶片上铭刻着与现在所使用的相似的乘法表. 其他碎片还包括一列数字被分解成它们的因子等. 一些实例清晰地表明它们曾出现于当时的数学课堂教学中，另一些显然是被建筑者或商人使用，或者说是数学家们仅仅为了他们自己的乐趣而进行计算. 计算系统的发展，包括选取一组基表示数字，它们简化了数字的书写和计算，但并没有证据表明人们曾就这种方法本身以及这种方法与计算间的关系展开过讨论. 为了解决一个新的问题，使用者必须在以前解决问题的总结中类推. 这种计算文化不包括能帮助使用者解决新问题的抽象公式和一般方法．那个时期的数学家不能处理数学计算的事实也说明了当时的人们并不强调精确的解．另外，许多古巴比伦的记录中有习题练习和因式分解练习，其结果仅仅是正确答案的近似值．近似值对于解决现实问题已经足够用了，但是它并不满足数学精确度的标准．我们之前就已表明，这种对于精确度的需求并不使我们惊讶．概括来说，它本身不是进化带给我们的特征，因此它不是自然属性．总结和抽象在很长一段时间之后才有结果，直到古希腊时期人们才认识到精确度的重要性．

古希腊人把数学作为一种表达自然规律的方式，并坚持通过证明、推证规律等手段来发展数学学科，同时他们也并没有忽略数学计算．他们在发展计算方式上做出了巨大的努力，并且意识到将它们公式化和记录下来的重要性．另外，他们从不犹豫发展新的数学来提高计算效率．我们将举出两个例子．

第一个是三角学．一个圆的弦的长度与它的半径的关系以及这种关系在几何作图上的使用归因于米利都的泰勒斯（Thales of Miletus），从那时起，人们对几何学中圆和它的弦的研究有了很大的进步．后来，角的大小的应用促进了计算的发展，激发了天文学家的兴趣．角 α 的正弦值之后被描述为弦的长度 a 除以半径 b 的两倍（见下图）．

（我们在学校学过的等价定义，它涉及到直角三角形两边的比，仅在 18 世纪才被使用．）

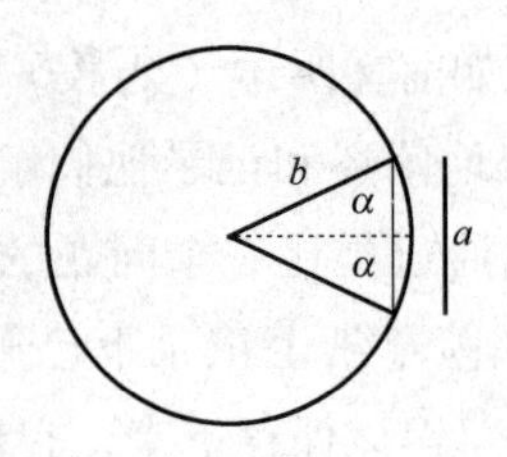

圆的弦的研究对计算方式的影响也是明显的．托勒密在他的书中提出了许多三角关系，但是它们总是与直角三角形有关．亚历山大的梅尼劳斯（Menelaus of Alexandria，70—140）将平面三角学的规律延伸到球面三角形，并且运用了他为天文计算而开发的方法．梅尼劳斯、托勒密和他们的同事依靠三角学的表格．除了列出涉及圆的弦长的表格之外，表格与前不久还在数学教科书中被使用的表格在结构上也类似．随着计算机的出现，重新计算所需要的量变得比在表格中查找更有效率．

数学之所以侧重于计算的源头还可以从另一个体系，即埃利亚的芝诺

(Zeno of Elea，前 490—前 430) 的二分法悖论中找到．这个悖论是四个运动悖论之一，声称任何人想要到达某一特定位置，却又始终无法到达．首先，他必须到达距离一半的点，然后到达距离四分之一的点，然后到达距离八分之一的点，等等，如此无限进行下去．因此，他永远无法到达他的目的地．亚里士多德从哲学的角度提及了这个声明及其运动含义，但对于矛盾本身而言，他指出，每一个连续的阶段所用的时间也会随着减少，并且目标将会达到．然而，他并没有给出一个计算所需时间的方法．欧多克索斯的穷竭法（见第 7 节）研究类似的问题，并展示了通过将原区域分割成更小的子区域来计算面积的方法．如我们所见，阿基米德改善了这种方法．后来该方法被牛顿和莱布尼茨作为微积分学发展的基础．

阿基米德的方法就是试图将所要测量的区域被另外两个易计算面积的区域围住．例如，下面的圆被两个六边形所围住．当外部和内部区域之间的差异很小时，每个区域的面积值都是对所测区域面积的一个很好的近似．为了获得一个接近该面积的近似值，六边形将会被边数更多的多边形取代．边数越多，越接近近似值．

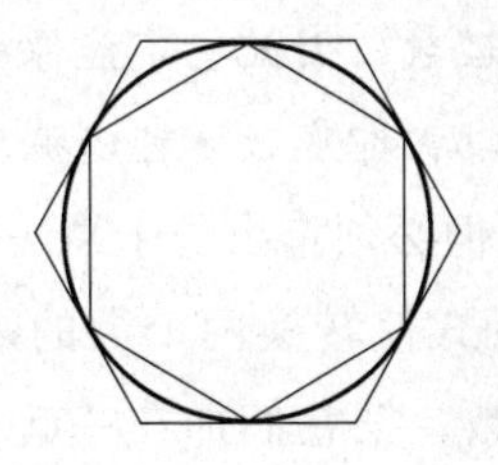

阿基米德还提到了极限的概念．通过一系列近似，所获得的区域收敛到所求区域，称为极限，按照阿基米德的说法，即为恰好的区域．牛顿和莱布尼茨拓展了这样的计算方法并使它成为一种数学理论，即一个既可以描述自然又可以为数学分析和计算所用的工具．阿基米德将该系统开发为计算的辅助工具．他还提出了“近似值与我们所期望的接近”这一计算上的概念．众所周知，将半径为 1 的圆的面积作为一个精确的十进制数（半径为 r 的圆，其面积为 πr^2，并且 π 为无理数）来表示是不可能的．然而，我们却可以得到像我们期望的那样接近真实值的近似值．也就是说，作为读者的你，若希望将圆的面积精确到百万分之一，阿基米德便能为你找到它．如果你想要提高精度水平到十亿分之一，阿基米德也能帮你计算；事实上，他可以计算出任何程度上的精度．注意这样的规定，即“对于任何近似值我都可以找到一个解决精确程度的方案”，这

是根据古希腊人的逻辑发展而来的．从那时以来，近似值成为现代化计算的基石．如同大多数古希腊科学家的贡献一样，阿基米德的原稿也未能得以保存．我们必须对带有那个时代精神的副本进行修正和解释．欧托基奥斯（Eutocius）正是阿基米德的一位著名的口译员，他生于约公元480年，工作在当时的一座以色列城市阿什克伦．

在数学发展的过程中，计算方法也在一直改进着．另一个使得计算方法得以简化的贡献是对数的发明，或者说是发现．这个系统由约翰·纳皮尔（John Napier，1550—1617）建立，他是一位出生在苏格兰的数学家，同时也研究物理学、天文学、历法和占星术．纳皮尔发现对数，从而使计算更容易．到了后来，该系统的组成部分，即对数函数和指数函数，在对自然的描述中起到了重要作用．

一个正数（例如N）的对数，对于一个给定的底数（例如a），存在数字b，使得$a^b=N$成立．记作$\log_a N=b$．每一个比1大的数字都可以作为底数．纳皮尔自己定义一种与对数函数非常相似的函数，它的值不取决于所选择的底数．人们很快发现如果选择e作为底那么计算会变得更简单，称其为自然对数．e的近似值是2.71828（它是一个无理数，因此它不能像一个十进制数一样被精确地给出）．这个函数被表示为$\ln N=b$，即底数e可以被省略．

我们不探究计算的细节，但必须指出源于幂法则的等式$\ln NM=\ln N+\ln M$是该系统有效率的关键．这个等式使转换两个数的乘法成为可能，例如N和M，在对数表中找到N和M的对数，把它们加在一起（和是NM的对数），即对数和，之后在表格中找一个数，它的对数等于这个对数和．用这种方式我们能把复杂的运算N乘以M转换成在对数表中找到$\ln N$和$\ln M$的值，之后再把两个数相加，最后在对数表中找到哪个数的对数是这两个数字相加的和．两个数相加要比相乘简单很多，尤其当两个数都比较大时，对数系统简化了数学计算．计算取决于找到合适的表．这些表一旦被找到，之后就可以被用于任何计算．纳皮尔提出类似对数的表格，甚至在他的时代它们都有所改善，直至不久以前它们还在被使用．当笔者还在中学和大学中读书时，这种计算方式都是必修的教学大纲中的一部分，而且在以后的学习中它也是得力工具．而现在按下相应的按钮则更简洁，同时，与对数表相比，通过电子计算器求得的结果更加快速，也更加精确．

除了在其他方面的贡献外，高斯在计算方法上也做出了重大的贡献．他的一个贡献与前文已经提及过的小行星谷神星有关，前文已经提及（见第39节）. 谷神星由来自意大利的巴勒莫天文学家朱塞佩·皮亚齐（Giuseppe Piazzi）于1801年发现. 小行星的发现在当时引起了人们极大的兴趣，事实上除了其他原因之外，因为它的大小和出现的位置表明这有可能是一颗新的行星，一些天文学家可能在之前曾指出它的出现. 然而，在几个月内，谷神星与太阳非常近，以至于不能被识别，所以几乎没有开展有效的观测，以至于不足以计算出它何时出现在太阳的另一边. 年轻的高斯（当时24岁）把这看成是他自己的任务. 为了完成这个计算，高斯发明了一种新的方式，通过三角函数总结周期性轨道，再基于近似谷神星的椭圆轨道求和，然后计算它们的参数.

这种轨道和的描述与今天我们所知道的傅立叶级数非常相似. 法国的约瑟夫·傅里叶（Joseph Fourier，1768—1830）几乎与高斯在同一时间叙述了各自的方法，但是差不多可以确定高斯不知道傅立叶的工作. 数学问题是双重的. 第一是使用非常少的数据，第二，需要快速的计算. 新方法符合这两个要求，并且高斯以令人印象深刻的精度预测了谷神星将再次出现的位置和时间. 这一成功为年轻的高斯在整个欧洲赢得了声誉. 他在一篇涉及天文计算的短文章中发表了他的方法，并指出该方法可以被延伸和用于其他用途，但他没有做出任何进一步的细节讨论. 在实践中，该方法并没有发现新用途，并且这种方法在其他文本中也被忽视.

150多年后，当计算机已经被相对广泛地使用，并且傅里叶通过三角函数相加的近似方法在数学中广泛应用时，人们曾有几次尝试使这些计算更加高效. 努力简化方法这一举动刺激了它的许多用途，包括计算机断层扫描技术[例如，计算机断层扫描（Computed Tomography，CT）和磁共振成像测试（Magnetic Resonance Imaging，MRI）]和信号处理. 1965年，两名美国数学家，美国IBM公司的詹姆斯·库利（James Cooly）和普林斯顿大学的约翰·图基（John Tukey，1915—2000），发表一个更有效率计算傅里叶系数的近似值的算法. 这是一个伟大的进步，该方法被称为快速傅里叶变换计算方法，或快速傅里叶变换算法（Fast Fourier Transform，FFT），当时立即流行起来了. 没过多久，人们便发现由库利和图基发现的方法与高斯早在150年使用的方法几乎一模一样.

当然，相对于在数学为使计算过程合理化的发展历史中而建立的各种各样方法的总体而言，这里所举的几个例子只是冰山一角.

52. 从表格到计算机

在提高数学计算方法的同时，数学家们总是设法发展机器助手以及后来的电气和电子设备来帮助他们进行计算. 第 6 节中已提及的发现于比属刚果的骨骼，可追溯至约公元前 2000 年，它们在某种程度上可被视为执行简单数学运算的工具.

根据公认的解释，人们从出土于约公元前 2600 年的古代亚述和巴比伦地区的陶瓷碎片中，就已经发现了表格，这被认为是第一个原始版本的算盘（见下图）. 古希腊文本告诉我们古埃及人已经将算盘作为计算工具使用. 在古希腊和古罗马它也同样被用于算术计算. 罗马算盘，与今天仍在使用的非常类似，是在罗马帝国考古发掘中被发现的. 其名称提供了古代算盘作为辅助计算工具的证据. 这个名字来源于希伯来语"avak"，意思是粉末，多次在《圣经》中出现. 显然，其中的联系是他们用来洒在石板上的粉末，这样他们就可以在上面书写数字并计算了. 算盘在东方文化中仍在广泛使用，包括在朝鲜和中国，并且类似的工具也在玛雅和印加等古代美州文化中被发现.

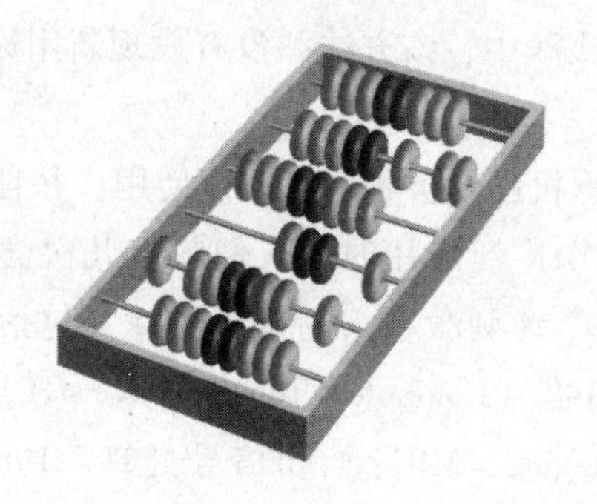

就在纳皮尔公布他的用于快速计算的对数方法后不久，用于辅助计算的机械助手便伴随着印刷表发展起来了. 英国数学家埃德蒙·冈特（Edmund Gunter, 1581—1626）提出了一种对数刻度，将对数函数转化为几何条件，接着另一位英国数学家，威廉·奥特雷德（William Oughtred, 1574—1660）发明了计算尺. 通过移动尺子的组件以及调整尺子上的不同刻度，便可读出相应的指数函数和对数函数的值. 奥特雷德自己改进了他的计算尺，从而使得三角函数等其他功能和操作也可以通过机械进行计算. 计算尺随着时间的推移变得更加复杂，并且存在着多种样式，如直线、三角形、圆形等. 它们成为工程师日常工作中离

不开的工具，直到最近，计算尺才被计算机所取代.

我们曾在第37节中提到布莱斯·帕斯卡，当他还是个青年的时候，就已经帮助他的父亲从事税收员的工作. 当他16岁的时候，他萌生了建造一台计算器的想法，用以简化和加快税收过程中的计算工作. 这台机器由一个齿轮连接的系统构成，当沿着需要的方向转动适当的量时，该机器将得出关于税收量的正确结果. 显然该机器可以完成一般的数学计算，而不仅限于税收方面. 他的机器被称为加法机（Pascaline），帕斯卡制作了许多台这样的机器并尝试对外出售，但并未取得商业上的成功. 他的几台机器现在还陈列于巴黎的法国国立工艺学院.

其他著名的数学家也试图制作计算器，其中就包括莱布尼茨，他的一些机器可以在德国博物馆看到，例如慕尼黑的德国博物馆. 这些机器也是基于齿轮系统的，通过不同比例的齿轮的转动进行计算. 为使机器进行适当有效的计算，莱布尼茨提出了二进制算法，即使用两个数字符号0和1来表示数. 在日常生活中，我们用十进制书写数字，并特别选取了10个符号分别表示这10个具体的数字. 在更早期，还出现过其他的进制. 例如，古巴比伦人主要使用六十进制. 一个方便的进制的选择显然取决于使用，最终的确立要么通过试验和错误研究，要么通过智能分析. 莱布尼茨便是通过对计算器操作的研究才选择了二进制系统. 时至今日，对于计算机的运算而言，二进制仍是最方便的，它尤其适合于计算机的工作方式.

帕斯卡、莱布尼茨及其同时代人的计算器是不能编程的，并且对于每类计算，必须重新编排机器的齿轮系统. 到了19世纪，英国数学家、工程师查尔斯·巴贝奇（Charles Babbage，1791—1871）在这方面取得了极大的进步. 由于巴贝奇的贡献，他被认为是现代计算机的先驱之一. 他的灵感来自于织布机以及放入其中用以确定原料形状和颜色的穿孔纸带. 由于当时处于织布机时代，巴贝奇便将其作为制作计算器的基础，并将穿孔纸带放入计算器内部，于是计算器便生成了结果. 那就是巴贝奇所谓的*输入*和*输出*，这些术语至今仍在沿用. 巴贝奇还制作了几个既大又复杂的计算器，能够正确完成复杂的计算. 它们的功由蒸汽机获得.（电还未被发现. 如果电动机没有被发明出来，那么每个个人计算机的旁边可能都需要一个小的、由煤炭驱动的蒸汽机）. 巴贝奇机器的仿制品能在伦敦的科学博物馆见到.

随着电子机器的发展，电子计算器也在发展，包括可以放在办公桌上的小型电子计算器. 直到前不久这些机器还在被使用，而且现在仍有一些机器处于使用中. 除了上面提到的用于数字计算的计算助手外，不同类型的数学计算使用相应的专门机器，例如各种类型的计时器（古罗马人已经有这种计时器，用在马拉战车上）、指南针和其他工程仪器.

我们提到过所有与计算助手相关的技术都会使计算更容易、更快捷，但仍在人类的大脑可以遵循和吸收的局限中. 从表格、计算尺到手工机器等不同类型的计算器都在尽可能模仿数学计算所经历的过程，即在技术允许的范围内使用复杂的操作. 而当有益于计算的电子学得以引入时，变革开始发生了. 两个数的加法和减法等基本运算的速度是如此之快，以至于其他结果通过重复基本运算便可以很容易地得到.

对于“电子计算机之父”这一头衔，至少应有两位申请者. 其中一个是德国工程师康拉德·楚泽（Konrad Zuse，1910—1995），他在 1935 年至 1938 年开发并建造了一台电子计算机，并于 1941 年使它得以充分利用. 他建造的许多计算机都陈列在德国的博物馆中，如柏林科技大学的博物馆和慕尼黑的博物馆. 德国境内的纳粹活动以及第二次世界大战导致楚泽的工作隔绝于欧美等其他国家之外，因此他的贡献所产生的影响有限. 与楚泽竞争“计算机先驱的对手是艾奥瓦州立大学的约翰·阿塔纳索夫（John Atanasoff，1903—1995）和克利福德·贝瑞（Clifford Berry，1918—1963），他们于 1937 年开始建造了一台电子计算机，并于 1941 年完成最终的版本. 那台计算机现在陈列于他们所工作的大学. 在电子计算机时代之前，楚泽的计算机与阿塔纳索夫和贝瑞的计算机都是沿着计算器的足迹构造出来的. 换句话说，它们编程的能力是有限的，并且对于每个计算任务而言，输入和输出是特定的. 从电子数字积分计算机（Electronic Numberical Integrator and Computer，ENIAC）开始，电子计算机进入大幅度、跳跃式发展阶段，电子计算机的结构则主要归功于约翰·冯·诺依曼.

在第 47 节介绍的博弈论中，曾出现过约翰·冯·诺依曼. 他在那个领域的贡献仅仅是其众多数学活动中的一小部分. 他对基础数学和几何理论均做出了贡献，在此期间，诺依曼曾给数学家亚伯拉罕·哈勒维·弗伦克尔（Abraham Halevi Fraenkel，1891—1965）写了一封晦涩难懂的信，并得到了后者的支持与帮助. 弗伦克尔（读到信后）立刻意识到他的潜力，并指导了冯·诺依曼事业的第一阶段（在第 60 节基础数学中我们还将提及弗伦克尔），冯·诺依曼也从事于流体力学和量子理论的研究，并提出了一个公理性的基本原则. 他 1903 年出生在布达佩斯的一个犹太家庭，他的父亲是银行家和律师. 他的父亲由于为奥匈帝国效力而被提升为贵族，并且他也继承了头衔，因此 von（用在姓前，表示贵族身份）成为他名字的一部分. 冯·诺依曼的特殊才能被发现得很早，并且不局限于数学天赋. 在很小的时候，他就精通几国语言，并表现出对社会问题、经济学和相关领域的兴趣. 他于 22 岁时在布达佩斯取得数学博士学位，并且已经发表了大量的基础数学方面的论文. 他在柏林担任教师职务并于 1930 年应邀访问普林斯顿大学. 他在 1933 年得到普林斯顿高等研究院的一个职位，而该职位主要用于接纳从纳粹德国流亡而来的科学家. 冯·诺依曼是其中的第一批科学家；其他人还包括阿尔伯特·爱因斯坦（Albert Einstein）、数学家奥斯瓦尔德·维布伦（Oswald Veblen）、赫尔曼·外尔（Hermann Weyl），以及下一节我们还将遇到的库尔特·哥德尔（Kurt Gödel）.

约翰·冯·诺依曼是最杰出的原子弹开发者之一，并且是支持使用它反对纳粹军队的主要成员之一. ENIAC 的建造是为了帮助美国军队计算炮弹和导弹的轨道. 冯·诺依曼不是建造新的计算机的最初团队成员之一，但是当他听到这个课题的时候，他加入了这个团队并提出了建议，其中，其主要建议包括一个新的构造及其他一些改善，这使得计算机变为一个那时未知的类型. 官方声明显示该计算机的结构建造于 1946 年，但在此之前它已经被更早地使用.

冯·诺依曼是最早意识到电子计算机具有不可思议的计算速度这一潜力的人之一. 现在为我们所熟知的电子计算机结构就出自于他的建议. 他将存储器嵌入到计算机中，并表示软件应被视为数据，从而使计算机变成了一个多用途工具. 与 20 世纪中期的计算机相比，现代的计算机可以更快地执行计算，并且能处理和存储更多的数据，但是由冯·诺依曼提出的基本结构仍被保留. 这就是为什么他被认为是“现代计算机之父”.

随着计算机所提供的可能性越来越显而易见，计算的概念也在发生着变化. 当时，数学计算主要与数值计算、解方程、天气预报等相关. 如今，它们包括计算旅游路线、维护政府档案、恢复数据、搜索字典、帮助翻译，以及互联网上搜索最近的餐厅等. 当然，还有社交网络. 所有这些都是计算的结果.

人们对计算机所蕴藏的惊人计算速度的认识是缓慢的. 虽然没有直接证据能够证实，但美国 IBM 公司的董事长托马斯·沃森（Thomas Watson）曾评估道，世界最多需要五台计算机. 即使他没有说，但事实上人们普遍对新的机遇缺乏认识. 以色列第一台电子计算机建于魏茨曼科学研究所；它被命名为魏茨曼自动计算机，陈列于建造它的齐斯金德大楼里，目前被收藏于数学与计算机科学系（见下图）.

魏茨曼自动计算机建成于1954年，并直到1964年才被使用. 阿尔伯特·爱因斯坦和约翰·冯·诺依曼是计算机组建指导委员会的成员，当时，研究所总预算中的绝大部分都被用于该项目. 据说，爱因斯坦曾对此提出质疑，并反问以色列为什么需要建造自己的计算机. 冯·诺依曼，如上所述，他比其他人更早地意识到了电子计算机的巨大潜力，他回答爱因斯坦说，作为魏茨曼科学研究所数学活动的创始人和领导人及计算机建设的领军人物，哈伊姆·佩克里斯（Chaim Pekeris）一个人就能保证整台计算机一直运转下去. 项目建设期间，阿巴·埃班（Abba Eban）曾在研究所担任过一段时间的所长职务. 笔者有一封埃班写给佩克里斯的信的复印件，大致是说："亲爱的哈伊姆，我希望你会同意向学院董事会的成员解释电子计算机可以被用来做什么，"埃班继续写道，"你可以解释为它能够帮助我们在非洲开展调查."（埃班对外交政策很感兴趣，后来成为以色列的外交部部长.）佩克里斯自己意识到计算机可以提供的可能性，并且他想要建造一台出于科学考虑的计算机. 他的目标之一是全球潮汐涨落的地图. 在计算机的帮助下，他在大西洋中成功定位到一个没有潮汐的位置，即一个稳定的潮汐点. 最终，英国皇家海军进行了测量，证实了佩克里斯的计算结果.

如上所述，电子计算机的新要素是它的高速度. 我们回想一下，地球围绕太阳旋转这一模型被摒弃的原因之一就是人们难以想象地球竟然会以如此高的速度运转着. 若这种模型被接受，将直接告诉我们在如此高的速度下，人们将飞离地球表面. 同样地，尽管算术运算是人脑所固有的，数学计算可以很容易被接受和理解，但直觉上仍难以理解电子计算机竟会以如此快的速度运作. 该速度不能被人类大脑理解，甚至今天笔者都无法确定计算机提供的可能性能被完全实现.

53. 数学的计算

电子计算机的发展使得人们必须转变对数学计算的态度，这导致了一个称为可计算性理论或计算复杂度的新的数学学科的发展. 为了理解变化的来源，让我们回忆在第 51 节讨论过的对数的方法. 这种方法是为了简化计算而提出的. 将乘法运算转换成加法运算和参考两个关于对数的表格. 这种转换是人类大脑的一个伟大的进步. 然而，对人类的大脑来说，可以使事情更简洁的方法对电子计算机却不起作用. 对于一台高速的计算机，乘法可用重复相加来取代，因此执行乘法比计算对数更有效. 而对于一台计算机，直接执行乘法比计算对数再相加要更简单更有效. 事实上，以初等运算为基础意味着决定计算效率的重要因素是初等运算需要的次数. 在通过电子计算机比较两种计算方法时，要求我们必须比较每种方法为输出计算结果而必须执行的初等运算的数量. 但是什么是初等运算？我们应如何比较两种方法或两个为不同目的和不同计算机而编写的程序？英国数学家阿兰・图灵为讨论这些问题提出了适当的框架.

阿兰・马西森・图灵（Alan Mathison Turing）1912 年出生在伦敦. 他的数学天赋以及对数学学习的偏好在很小时就被发现了. 他在伦敦的国王学院拿到了自己的第一个学位，并作为一个研究员待在那里研究数学的基础. 基于计算的理论极限，即后来的图灵机系统，图灵提出了库尔特・哥德尔结果的另一种可替代方法. 1938 年他在普林斯顿大学拿到博士学位，师从阿隆索・丘奇（Alonso Church，1903—1995）. 丘奇是一位著名的数学家，他开展研究的数理逻辑是用不同的方法解决类似的问题. 回到英国后，第二次世界大战爆发，图灵加入了同盟国的一个科学家团队，试图破译德国人传递的密码信息. 该团队在一个叫作布莱切利公园的地方会面，这个地方现在仍然是一个会议场所，同时也是一座计算机历史博物馆. 在很短的时间内，图灵就在解密工作中处在了核心的位置. 借助于一台电子计算机的帮助，布莱奇利公园团队成功地破译了德国的恩尼格玛密码，这一成就对盟军取得胜利起到了重要作用. 图灵也因此被战时的首相温斯顿·丘吉尔（Winston Churchill）誉为战争英雄.

战后，图灵在曼彻斯特大学继续从事研究工作. 他在人工智能领域做出了重要的贡献，他试图创造一台电子计算机，并在生物学的不同领域开展研究，之后我们还将就此继续讨论. 当被指控与一个年轻的同性恋有关系时，他的研究工作被打断了，因为这种行为在当时的英国属于刑事犯罪. 图灵承认这些指控并同意接受化学治疗降低其性冲动，以此替代监禁. 然而，社会舆论压力连同接受治疗所带来的身体上的负担对他来说显然太过沉重，以至于在1954年，他42岁生日的前两周，他通过服用氰化物毒药结束了自己的生命. 在几十年后的2009年，英国首相戈登·布朗（Gordon Brown）代表政府对"图灵被用骇人听闻的方式治疗"进行道歉. 另外，在2013年12月，英国女王伊丽莎白二世也为他颁发了罕见的"皇家赦免". 1966年，美国计算机协会（Association for Computing Machinery，ACM）颁布了一个奖项用以纪念阿兰·图灵，即著名的图灵奖.

在我们提出可计算性理论的主要观点前，我们应该清楚地表明，该理论并非意味着通过评估特定的数学计算程序的效率进而去帮助潜在用户选择一个优于其他程序的计算方法. 如果真的这样做的话，用户需要尝试替代方案并比较实际的结果. 可计算性理论是一个数学理论，试图找到不同算法的限制能力. 不必因术语而惊恐. 算法就是一群或一系列待执行的指令. 因此，如何从点 A 到达一个目的地 B 的具体走法就是一个算法. 一本食谱也是算法的集合，它的目的是按照预设的菜谱找到原料以便准备美味的菜肴. 不同设备的操作手册有时也具有算法的形式. 如何把两个数字相加或相乘通常也作为一种算法.

当然，作为执行数学运算的一种方式，指令列表是一直存在的. "埃拉托色尼筛法"（在第14节中提到）作为一种寻找素数（也叫质数）的方法也是一种算法. 该算法可表述为，若要找出2~1000之间的所有素数，首先应删去所有2的倍数，即所有比2大的偶数. 再从剩下的数中删去3的倍数，即9，15，21，等等. 然后，删去所有5的倍数，这样继续下去，直到1000以内所有的非质数都已被删除. 在这个过程的最后，即当算法执行完之后，只有2~1000之间的素数依然存在. 这样，我们刚才描述的就是一个寻找2~1000之间的素数的算法.

算法一词源于一个名为阿布·加法尔·伊本·穆萨·花拉子米（Abu Ja'far

ibn Musa Al-Khwarizmi）的阿拉伯数学家的姓名的变形，他从大约公元780年到850年住在巴格达. 他为数学做出了很多贡献. 他定义了从1到9的数字，并且他是第一个指定0作为合法数字的人. 他开创了求解代数方程的方法. 代数一词来源于他的一本名为《还原与对消计算概要》的著作，书中包含了求解这类方程的方法. 他在翻译以及结合时代特点纠正、改进古希腊数学著作方面做出了突出的贡献，因此，他在保存这些重要典籍方面的地位和作用值得肯定.

我们已经说过，不同算法的效率是通过比较它们所完成的初等运算的数目而被评估的. 然而，问题依然存在：什么是初等运算？另外，设计目的完全不同的算法之间应该如何进行比较？这就是设计图灵机的目的所在. 这并不是一台通常意义上使用电力或其他燃料，产生烟雾，有时还需要维护的机器. 图灵机是一个虚拟机，这意味着它是一个数学框架（且该框架存在若干版本）. 该机器接收记录于磁带上的输入，有限个有序的数字符号或是字母表. 磁带并不受长度的限制. 该机器可能处于几个预设状态中的某一个. 这台机器有一个“阅读器”，可以读取磁带单元上所写的内容. 读取的结果是，机器的程序将根据预先确定的规则使机器的状态发生变化，这种变化表现为依照预先确定的方式从单元中的一个字母变为另一个字母，以及依据预先确定的规则由一个单元移动到另一个单元. 这一程序将产生一系列单元与单元间的移动，单元内记录的字母之间潜在变化，以及机器所处状态的潜在变化. 这些运算便是可使算法进行相互比较的初等运算. 当阅读器读取到某一单元内预先选取的特定符号时，算法随之结束. 算法的结果取决于算法结束时机器所处的状态以及此时磁带上所记录的内容.

令人惊讶的是，到目前为止，任何一个能想到的计算，不论是数值计算，寻找两个城镇之间的旅程的最小距离，还是在一本词典中寻找一个词的意义，所有这些都可以转化为这个假设的数学框架，即虚拟机. 换句话说，一个图灵机可以通过它的字母以及单元与单元间的移动规则进行编程，进而执行计算. 重点是“一个可接受的计算”，它意味着任何可能的计算都可以转化成一个图灵机计算. 这是一个“论题”，称为*丘奇-图灵论题*，而且它并不是一个数学定理. 到目前为止这个论题还没有发现存在什么出入.

我们已经阐明了，算法的效率是通过完成预期的输出所需的基本操作的数量来进行比较的. 然而，需要再次提醒的是，使可计算性理论专家感兴趣的并非是诸如找到2~1000之间所有素数的两种方法的比较. 而有了这样一个明确的目标之后，指令计算机找到一个令人满意的算法才是义不容辞的责任．两种算法相比较时，具体而言，主要关注点将是，此时的上限已不再是 1000 等确定的数字，而是变成了一般数字 N，且 N 的值越来越大时两种算法的表现．显然，当 N 变得越大时，算法需要执行更多的步数才能找出所有的素数．随着 N 的增大，两种算法间的比较就变成了所需执行步数的增长率的比较．

接下来，我们将解释一下“随着 N 的增加它们的增长率增加”这段话是什么意思．如果描述解决问题所需的步数的表达式是以下形式：

$$N^2\text{，或 }8N^{10}\text{，甚至 }120N^{100}\text{，}$$

我们说增长率是多项式型，即 N 的幂．如果描述解决问题所需的步数的表达式是以下形式：

$$2^N\text{，或 }120^{4N}\text{，甚至 }10^{4000N}\text{，}$$

则增长率是指数型．名字反映了在表达式中参数将以何种形式出现．

事实上，对于一个给定的算法，尽管 N^2 和 N^3 之间增长率不同，但计算复杂性理论的专家把它们放在一起归入多项式增长率范畴，指数型增长率与此类似．可由多项式型算法解决的问题称为 P 类型问题．

这里还有另一个有趣的区别，如下所示．在很多情况下检查一个问题的解决方案是否正确比发现解决方案本身更容易．例如，在一个 9 × 9 阶的数独中，将数字 1 ~ 9 填进每个空着的小方格中．目标是在填满全部格后，使每一行、每一列和每个 3 × 3 的子方格（宫）都是由这 9 个数字没有重复地组成，即包含从 1 到 9 的每个数字．

5	3			7				
6			1	9	5			
	9	8					6	
8				6				3
4			8		3			1
7				2				6
	6					2	8	
			4	1	9			5
				8			7	9

图片来自维基共享资源（Wikimedia Commons）/蒂姆·斯戴尔马赫（Tim Stellmach）

寻找解决方案的目的，即填补所有的空格子，从而使每一行、每一列等都能包含从1到9的所有数字，这可能会很困难并且需要很多的尝试. 然而，当有人提出一个解决方案时，检查该方案是否正确则是一个简单的问题. 同样，可行性计算专家对讨论 9×9 阶数独的解决方案正确与否及所需的步数并不感兴趣. 他们对检查规模不断增加的数独所需要的步骤数量以及其增加的速率感兴趣，即，对于 $N \times N$ 大小的数独，且 N 持续增加.（任意 N 阶数独仍必须被确定数量的符号所表示，使得每个自然数都可以被表示出来，例如，作为一个十进制数，只能使用10个符号.）

我们引用数独仅仅作为一个例子. 在许多算法任务中找到一个解决方案和检查一个被提议的解决方案是不同的；我们已经提到过求解方程的公开竞赛（见第36节）. 求解方程是困难的. 但在大多数情况下，检查解决方案是否正确则相对容易. 同时，在这些检查方法中，多项式型和指数型会有很大的不同. 对于某一类型的问题，若其解决方案可由多项式增长型算法进行检验，则称其为NP型［字母N来源于术语不确定性（non-deterministic），因为该检验同时适用于所有解决方案］.

现在有机会赢得一百万美元. 可计算性理论的专家不知道P型和NP型两类问题是相同的还是不同的.（可以证明的是，任何P型问题都属于NP型问题，换句话说，如果它能通过多项式比率得到解决，那么提出的解决方案也可以以相同的比率进行检查.）千年伊始，克雷数学研究所发表了数学上的七个尚未解决的问题并且为每一个问题的解决提供了一百万美元作为奖励. P = NP 是否成立便是其中的一个问题. 例如，数独是NP类. 如果你能证明随着 N 的增长，任何解决 $N \times N$ 阶数独的算法所需的步数都是关于 N 的指数型增长，你将会收到一百万美元（如果你在别人之前得出该结论）.

P与NP类的讨论只是数学计算所处理的许多问题中的一个例子. 例如，可计算性理论的专家证明，对于数独问题，若能提出一个多项式算法，那么对每一个NP类中的问题，都将存在多项式算法（特别地，如果你能够这样做，说明你已经解决了P与NP的等式问题，那么你将会收到一百万美元）. 诸如此类问题，其多项式解决方案表明，每个在NP类中的问题都有一个多项式的解决方案，被称为NP完全多项式. 到目前为止，人们在可计算性的研究中发现了大量的NP完全多项式问题.

研究也包含寻求具体问题的有效解决方案，或证明其他具体问题没有有效的解决方案．例如，有人在2002年为了检验一个给定的数是否是质数，而提出了一个多项式算法．我们将在下一节展开这个问题．另一个具有深远意义的问题，我们将在第55节中进行讨论，即是否有一个有效的算法来寻找一个数的素因子，即该数是两个质数的乘积．效率这一特征变得更加精确，例如，所要确定的问题的解决方案要求，其初等操作的数目应少于输入的线性表达式，也就是说，关于给定数 a 的 aN 形式的表达式，或者 $N\ln N$ 乘积形式的表达式（即 N 与 N 的对数乘积的线性表示）．后者的比率比二次方程式慢，因此更可取．数以百计的问题已经被检验，同时，它们可能的解决方案的效率程度也已经确定．许多问题仍未得到解决，换句话说，解决这些问题所需步数的增长率还未确定．

问题在于，我们所进行的关于“随着输入的 N 的不断增加，其解决方案所需的步数”的复杂讨论是否与计算机使用者感兴趣的对实际问题解决方案的寻找存在着联系．正常人是不会去试图求解一百万阶数独的，更不用说阶数 N 趋近于无穷的情况．答案是令人惊讶的．并没有符合逻辑的论据能将 N 趋于无穷时解决问题所需步数的增长率与解决实际问题所需的步数联系起来．再者，对于某些P类问题，理论上可以被有效地解决，但在实践中在合理的时间内，利用当今的计算机是不能解决的．然而，多年的经验表明，一般来说，参数趋于无穷大的问题所积累的直觉经验同样也适用于参数很大但有限的情形．

这是一个适合去讨论根植于不同算法和计算机工作模式间直觉难度及有效性的场合．由于算法是一系列指令，对于人类的大脑而言，很容易去理解和实现，甚至建立关于算法是如何工作的直觉．作为人类思维过程的基础，联想思维建立于从一个事物中得到另一个事物的过程中，这一过程类似于一个算法．这同样适用于计算机．对于非常小的孩子和年轻人而言，很容易掌握计算机操作，而且他们甚至与计算机建立起了直觉上的联系．通常，当你向具有计算机经验的人（不一定是专家）求助有关计算机的操作时，答案会是，“让我坐在键盘前，我就能发现该如何去做．”坐在键盘前的动作，激活了联想反应，即直觉．通常认为这是与年龄相关联的，但笔者却不这样认为．使用必要的直觉显然需要克服心理障碍，也许是恐惧的障碍，即面对新机器时，表面上感觉操作它是件不可能的事．成年人被这种障碍挑战着，但成长于计算机周围的年轻人却没有．不过，应该承认的是，在对计算机直觉认识的过程中，至少存在着两大难题．第一，正如所提及的，计算机不可思议的计算速度冲击着人们的直觉，因为直觉是在变化得慢得多的环境中建立起来的（尽管对于出生于计算机时代的一代人而言，建立这种直觉相对容易一些）. 第二，计算机本身不能关联“思考”. 计算机（至少现今的计算机）不具有像人一样的思考方式. 计算机执行编码于软件中的精确指令，有时这些逻辑操作纳入到了软件指令中．建立有关逻辑论据的直觉是相当困难的，甚至是不可能的任务. 这就是为什么人们，甚至是最有经验的专家也会产生诸如“我不知道计算机想要什么”的反应的原因.

54. 高概率证明

本节的标题听起来像一种矛盾修辞法. 自从古希腊人奠定数学的逻辑基础以来，就产生了共识，即一个数学论点要么对，要么错. 本节的标题是指一种证明，即数学观点或命题在某一特定的概率下是正确的. 这并不是说主观概率就能反映出证明正确性的信念程度，而是说它是可以由计算得出的绝对概率. 这是数学逻辑证明方法中的一个新元素，一个由计算机在我们面前打开的、有关可能性的元素.

在实践中，人们经常在日常生活中遇到基于某种概率的证明. 从绝对精确检验的想法转变为统计检验的方法，这一想法一直是人们与生俱来的. 市场卖苹果的摊贩向你保证所有的苹果都是新鲜和完美的. 检查每一个苹果是不切实际的，所以你只会检查数量有限的一些苹果，如果你发现你检查的苹果都是新鲜、完美的，那么你会相信卖方的说法是正确的，或者至少你会认为他所说的极有可能是正确的. 保证你所检查的苹果是随机挑选的是很重要的，那样的话卖方就不能欺骗你. 你想要买的概率越高（卖家的品质保证是可信的），你必须检查的苹果数量就得越多. 如果你想用数学的确定性确认他的保证，你就必须检查货摊上所有的苹果. 若海关人员想要达到他们的要求，即保证港口集装箱内的物品与货运清单一致，或卫生部检查人员试图确保运载的药品是否符合必要的标准，则必须考虑效率的因素，因而只是检验一部分样品.

高概率证明的创新在于它们的数学内容. 然后，为什么数学家会认同偏离绝对证明的精确度呢？答案在于通过接受高概率的证明而获得的效率，该效率我们在以前的章节中已定义了. 甚至在数学计算中有时可以证明某观点是正确有效的，如果高概率下的正确性被证明是可接受的. 现在我们将就这一点进行说明，然后再介绍一个衍生的概念，那就是如何在不进行证明的前提下让人相信一个命题本身是正确的.

这个例子与质数有关. 我们已经看到质数在整个数学的发展过程中一直起着重要作用，并将在现代数学及其使用中继续发挥这种重要作用. 数学家们一直在试图寻求有效的方法来判定一个给定的数是否为质数. 然而，却没有发现有效的方法. 单纯的检验，从之前已介绍的“埃拉托色尼筛法”到更复杂的检查方法，其检查步数都需要用指数函数来表示，因此用这些方法来检查一些几百位的数是不切实际的. 用前面章节已介绍的术语来说，质数的检验是没有效率的.

2002 年，人们在检验一个数是否为质数的效率上，又有了一个理论上的飞跃. 位于坎普尔的印度理工学院的科学家尼拉吉 · 卡亚勒（Neeraj Kayal）、尼廷 · 萨克塞纳（Nitin Saxena）和马尼德拉 · 阿加瓦尔（Manindra Agarwal），提出一个多项式的方法用以检验一个数是否是质数. 这种方法被称为 KSA 法，是以它的发现者们的名字缩写命名的. 根据理论定义，KSA 法是有效的，但系统中的算法却与实用相去甚远. 该算法的运算次数由一个 8 次多项式给出. 此后，一直在完善，现在该多项式的次数已降为 6. 该次数对日常的实用目的而言，仍然是太高了. 因此，时至今日，人们还没有发现实际的检查方法来明确一个数是否为质数.

就在 KSA 发表的前几年，耶路撒冷的希伯来大学的数学家迈克尔 · 拉宾（Michael Rabin）提出一种算法，其结果可以判定一个数要么不是质数，要么是一个可以预先确定概率的质数. 拉宾提出的近似推理类型即为阿基米德的近似计算类型. 就是说，作为消费者，你可以选择自己想要的概率水平，计算机会给你该概率水平的答案. 计算将需要很长时间来使你想要的概率的误差变得很小. 然而，该方法也仅在假想的概率水平下是实用的. 例如，你可以规定当一个数为非质数的概率大于 1/2 的 200 次幂时，该数不能被宣布为质数. 正如我们所指出的那样，人类的大脑已经很难想象这样一个低概率的事件，而且在日常决策中人们还会忽略这些事件. 因此，如果计算机会告诉你除非概率小于 1/2 的 200 次幂的事件发生，该数才为质数. 否则，不论出于何种目的，认为该数为质数都是合理的. 如果有人希望得到绝对的数学意义上的确定性，则该方法是不适用的. 但在这种情况下，通常根本不会有合理的方式能够给出一种解决方案.

拉宾由于其在自动化理论方面的工作成为 1976 年图灵奖的获得者，并且后来成为概率算法领域的先驱. 拉宾将其初期的算法建立在来自于加州大学伯克利分校的加里·米勒（Gary Miller）于1976年提出的另一算法的基础上，该算法可确切地检查一个数是否为质数.

这个算法被称为米勒-拉宾算法. 对于感兴趣的读者，我们将详细介绍一个相关示例，然后简要说明一般情况（跳过下一段不会影响对下文的理解）.

假定我们想要探究满足$n=2m+1$形式的数是否为质数，其中m不是一个偶数. 数论中的一条著名定理规定，对于$1\sim n$之间的每个整数k，以下结论成立：如果n是一个质数，那么，要么k^m除以n的余数为1，要么k^{2m}除以n的余数为$n-1$. 因此，如果我们选择这样一个k并且两个余数都不满足上述情况，我们就能确定n不是一个质数. 然而，可能出现的情况是，该数并不是质数但两个条件却仍能满足，以至于事实是，即使条件得以满足也不能得出该数为质数这一结论. 在这种情况下，另一个著名的数学结论被使用，即如果一个数不是质数，至少在$1\sim n$之间的一半数不会满足余数的条件. 因此，如果k是被随机选择的，并且满足两个条件，这意味着该数不是质数的可能性小于一半. 如果我们随机地选择$1\sim n$之间的另一个数，并且两个条件再一次满足，那么数n不是质数的可能性将减少为四分之一. 如果这个运算被重复200次，并且两个余数的条件每次都满足，n不是质数的可能性将小于1/2的200次幂. 因此，在200次试验内，要么我们可以确定该数不是质数，要么可以认为该数是质数，其错误的可能性不超过1/2的200次幂. 完成200次试验对于计算机来说是微不足道的. 一般情况可能稍微复杂，但也不是非常困难的. 每一个奇数都能够被写成$n=2^a m+1$的形式，其中m是一个奇数. 上面提到的数学定理规定，在一般情况下，对于$1\sim n$之间的每个整数k，要么当k^m除以n时余数是1，要么对于$1\sim a$之间的至少一个数b，有k的$2^b m$次幂除以n的余数是$n-1$. 因此，在前面情况下的两个余数的条件变成了一般情况下的$a+1$个条件. 这对于计算机来说是一个简单的操作.

概率算法还引起了另一个有趣的概念得以发展，即交互式证明和零知识证明的结合. 该观点的提出和发展源于一篇1982年由沙菲·戈德瓦塞尔（Shafi Goldwasser）、希尔维奥·米卡利（Silvio Micali）及查尔斯·拉科夫（Charles Rackoff）所写的文章，他们当时都在麻省理工学院. 戈德瓦塞尔是魏茨曼科学学院的一名教员，他和米卡利在2012年共同获得图灵奖. 同时，服从于或然误差的目标得以实现，错误的概率也非常小，并且对错误的估计是一个由数学定义的绝对估计. 我们将从一个例子中学习该方法.

美国大约分为3000个县（确切数字稍有变化）. 假设你知道如何只使用三种颜色给美国地图涂颜色，使得每个县是一种颜色，并且没有两个相邻的县（不只是一个角落）会是相同的颜色. 进一步假设你想证明你有能力以这种方式给美国地图着色，且不给出任何有关你的做法的提示. 可以做到吗？即使你展示不相邻两个县的颜色，你仍透露了一些信息，因为之后我们会知道你是否用同样的颜色或不同的颜色给它们涂颜色. 这是我们提到的交互式方法. 我们假定你使用的三种颜色为黄色、绿色和红色. 你给美国地图涂了颜色，但并未告诉我们结果. 我们选择两个相邻的县，例如洛杉矶和圣贝纳迪诺. 你向我们展示你给它们涂了什么颜色，例如黄色和绿色. 由于它们不是相同的颜色，我们没有发现你的错误. 这只意味着我们没有发现你用相同的颜色给两个相邻县涂色，但你仍然可能无法按照要求给整个地图涂色. 然而，如果随机选择两个相邻县，我们将逐步确信，事实上你可以按照要求给地图涂颜色，因为我们在你所展示的两县中发现一个错误的概率（也就是说，它们具有相同的颜色）大于1/20000（因为有共同边界的县不超过20000对）. 同时，除了我们事先就知道两个相邻县会用不同的颜色以外，你还没有透露任何关于你给地图涂颜色的方式. 在第二阶段，你重复给地图涂颜色，但却改变所用颜色. 我们再一次随机选择两个相邻县，你向我们展示给它们所涂的颜色. 如果它们不是相同的颜色，我们对你能够执行该任务的信心在程度上也会提高. 然而，由于颜色改变了，我们仍然没有了解到有关你给地图涂色方式的任何信息. 例如，即使洛杉矶再一次被偶然选出，这一次你可能给它涂的是红色. 我们可以多次重复这个过程，直到能够确信你可以妥善地完成这项工作，但你仍未透露有关你做法的任何内容.

让我们回顾一下另一个例子. 你试图使我们确信你已完成了前文所提及的数独，并且未给我提供你所用的解决方案的任何线索. 对于1~9中的每一个数字你都选取一种颜色进行替代，而且并没有告诉我什么颜色代表什么数字，也没有给我们展示完成了的、已经着色的数独. 我们随机选择9行中的一行或9列中的一列或3×3子方块中的一个，然后你向我们展示这些涂了颜色的列、行或子方块. 如果你没有正确地完成数独，在我们的选择中不可能会看到9种不同的颜色，这将至少有1/27的概率. 重复这个步骤200次，随着你所选取的颜色的不同以及我们所选择的列、行或者子方块有9种不同的颜色，于是我们将得出如下的结论，即你没有正确完成数独的概率小于1/27的200次幂. 然而解决方案是不完整的. 你必须使我们确信，在涂色过程中，你并未改变一开始时数独所显示的数字. 这可以通过以下方式得以实现，即在任何阶段，我们都可以随机地要求你向我们展示放置初始数字的正方形中现在的颜色所代表的实际数字. 如果数字与约束条件匹配，则你作弊的概率和之前一样低.

显然，手工执行这些程序不是一个实际可行的提议，但对计算机而言则是一个简单的问题. 此外，即使我们需要检查超过3000个县的地图或比 9×9 大得多的数独，任务仍将有效率. 如果你想计算如何只用三种颜色绘制符合条件的地图，或如何解决一个巨大的数独则另当别论. 此外，尚不清楚三色问题是否在 P 类问题中. 我们知道它是 NP-完全问题. 特别地，与数独问题一样，如果你能找到一个判别地图能否按照要求用三种颜色涂色的多项式算法，你就已经回答出 P 是否等于 NP 这个问题了，并且如果你是第一个回答者，你将获得一百万美元.

55. 编码

编码信息或密码学，一直使人类着迷. 我们已经提到了在第二次世界大战中德国使用的恩尼格码（Enigma）密码，它因机电式计算器的使用而被破解. 数学计算使实用的加密的方法得以应用，如今就我们所知，甚至速度最快的计算机也无法将其解密. 我们将提出其基本思想，即所谓的单向函数.

比如两个质数的乘法及因式分解. 当给定两个质数 p 和 q 时，对于计算机来说即使数字很大，找出乘积 $pq=n$ 也是一个非常简单的任务. 如果我们只给出乘积 n，即使对于最快的计算机，在今天找到 p 和 q 也是一个不切实际的任务. 一个指数算法被发现可以解决这个问题，但尚不清楚是否存在一个多项式算法. 这样一种关系，虽然可以很容易地计算出一个方向，但却很难在相反的方向上计算，被称为单向函数. 因此，基于数学知识框架的现状，两个质数的乘积与乘积的因式分解的关系就是一个单向函数. 如果你找到这个乘积的因式分解的多项式算法，该函数便不再是单向的，此外，你的发现会有广泛的影响. 其他的一些单向函数，不用多说，在专业文献中已经被提及. 质数的乘积及其因式分解这一单向函数已经在日常生活中得以应用.

使用单向函数编码的想法是由三名美国科学家提出的. 他们中的两位，马丁·赫尔曼（Martin Hellman）和他的同事惠特菲尔德·迪菲（Whitfield Diffie），在1976年发表了利用所谓的公钥密码学进行加密的想法，该想法源于第三位科学家拉尔夫·默克尔（Ralph Merkel）发表的一篇具有类似主题的论文. 他们三个人是这种方法公认的先驱．这个想法由当时在麻省理工学院工作的三位科学家——仍然在那里工作的罗恩·李维斯特（Ron Rivest），现在在魏茨曼研究所工作的阿迪·萨莫尔（Adi Shamir）以及目前在南加州大学工作的伦纳德·阿德尔曼（Leonard Adelman）——转化成了一个实用的系统．这三个人是2002年图灵奖的共同获得者．他们名字的首字母，RSA，就是今天为人所熟知的、应用最广泛的加密系统的名字．该方法基于两个质数的乘积是一个单向函数的事实．此外，直到今天仍没有一个有效的算法可以找出一个给定数的质因数．如果明天你找到一个求解质因数的有效算法，则将使现在使用的基本编码手段变得无效．潜藏于单向函数应用下的数学原理如下．

我们想使你相信，我们知道明天国家彩票的抽奖结果，而不必真正告诉你中奖号码是什么．我们选择两个大的质数并将第二天的中奖结果嵌入到两个数中较小的那个中；例如，我们以较小的质数为获奖号码的开头确定6个获奖者．我们将两个质数相乘，把乘积拿给你看，并告诉你中奖号码如何出现在较小的质因子中，但并未直接向你展示中奖号码．你如果尝试着将乘积因式分解，你就会知道我们所编码的中奖号码是多少．正如我们说过的，把两个数相乘是一个简单的问题．相比之下，乘积的因式分解是极其困难的．即使你使用最快的计算机工作一整夜再加上第二天一整天，你也无法将乘积因式分解并找到中奖号码．在抽奖和宣布中奖号码后，我们将向你展示该因式分解以及写在其中的中奖号码．我们无法作弊．因为你知道乘积，并且很容易检查出这个数实际上就是两个质数的乘积．

该方法可用于发送加密消息．我们事先给你一个很大的质数．当我们想要给你发送一条消息时，我们会将它嵌入到一个新的质数中，并向你发送该数与你已有质数的乘积．你可以很容易破译消息．两个数的乘积可以安全地通过电话或电子邮件传送，而且不用担心任何可能拦截电子邮件消息或窃听电话的人能够理解该信息．即使该方法被大肆公开（这是公开密钥这一术语的由来），但除了你没有人能够破译代码，即计算出这个数字的质因子．这个例子阐明了该系统的数学基础．其实际应用需要进行一些调整，这里我们还没有描述，特别是如果我们想发送编码消息给许多客户，并且让每一个人都能够打开消息．在这种情况下，系统潜在的想法是给每个客户一个质数，并发送给他编码数字的乘积和他已知的质数．用这个乘积去除以他已知的质数是一个简单的问题，这就使他很容易地破译了消息，而该消息仍处于编码状态并使没有质数的人无从下手．

56. 下一步会怎么样

本章最后两节中提出的观点是非常快的计算机时代所特有的. 然而，即使今天最快的计算机也无法满足我们对所有快速计算的需求. 此外，随着计算机变得更快，我们对计算的欲望和渴望也变得更加强烈，我们永远不会达到计算能力可以满足我们要求的情况. 此外，正如我们所见，存在一些理论上无法有效解决的问题. 另一方面，一些配备最好程序的快速计算机无法解决的日常计算任务却可以通过人脑得到令人满意的解答. 类似情形中，这些过程本质上可被视为真正意义上的计算，其实现无比优于最快的计算机. 因此，了解本质的过程可能会提供一个如何达到更高效的计算过程的线索. 这些本质不仅可以作为目标的主要来源，还可以为数学家和计算机科学家致力于推进计算能力的发展提供灵感. 在本节中，为了促进计算的可行性和计算机使用的可能性，我们将描述一些数学和技术发展的动向.

第一个目标与人类的大脑有关. 人类的大脑能够执行连最快的计算机也无法执行的任务. 例如，面部识别. 有时，在拥挤的人群中的快速一瞥，便足以使你辨认出一位多年不见的同学. 任何计算机程序，不论从何处、离的有多么近，都无法做到这一点. 例如，在进入某一特定互联网页面时，就用到了这一技术缺口，此时你会被要求识别和复制一个以变形的方式写的随机字母数字系列. 人类的大脑可以识别数字或字母，而计算机程序却不能. 第二个例子是理解一种语言并翻译成另一种语言. 即使你听到的只是结构混乱、腔调古怪的句子的一部分，你大概也可以理解他要说的是什么. 只有当句子在已经编程用于识别的框架中时，计算机才能够理解并做出正确反应. 有从一种语言到另一种语言的翻译软件，但是它们的效果只有在资料是专门性质和在一个预先确定的结构中时才是可以接受的. 检查所写内容的意义，特别是在字里行间阅读和翻译，对于一个翻译人员来说是简单的任务，但却超过今天任何计算机的能力范围. 进一步地，人们有时表达着与他们所写或所说相反的意思. 例如，有人想表达的意思是，任何头部损伤，无论有多么严重，都应该被治疗，他可能会写道，“没有头部损伤严重到使你放弃治疗的希望”（与第 50 节的例子比较）. 其他人会正确地理解作者的意思，同时做出评论并采取相应行动，但计算机却不行. 计算机可能将字面内容理解为一个人对任何头部损伤都应选择放弃——语法上正确的意义. 目前没有翻译程序可以正确分析所写的目的，但人类却可以很容易地做到. 开发能够模仿人类能力的计算机程序的研究领域，称为人工智能.

我们已经说过，阿兰·图灵奠定了数学计算的基础. 他也认识到了人类大脑的计算能力和计算机计算能力之间的差别，并在 1950 年的一篇文章中，对人工智能科学提出了挑战，它被称为*图灵测试*，它是下面这样的. 我们什么时候才能说一台机器具有了人类智能呢？一个人可能在与另一个人或一台机器说话，且此时他无法看到他的交谈对象. 当说话者不能判断与他谈话的是一个人还是一台机器时，这台机器就已经达到了人类智力的阈值. 该测试突出了人类思想和计算过程巨大的区别. 图灵测试不涉及知识的广度或反应的速度. 在这些方面，任何计算机都大大优于人类. 该测试检验计算机可以模仿人类思维的程度. 我们已经不止一次强调，进化论告诉我们直观地思考，它并不符合数学逻辑. 我们的判断是基于我们自己的生活经验以及人类数百万年的发展过程中所积累的经验，即编码于我们的基因并通过遗传所传递的经验.

计算机能模拟经验吗？答案还不清楚. 人工智能有许多成就值得赞扬，并取得了令人瞩目的进展，但只有时间会告诉我们基于逻辑的程序是否可以达到进化论产生的思维成就.

推进机器的人工智能的一种方法是复制大脑本身执行思考任务的方式. 我们不知道或不理解人类大脑所有的思维原理，但我们知道大脑的解剖学. 具体来说，大脑由大量神经元组成，构成一个神经元网络，每个神经元连接着几个相邻的神经元并能根据神经元的条件和环境条件向周围的神经元传递电子信号. 在接收到任何输入后，思考过程便以传播这些惊人数量的电子信号的方式产生了，并且在不同的神经元集群之间同时发生了. 在思维过程结束时，大脑处在新的形势下，此时输出可能是使身体某一器官以适当的方式做出反应的指令，或将这个输入信息或其他一些事实存储于记忆中. 建造一台能够达到和大脑思维能力一样的机器的努力方向，是正致力于尝试复制神经网络这一结构. 这是一个关于利用自然结构建造数学模型，从而进行有效运算的尝试. 现阶段而言，该目标仍然很遥远，一定程度上是因为该数学模型的实现使用了那些缺乏人类直觉的逻辑式的计算机. 如果人类直觉和判断力的行为确实只是大脑中大量神经元输出的结果，那么模拟神经元网络的计算机和计算机程序是有机会通过图灵测试的. 然而，在人类思想中很可能有另一个不为人知的结构.

在自然界中，还存在另一个令人印象深刻的、有效的并已通过进化论证明的计算过程. 进化论的支持者和反对者之间的争论并不纯粹是基于科学的，因为后者支持智能设计的概念. 然而，进化论的反对者却提出一个科学论点，即这种有序和成功的结构并不是一个随机的、没有编程的过程的结果. 应该注意的是，虽然在进化过程中随机性确实起到了重要的作用，这个过程本身是确定性加以定义的. 在随机突变中，能够存活下来的将是最适应其给定环境的那一个. 突变发生在基因再现的过程中. 很难理解该过程是多么有效率. 很难想象从一个蛋白质分子到地球上的大量动物物种所经历的基于突变和选择的发展过程. 这一特殊的成功为进化论反对者提供了支持，他们声称结果不合乎道理. 然而这确实是所有生命的发展方式，这一证据在不断积累着. 这样的证据包括计算机模拟进化的过程，这表明该过程是可行的. 在计算机模拟进化本身的能力之外，它们能够模仿进化过程的基本原则，也就是说，它们可以建立基于突变和选择的算法，从而可以有效地实现其他计算任务.

这种算法被称为*遗传算法*. 很难识别该方法的第一阶段，因为很多科学家从不同的方向对它的发展做出了贡献. 一个良序的、结合基本假设和规则并支配它的进步的方程式，使这个话题很受欢迎，它由密歇根大学的约翰·霍兰（John Holland）在 1975 年出版的一本书中提出. 我们将用一个例子来说明该方法的原则.

假设我们要在一个非常繁忙的机场建立一个起飞和降落程序. 其目的是制作一个满足安全要求、起飞和降落的时段限制要求、航线的每周起飞和降落要求，以及其他需求的时间表，同时，还应使飞机在机场地面的不必要停留时间最小化. 问题可以表示成复杂的数学优化方程的形式，但即使是最先进的计算机，也没有办法完全解决这样的问题. 遗传算法则提供了一种不同的方法. 首先，建立一个满足各种约束和要求的时间表，这可能与最理想的情形相去甚远. 接下来，尝试各种变化，即小幅度修改时间表，并且仍然满足所有的需求. 对于每一个变化，衡量优化指数是否改善，如果是这样的话，进一步计算改善了多少. 计算机可以很容易地执行数以百计的这些变化和检查. 然后在最好的优化结果中选择 10 个结果. 对于每一个结果，重复这个过程，也就是说，引入进一步的改善，并在这些第二代结果中再次选择最好的 10 个. 一直重复这个过程，直到在结果再也无法进一步显著改善. 最终结果可能取决于最初的时间表，但是计算机可以在不同的初始表上重复该过程. 几次这样的尝试就会产生一个令人满意的机场的时间表.

上述方法在编程及工程等领域得以广泛应用. 这一发展可被归纳为计算机速度促进数学发展的阶段. 该方法在新领域的最新应用已被公布.

这些做法的目的之一是确定隐藏于实验数据下的恒等式或自然法则. 这一方法在数学中并不是初次使用. 高斯使用的这一测量法对于小行星谷神星而言是有效的，他利用最小二乘法求解小行星运行轨道方程的参数，从而预测出谷神星将从太阳后面再次出现的时间. 高斯的出发点是谷神星的运动方程是牛顿方程的微分形式. 经济学提供了另一个例子. 当前经济学研究领域的实践是假设两个宏观经济变量之间依存度的一般形式，例如输入和输出，并通过数学计算找到提供最佳关联的参数. 诸如此类情况下，无论是牛顿方程或是输入和输出之间的关系，最初的提议都是基于人类的理解.

康奈尔大学的计算机科学家胡德·利普森（Hod Lipson）试图进行更进一步的理解. 当给定一个数据集合，例如一个特定物体的运动数据时，计算机从一个一般方程开始并测量其描绘物体运动的程度. 然后计算机尝试“突变”，也就是说，使方程本身发生微小的变化，并从成千上万的可能变化中，选择 10 个能最好地描述该物体运动的情形. 依此类推，通过突变的方式对方程进行改进. 当方程能最好地描述物体的运动时，遗传算法即可结束. 当然计算机也会受到程序所允许的一系列突变的限制，但令人难以置信的计算速度可以有效地检查各种方程式. 我们可以毫不夸张地认为，如果牛顿运动定律现在仍是未知的，我们就足以知道该物理定律是一个关于位移、速率（一阶导数）和加速度（二阶导数）的微分方程，并且遗传算法能从这些经验数据中揭示出该方程. 这并不意味着牛顿是多余的，他引进这些微分方程来阐述他的定律，这一点已超出了计算机所具备的能力（至少对今天的计算机来说）. 然而，对于许多工程应用而言，使用利普森和他的同事正在开发的算法可能比尝试使用逻辑分析来找到确切的描述运动的方程更容易.

另一个更加大胆的发展是尝试使用一种遗传算法来开发计算机程序. 内盖夫本-古里安大学（位于以色列）的摩西·西帕尔（Moshe Sipper）正在建立这样的算法. 假设我们希望编写一个能够有效地执行某一特定任务的计算机程序. 让我们先从一个简单的、能或多或少地执行任务的程序开始. 通过向初始程序引入微小的变化，我们让计算机检查所得到的程序. 从这些变化而来的程序中，我们选择 10 个能最好执行既定任务的程序. 我们对这些程序引入新一轮的变量并重复该过程，直到程序能够按照我们的要求执行任务. 当然，这是个想法. 它的实现更加困难. 在今天很难估计这些基于进化方式的发展需要多久才能实现并取得多大程度上的成功.

我们将简要说明另外两个方向的发展，实际上是试图用其他类型的计算机取代电子计算机. 第一个是分子计算. 免疫系统可以看作是一个极其有效的计算过程. 输入是入侵血液的细菌. 计算机，即这种情形下的免疫系统，它可以识别细菌并发出请求去制造杀死细菌所需要的白细胞. 在大多数情况下，输出是已死亡的细菌. 当大量的细菌和大量的血细胞在血液中相遇时，计算得以执行. 生物分子科学家可以从结果（即特定的蛋白质）中得出有关此过程的结论. 生物分子的知识可以用来计算数学结果. 从几种分子类型混合的结果，我们可以了解混合物的成分. 这些成分可以代表数学元素，混合这些要素的过程可代表作用于数字的数学运算，于是这种数学计算就可执行了. 这个系统的发起者是 RSA 加密系统的先驱之一，即我们在第 55 节中谈到过的伦纳德 · 阿德尔曼. 分子计算仍处在起步阶段，我们无法知道这些试验将通往何处.

另一个方向是量子计算机. 在这个阶段，该想法几乎完全是理论的. 量子计算机的计算结构与电子计算机是一样的，因此我们再一次回到图灵机的框架. 每一个量子计算机可以被描述为一个图灵机，但量子计算机的速度将会更快. 理由是量子计算机的状态是基于描述电子状态的波. 量子叠加的波特征所形成的局面就如同可能的基本状态的集合，也就是说，处于某一状态的可能性的组合. 这样可以增加可能的状态数. 结果是，这些情形不再是一个二进制数字的序列（如 1 或 0），而是一行包含更多值的数字. 特别地，在常规图灵机上需要指数步数的计算，在一台量子计算机上可能只需要多项式步数的计算，甚至是线性步数的计算. 关于本书中涉及的该主题，没有必要去理解量子计算机背后所蕴含的物理意义. 量子计算机的发展本质上是一个工程问题，还远未实现. 如果量子计算机得以实现，那么我们在 53 节所描述的有关计算难度的世俗观念将会被改变. 目前需要指数步数才能解决的问题将立即变为 P 类；换句话说，它们将能够得到有效的解决. 求解质数乘积的因式分解问题的高效量子算法已经存在，但数学方法仍要等待量子计算机的问世.

我们将从数学自身进步所具有的革命性潜力的不同方向与方式中得到结论. 利用计算机进行数学证明并不是什么新鲜事. 最著名的例子是四色定理的证明. 在第 54 节中，我们描述了这个问题：给定一张二维的地图，你能只用四种颜色给它涂色吗？我们可以很容易地画出不能仅用三种颜色进行涂色的地图（见右图）. 每一张二维地图能否只使用四种颜色就可给它涂色的数学问题是一个多年的公开问题. 问题在 19 世纪中叶已经被描述. 到了 1879 年，这个问题的解决方案被发表，但在几年之内该方案中的一个错误被发现. 近一百年过去了，在 1976 年，伊利诺伊州大学的两名数学家肯尼斯·阿佩尔（Kenneth Appel）和沃夫冈·哈肯（Wolfgang Haken）提出一个完整的、正确的证明，但该证明以计算机所执行的计算为基础. 他们必须检查许多种可能性，大概 2000 种，且这是由计算机完成的. 在这种情况下，计算机的贡献在于节省了大量时间，但它也增加了证明的可靠性. 如果他们依靠人工来进行所有的检验，错误的可能性会高得多. 这种数学计算的计算机辅助仍是技术上的（并且仍有一些数学家并不准备接受这种技术辅助作为数学证明的一部分.）

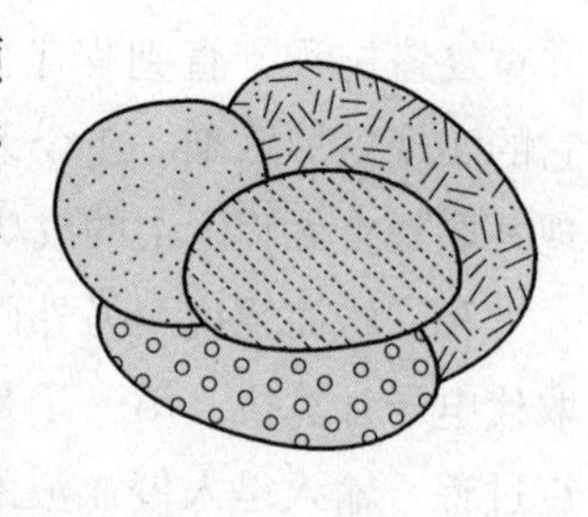

计算机能超越计算助手的角色功能，而被用来证明数学定理吗？美国新泽西州罗格斯大学的多伦·蔡伯格（Doron Zeilberger）宣称，答案是肯定的. 此外，他声称计算机可以揭示人类所能理解之外的数学事实. 蔡伯格所从事的定理类型为恒等式. $(a+b)(a-b)=a^2-b^2$ 这一等式或恒等式，在其抽象状态上，与古希腊的数学恒等式相似. 在数学发展的这些年中，更复杂的恒等式被曝光，它们不但与数值恒等式相关，也与其他数学对象之间的恒等式相关. 作用于符号表达式的计算机程序已经存在了许多年. 蔡伯格使用这些程序证明了代数中的重要恒等式，并且使用计算机来揭示新的恒等式. 他很重视计算机的贡献，以至于他把计算机作为自己的一些科学论文的合著者. 他将自己的计算机命名为“Shalosh B. Ekhad”. 明显地，“Shalosh B. Ekhad”只合著那些它做出贡献的论文. 另一方面，它也与其他数学家合作，甚至它是一些论文的唯一作者.（截至笔者写本书时，已有 23 篇论文被列于“Shalosh B. Ekhad”的出版物清单之中，并且它与 13 位作者合作过.）除了有益健康的幽默之外，笔者认为这种方法中还蕴含着一些基本的东西. 蔡伯格曾断言，有朝一日，计算机将揭示人类难以理解的数学定理，该断言是不容忽视的.

第八章

真的没有疑问吗

- 数学家是一种不知道他在说什么并且也不在乎他说的是否是正确的人吗?
- 集合论是人类最大的成就吗?
- 集合论是数学将要克服的一种弊病吗?
- 你会相信说着“我正在说谎”的那个人吗?
- 在你完成对 1 +1 =2 这个等式的证明之前，你需要读多少页《自然哲学的数学原理》呢?

57. 无公理的数学

由于古希腊人把数学变成了一门基于公理和推理规则的学科，所以数学家们把这些看作是基础数学的坚实基础. 最初的公理反映了物理真理，或理想的数学真理，这是不可争辩的事实. 后来公理的概念被更广泛地解释，并且人们也对一系列的公理进行了检验. 现代数学也允许在相互矛盾的结论比较下发展. 尽管如此，符合逻辑推演规则的假设还是可以依赖于被普遍接受的观点的. 同时，由于直觉在进化的发展过程中与经过数学分析的一些明显符合逻辑的原理不太一致，使得古往今来的许多数学家都在数学发展中忽略了严格要求的逻辑方法，以至于在日常对定义和证明的研究中只依赖于直觉或形式主义，而与逻辑框架无关. 这里有几个例子.

古希腊人偶然发现了负数，但是他们却拒绝接受它. 生活在公元 3 世纪的亚历山大的数学家丢番图（Diophantus）找到了解决代数方程的方法，并且用一种正规的方式证明出了负数的存在. 然而，他并没有接受它们作为方程的实数解，即在方程中若出现负根就放弃这个方程，并认为该方程是不可解的. 导致这种结果的直接原因是古希腊人对数的定义是基于几何学的：每一个数反映一段长度，与一个单位长度有关. 一个有理数，例如 5/3，是一段长度，是一个单位长度的 1/3 的 5 倍. 一个无理数，如$\sqrt{2}$，是一个边长为 1 个单位的正方形对角线的长度．这些都是直观的、基于公理系统的几何定义，但古希腊人认为这是完美的．在这样的体系中，负数没有生存的空间．

后来，古代印度人允许使用负数去解决问题．例如，对位于方程一边的一个数，也可以被写成负数而转移到方程的另一边，但与此同时他们也不承认负数可以作为独立的数学对象．另外，我们曾在讨论算法时谈及阿拉伯的数学家花拉子米，他允许负数作为一种计算手段来使用，但也否认负数自身的存在权利．随着时间的推移，许多人使用负数来解决问题，这种方法根植于数学实践中，但这些数字并没有作为合理的对象而被接受．虽然人们使用了负数，却不同意各种算术运算中都能包括那些数字．在整个17世纪，数学家们都在进行着如此的争论．莱布尼茨考虑了两个负数相乘或1除以 -1 的结果．欧拉提出了 $(-1)\times(-1)=1$，这满足乘法运算规则，但却没有逻辑或直观的基础．这种分歧一直持续到19世纪初．

那个时代，英国最杰出的数学家之一，奥古斯·德摩根（Augustus De Morgan，1806—1871）用下面的习题解释了为什么负数没有意义．一位56岁的老人有一个29岁的儿子，问何时父亲的年龄是他儿子的两倍？这种简单的算术现代的学生可以轻松解决，答案是 -2，我们明白这意味着两年前父亲的年龄是儿子的两倍．然而在19世纪，德摩根的结论是，-2 显然是荒谬的．与此同时，他认为这个问题可以放在不同的问法中并能得到正确的答案．那就是问多少年前父亲的年龄是儿子的两倍，答案是2．这个方法在今天能被接受，数放置在无限的数轴上，负数所度量的长度在负方向上，这是一种相对现代的表示．因此，我们看到负数在世界各地独立地发展着，在被公认为是一个值得用公理加以定义的数学基础之前，负数在很长时间内都被用作解决数学问题的有效工具．

另一个先于逻辑体系的例子是复数的概念．这是一个形如 $a+b\mathrm{i}$ 的数字，a 和 b 是实数，i是负1的平方根，也就是说 $\mathrm{i}=\sqrt{-1}$．它也是作为代数方程的解的表示形式而出现的．例如，方程 $x^2+1=0$ 没有实数解，但是i和 $-\mathrm{i}$ 都是方程的解．今天，这一数字体系已被我们熟知，并且可用于多种目的，包括对自然现象的描述．也有用于描述复数的公理系统，但数学家早在该公理系统构建之前就开始使用复数了．最早使用复数的数学家之一是卡尔达诺，我们曾在第36节提到过他，他以解多项式方程而著名，并提出了复数作为方程的解，但却没有解释这些数是什么，也没有谈及所参考的公理是什么．另一些人进一步开发了该体系，但与负数所处的境况类似，科学界的许多成员都在反对接受复数是合理的数字，例如，笛卡儿就是反对者之一，他认为对复数做出这样的解释是没有意义的，称 i 是一个虚幻的数字，并试图加以诋毁．今天，复数这个名字没有改变，还在使用，但已经不包含任何消极的含义．牛顿也没有对它施加改变，后来，这些数字被合理地接受了．今天复数被方便地用于描述牛顿建立和发展的力学系统，虽然可能牛顿本身并没有应用它．后来，有关复数的算术得到了正式的发展，并且还发现了许多额外的用途．但直到 19 世纪，关于复数的逻辑定义及公理才得到确认，但这并没有妨碍其早期的使用．

由牛顿和莱布尼茨发展的微积分也缺乏逻辑基础以及相应的公理．我们已经提到过贝叶斯对牛顿理论进行辩护的文章，它反对伯克利主教对其展开的攻击．随后，其他人也由于微积分没有建立在逻辑基础之上而否认它．这样的攻击得到了一定的支持，原因在于事实上微积分发展没有考虑标准的严格数学方法，其结果是许多明显的错误被制造并揭示出来．牛顿和莱布尼茨把一个函数在一点处的导数定义为这个函数在此点处的变化率，变化率的几何解释是该点处函数切线的斜率，他们在其文章中使用了切线这一专业的术语．他们对每一个函数在每一个点处都应用了这个定义，而忽略了切线的存在性问题．很容易找到在特殊点处切线不存在的函数，例如，取一个数的绝对值（通常被写成 $|x|$），这个函数在零点处的切线不存在，因此在这一点函数的导数是不存在的．也许我们可以把这个例子中的零点忽略，但更加难以解释的是由德国最德高望重的数学家之一卡尔·魏尔斯特拉斯（Karl Weierstrass，1815—1897）给出的一个例子．这个例子中所谓的魏尔斯特拉斯函数是连续的，但在任何点处都没有切线．埃米尔·皮卡（Émile Picard，1856—1941）对于上述争论给出了这样的评论：如果牛顿和莱布尼茨早已经知道了魏尔斯特拉斯的例子，那么微积分就可能不会出现了．因此，历经一百多年的努力，数学家们在可接受的逻辑基础上，建立了更为严格的微积分框架．

58. 缺乏几何学的严格化发展

直到 19 世纪，数学家们才开始努力重新检验数学的逻辑基础及其发展中的严格化程度等问题．这里之所以用“直到”这个词是经过深思熟虑的，因为几千年来古希腊数学家所发展的数学都是依靠直觉的，这自然能与欧几里得建立的公理系统相符合．但这并不意味着公理的地位完全被忽视了．有少数的尝试去检验公理的相容性或尝试去取代其中的公理，但这些尝试集中在特定的主题，如在第27节讨论过的平行线公设. 数学家一般认为没有必要对数学基础进行全面的检验.

两个内在相互关联的因素产生了一种意识，即要对已经长期使用的数学概念和正在应用的数学公理进行再次验证. 第一个因素是迅速增长的大量数学定义并不是充分明确的，在微积分的使用中，人们发现这些定义甚至引起了错误. 例如牛顿的公式，特别是流数的应用，其基础是对一个函数的变化方向的描述，这可能适合于牛顿自身的直觉，但是对于许多其他人来说，就会感到很束手无措. 还有莱布尼茨的公式，虽然说将无穷小以 dy/dx 的除数公式形式来使用是方便的，但它并没有涉及无穷小量的本质，数学家以直觉来发展它们，经常会导致错误. 对于这两种方法，即牛顿的方法和莱布尼茨的方法，我们很清醒地认识到，其理论发展的依据都是基于几何学的.

随后第二个因素出现了，其突出了对基础知识重新研究的需要. 经过很长时间，几何学的逻辑基础被认为稳定了，因此不需要进行大范围的检查了. 如第27节所述，与构成几何学基础的公理的正确性相关的疑问及疑虑出现在19世纪初期. 当时人们所问的问题关系到描述几何公理的绝对正确性及其逻辑完整性. 例如，欧几里得指出两个点在直线两边的情况，当我们遇到这样的描述时，一个清晰的画面会立即进入我们的脑海，直线的两边各有一个点. 但是直线的两边是什么呢？它们的存在并不是来源于一个公理，想象一根长管，想象一条直线沿着它的长度画出来，这条直线实际上有两边吗？这样的怀疑导致数学巨人，领头羊式的人物，法国数学家奥古斯丁-路易斯·柯西（Augustine-Louis Cauchy，1789—1857）在前人的基础上重建了微积分，但这一次，他是基于数字系统而不是几何学.

起初，我们不会深入研究发展的细节，而只是说明一个概念. 如上所述，牛顿、莱布尼茨以及他们的追随者所给出的导数的定义是，一个函数在一个点的切线的斜率. 几何上清楚地定义了切线及其斜率. 为了确定它们只是使用数本身，柯西用的是一种精确的概念，是以一个数列的极限的概念为基础的. 而阿基米德已经明确地提到了极限的概念，但却没有定义它. 柯西定义极限如下：

数 z 是数列 x_n 的极限，如果对任意的 ε 大于零，存在一个正整数 m，使得对于大于 m 的任意正整数 n，都有 x_n 与 z 的距离小于 ε，那么数列 x_n 的极限为 z.

这听起来复杂吗？的确，这个定义是复杂的，因为一个公式中有许多量其必然就是复杂的. 这个定义中至少有三个量，而且它们出现的顺序也很重要，我们不能直观地把握它. 如果我们当中有一些人完成了微积分课程，就知道他们可能会在这个阶段遇到这个定义，但肯定也会遇到困难，甚至成为他们的噩梦，与此类似的定义也困扰着他们和他们的同事.

当极限的概念清晰的时候，一个函数 $f(x)$ 在一点 x_0 处的导数的概念可以定义如下：

对于每一个以 0 为极限的数列 h_n，其中 h_n 不为 0，导数是数列 $\frac{f(x_0+h_n)-f(x_0)}{h_n}$ 的极限.

这个定义听起来复杂吗？的确. 然而值得注意的是，定义中只是基于数列而与几何无关. 定义的动机是曲线的切线的斜率，这是几何的，但定义本身却不使用几何.

这一点应该是有意义的，它会反复与其他材料进行联系而不断发展，而这一严格发展的目的却不是更好地理解这些概念. 我们将进一步说明，以便更好地理解应该用几何图形来说明概念. 其发展背后的原因类似于从几何的错误观念中避免错误的尝试.

基于数的微积分避免了直接对几何公理的依赖，但这并没有避免间接依赖性，因为数的定义本身就是几何的. 关于这个问题，我们之前引用的例子是无理数的定义，例如 $\sqrt{2}$ 定义为一个边长为 1 的正方形的对角线长度. 在此之后，人们开始尝试为无理数提供非几何的定义. 当时的两位顶尖级的德国数学家，卡尔·魏尔斯特拉斯和伯恩哈德·波尔查诺（Bernhard Bolzano，1781—1848）将无理数的概念定义为有理数列的极限. 因此，$\sqrt{2}$ 将被定义为正有理数列 r_n 的极限，它满足 $(r_n)^2$ 本身有一个极限，且为整数 2. 后来，德国数学家理查德·戴德金（Richard Dedekind，1831—1916）则提出了一个无理数的不同定义. 这个无理数的定义是以他的名字命名的，即戴德金分割，这在今天的大学数学中仍然被使用.

例如 $\sqrt{2}$，被定义为有理数集对，记作 (R_1, R_2)，其中 R_1 是一个正有理数集，它的每一个数的平方都小于 2；R_2 是一个正有理数集，它的每一个数的平方都大于 2. 其他无理数也被同样地定义为某个有理数集对.

对于没有亲身经历过这种定义的读者来说，这似乎很奇怪. 一个单一的数字，其含义是明确的，这是几千年来都很清楚的概念，现在却被定义为一对有理数集．然而，为避免来自几何的纠纷，这确实是要付出代价的．由戴德金分割来定义的无理数，并不是试图让人们更容易理解无理数是什么．也没有人会认为他的这种用有理数集对形式的定义能使无理数更清晰化．几何的定义其实更简单易懂．朝这个方向发展的原因就是为了避免使用几何语言，即使这样做极大地复杂化了这个概念．

人们对无理数的定义没有采用几何方式，但也没有就此完全摒弃几何的背景，因为用来定义无理数的有理数，其定义是基于平面几何公理的．于是，就需要再次脱离几何去定义有理数．现在我将介绍我在大学第一节课上所学的这一主题的发展，这与本书的最后一部分有关，但是细节可以省略并且不会丢失主要信息．

首先确认，我们已经知道自然数1，2，3，等等，我们也知道自然数的加法和乘法运算．现在我们来定义正有理数．首先看自然数对（a，b）（它的解释可以帮助我们更好地理解为什么不用 a/b 的形式）．我们定义等价的数对，即如果 $ad=bc$，那么（a，b）与（c，d）等价（根据定义，我们可以得到等价保证了一种“相等”，换句话说，所定义的有理数是相等的）．一旦我们理解了等价是什么意思，就能如下定义一个正有理数：一个正有理数是一个数对集，其中的任何一个数对都彼此等价．另外，有理数的加法和乘法也必须被定义．我们定义（a，b）与（c，d）的和为（$ad+cb$，bd）的等价对集合，它们的积为（ac，bd）的等价对集合（我们建议读者自我检验这些运算）．

这些定义反映了我们对有理数的理解，并且在理论上它们是完全独立的．应该反复强调的是如果不涉及有理数，直观上就很难理解这一定义，对于这些奇怪现象唯一的原因就是我们没有完全理解其本质含义，就想要避免依赖几何．因此，正如我们所看到的，无理数和数列不依赖几何是可以被定义的．

注意，这些定义以及这里没有涉及的其他定义，都用到了自然数和集合的概念．有理数的定义中用到的集合对应着等价类，无理数的定义中用到的集合对应着戴德金分割．

59. 数集和集合的逻辑

数学基础发展中的定义依赖于集合这一事实得到数学界的广泛接受和巨大欢迎，特别是直线上的数的重新定义、极限的定义以及由此导致的微积分的定义．考虑到应用，能够说明前面以几何方式证明了的所有结果，以集合论为基础它也是正确的．例如，等式$\sqrt{2}\times\sqrt{3}=\sqrt{6}$可以通过几何来证明，也能简单地使用戴德金分割加以证明（为此我们必须定义和理解两个分割的乘积，我们将它们分享给读者.）从数学基础的角度来看，这更令人满意．事实上，正如乔治·布尔（George Boole）证明的那样，集合和逻辑命题之间是完全平行的，从集合方面来说的运算就是逻辑论证．（布尔发展了这种观点并将其作为分析可能性事件的方法，如前面第41节中所提到的问题）．下面是一些例子．

当我们考虑一个论断并将其看作是满足所有可能性的集合时，可以看出集合和逻辑命题之间的平行性．例如，我们将“正在下雨”视为所有正在下雨的情况构成的集合，称“天空是蓝的”意味着所有天是蓝的情况的集合．

我们将这两种说法记作P和Q，把它们之间的关系与两个集合A和B之间的关系加以比较．论断“P成立（即P是真的）或者Q成立”等价于集合A和B的并集，也就是说，包含A或B中所有元素的集合．类似地，“天正在下雨或者天是蓝的”等价于所有天正在下雨和天是蓝的情况的集合的并集．命题“P成立，且Q成立”等价于两个集合的交集，即包含A与B中所有公共元素的集合．交集记作$A\cap B$．论断“P不成立”等价于取A的补集，即不在A中的所有元素．用这种方式，每一个逻辑命题都能够用集合表示．因此，论断“P和Q不能同时成立”能被转化为$A\cap B$是空集．这样的集合就是我们熟知的不相交集．命题“天正在下雨并且天是蓝的情况是不可能的”，转化为集合的语言就是“下雨情况的集合与蓝天情况的集合的交集是空集”，即它们是不相交集．数也是基于集合的，这可以通过计算集合中的元素来体现（这将在稍后讨论）．

这使我们能够把整个数学都基于集合以及集合之间的运算，包括数和所有的定义以及由此产生的结论和数学定理．以下是从集合出发构建自然数的方法．该方法的形式化描述将伴随着一个直观的解释，但我们强调，解释并不是实际过程的一部分．

首先，假设一个空集，即不包含任何元素的集合．我们为空集选择一个数学符号，通常记为$\varnothing$．令空集对应于数字0．只包含空集$\varnothing$的集合对应于数字1，用$\{\varnothing\}$来表示．习惯上我们把所有元素用大括号括起来表示集合．数字1对应的集合只包含空集这一个元素．接下来的集合$\{\varnothing,\{\varnothing\}\}$含有两个元素，即空集$\varnothing$和$\{\varnothing\}$，这个集合对应于数字2．对应于数字3的集合是$\{\varnothing,\{\varnothing\},\{\varnothing\{\varnothing\}\}\}$，以此类推．这个公式比单纯说1，2，3，…更为复杂．

这种构建方法的唯一优势是不使用数字，它完全是以集合的形式展开. 因此，我们可以进一步确定其他集合，即在元素有限的情况下，通过一一对应使其等价于我们已经构建的集合，在此，这种对应反映了计数. 接下来用集合来定义数的加法，这可以通过合并两个没有公共元素的集合来实现，即求两个集合的并集. 这也正是小孩子们的做法. 他们通过一个有三个元素的集合和一个有四个元素的集合的并来计算三加四. 同理，也可以做乘法或其他运算.

我们将多次重复地提到，这些结构的发展更为简单明确地表明，数学可以建立在集合及其运算的基础上，因此可以不依赖于几何而建立起数学的逻辑基础. 没有人认为这将产生一个更好的更直观的理解. 一些数学家反对基于这种原则的发展. 例如，援引利奥波德·克罗内克（Leopold Kronecker，1823—1891）的话就是“上帝创造了自然数，剩下其他的所有工作是人来完成的.”换句话说，不需要去证明自然数的存在. 庞加莱（Poincaré）也认为这种结构是不必要的. 然而那个时代的大多数数学家却热情地接受了这种理论.

对集合的依赖导致了人们对无限的概念产生了新的兴趣. 用于定义自然数的集合包含有限个元素. 但是，集合需要更复杂的形式，如无理数所需要的集合，包含无限个元素的集合等. 问题的提出是很自然的，是否有可能实现将算术运算转化为包含无限个元素的集合的逻辑论断？如前所述，人类大脑在进化中并没有装备用来发展关于无限概念的直觉. 数学在整个古代的巴比伦、亚述帝国和埃及发展的数千年过程中，无限的概念没有被考虑. 无限这一术语以非常大的量或者大得数不过来的数被提及，这意味着很困难或者不可能数到的数. 古希腊人第一个接触到数学中的无限，例如数数可以无限继续下去，或者直线没有尽头. 关于无限，潜在的问题是世界是否存在，并且是否会一直都存在下去. 古希腊人对于不能分析无限集合的解决办法是将潜在的无限和实际的无限加以区分，这种区分基于的是亚里士多德的方法论. 他们根本不想将一个无穷集合作为一个合理的数学实体来考虑. 潜在的无限并不实际，例如，不断增加的数字的集合，或将有限长的线不断延长，世界会随着不断增加的时间长度而一直存在——古希腊人认为这都是有限的集合.

古希腊人坚持这一学说，虽然看似存在，但大多数数学的发展并不是基于公理，数学家毫不犹豫使用无限的概念，即使在非潜在的无限意义下. 例如，他们在研究平面几何中提到了无穷的线，甚至就此改写公理，忽略潜在的无限性和普通的无限性之间的区别. 对于许多代人来说，除了对伽利略的贡献外，关于无限的概念后人再也没有进行过讨论. 伽利略指出，虽然自然数要比自然数的平方“多”，但是在自然数和它们的平方间仍有一个一一对应关系，例如：

$$1, 2, 3, 4, \cdots$$

$$1, 4, 9, 16, \cdots$$

伽利略也发现物体下落的时间和距离之间的关系，正如我们所看到的，显然这种研究促使他考虑无限. 然而，伽利略的这一发现并没有超越无限有奇怪性质的论述，这样的论述与进一步的研究并不相容. 现在，无限集已经作为数学的基础，人们对它的依赖性也逐渐增强，已经到了应该探索那些更多奇怪性质的时候了. 这发轫于康托的研究.

格奥尔格·康托（Georg Cantor）于1845年出生在俄国的圣彼得堡的基督教徒家庭，这个家庭中既有商人又有音乐家，是一个明显具有犹太血统的家庭. 在康托11岁的时候，他们全家搬到了德国，他在那里成功地进行了研究工作. 在苏黎世大学毕业后，他回到了德国，并在柏林大学取得了他的博士学位. 他有幸在克罗内克和魏尔斯特拉斯的指导下学习. 这两个人是完全对立的，并且他们的竞争对康托也产生了巨大的影响. 在他完成学业的过程中，他希望在柏林或者德国其他重要的城市能拥有一个职位，但很明显，他的路被克罗内克封锁了. 康托在距离柏林100mile（160km）远的城市哈雷的一所不知名的大学得到了一个职位，在那里他发展了关于无限的数学. 但是克罗内克强烈反对这种新的数学，其表现之一就是阻止康托试图在专业杂志上发表他的论文. 自己的文章被拒绝以及职位的不称心，持续地打击着年轻的康托，并显然促发了他的精神疾病. 康托的大部分时光都在哈雷的疗养院度过，并于1918年在那里去世. 不过，他还是看到了其理论被数学界所接受，即使它对于数学的基础来说，存在着逻辑上的困难和悖论.

对于康托的集合论，我们给出一个简短的描述. 他的起点与前面我们提到的伽利略的分析相同. 康托指出，我们应该相信如果一个集合中的元素与另一个集合中元素之间能够一一对应，那么这两个集合中的元素个数相同. 因此，自然数集与其平方数的集合具有相同数量的元素. 同样地，他表明有理数集与自然数集有相同数量的元素，尽管有理数在实直线上是稠密的，而自然数是稀疏的.

接下来的一个问题是：所有的无限集合都有相同数量的元素吗？在这里康托制造了一个惊人的发现. 他证明了实数集和有理数集中的元素数量是不相同

的. 每一个有理数都可以用直线上的一点来表示，但是这些点和实数之间却没有如此的一一对应. 由此，他得出实数集合中的元素个数更多的结论. 他将自然数集中的元素个数用阿列夫零表示，记为$\aleph_0$，称和自然数集具有相同个数元素的集合为可数无穷集. 康托称集合的大小为势或基数. 其他比自然数集的势大的集合分别记为$\aleph_1$，$\aleph_2$，…. 我们并不清楚康托为什么会选择希伯来字母作为这里的数学符号，这其中的联系可能和他的家庭具有犹太血统有关. 其他的原因可能是希伯来文版本的《圣经》被德国的基督教所研究，而康托熟悉希伯来文，这就是为什么他选择了希伯来字母中的第一个阿列夫（Aleph）来表示这些数. 康托用拉丁文单词“continuum”（连续统）的首字母C表示实数集的势. 康托继续证明了C等于自然数集的所有子集构成的集合的势. 因此，正如包含n个元素的集合的所有子集的个数等于2^n（建议读者自己验证），那样，康托也把$2^{\aleph_0}$记为C.

康托还发展了势的运算. 例如，可以看出，当我们用集合的意义来定义和时，等式$\aleph_0+\aleph_0=\aleph_0$成立，即势的和为两个不相交的集合的并集的势. 的确，偶数集和奇数集的势都是$\aleph_0$，那么其并集，即自然数集的势仍为$\aleph_0$. 康托证明，一般地，一个非空集合的子集构成的集合的势比原集合的势大. 因此，集合的势可以无限地增加.

在这个优雅的理论发展的过程中，一些麻烦的问题出现了. 例如，是否存在一个基数，它比自然数集的基数大，而比实数集的基数要小？用有关数学符号表示这个问题，就是$C=\aleph_1$成立么？这个问题使康托以及其后的几代数学家都感觉到困惑，直到1964年才得到答案，我们将会在下面提到这个问题！另一个问题是，对于所有集合的集合会发生什么？众所周知，在所有的自然数中没有最大的，任给一个数，我们都能加上数1，从而得到一个更大的数！然而，在对集合进行检验时，可以问这样的问题，以世界上所有集合为元素组成的集合的基数又是什么？如此能确保这个集合的基数是最大的. 另一方面，康托还证明了对于任一非空集合，其所有子集构成的集合的基数要比原集合基数大，因此，对于所有集合构成的集合也应该有这样的性质. 我们似乎得到一个矛盾. 从新数学角度看，可以通过确定不是所有的集合都“有意义”来对这个问题加以解决. 因此，对于所有集合的集合，虽然称为集合，但不是应用于新数学的那种集合，正如自然数的算术运算规则不能用于无穷的情形！

以上就是19世纪末20世纪初的数学的情况！自然数由集合定义，然后，就像我们看到的一样，从而得到了正有理数以及负有理数的定义.（请读者原谅我们对那一阶段的详细描述）. 其次，无理数由戴德金分割所定义，由此定义集合的势 $\aleph_0$ 并且补充了无限集. 在此基础上人们又继续对微分、积分和其余数学进行发展. 逻辑运算，特别是推理所遵循的准则，仍能用集合的知识来解释. 从当时看来，坚实的数学基础已经被发现，并将代替由古希腊人建立起来的摇摇欲坠的数学基础.

在此背景下人们对于公理概念的理解又发生了一个新的进展. 古希腊人认为公理表达了自然中实体的属性. 公理本身就与熟悉的概念有关，例如点和直线，它们是由数学家严格定义的. 问题在于用于定义的概念本身是没有定义的，这里问题又重新出现：对实体的定义到什么程度便可以自我解释？至于答案，人们在 19 世纪一致认为，公理也涉及抽象实体，这些实体并不需要任何公认和定义，只需要明确地标示出来，即用字母 x，y，A，B 等. 当我们想要应用抽象数学时，我们必须根据已知实体来参考不确定量. 如果解释并证明了公理，那么与公理相一致的数学将会真实地描述现实. 与古希腊人不同，19 世纪的数学是由公理来处理元素的，因此其对自然或其他领域都没有帮助. 提到当初没有解释的元素，英国数学哲学家伯特兰·罗素（Bertrand Russell，1872—1970）形容道，数学家是一个不知道自己在说什么，并且也不在乎自己说的是否正确的人. “不知道自己在说什么” 指的是用数学处理问题时，从一开始就没有加以解释或说明其用途. “不知道说的是否正确” 指的是针对特定目的的真实性，例如自然界. 换句话说，数学家从事数学，可以不用解释也没有兴趣解释他所研究的内容. 尽管带有罗素式的幽默符号，尽管人们一致认为公理中的抽象实体并非是自然界中的代表，但是笔者的确不知道数学家在还没有完成对公理体系的认知的情况下如何进行讨论和研究，并能从中得出什么，除非在有限和极端的情况下. 正如我们所看到的，人脑并不能直观地与完全抽象的逻辑体系相联系.

19 世纪与 20 世纪之交，当时的主要数学家对于集合论的态度是有趣的. 特别是大多数著名数学家的反应，尤其是德国的大卫·希尔伯特（David Hilbert）和法国的亨利·庞加莱（Henri Poincaré）.

大卫·希尔伯特（David Hilbert，1862—1943）出生并学习于普鲁士的哥尼斯堡，（今天俄罗斯的加里宁格勒），然后移居到哥廷根，直到生命结束，他都待在那里. 在他的一生中，经历了几次欧洲政权变革，当纳粹党执政时他去世了. 他不是纳粹党的支持者. 在 1933 年之后，他试图帮助被迫害的犹太数学家和物理学家，即使他当时已不再年轻．在一次正式的晚宴中，纳粹政权的领导人物对希尔伯特说：“希尔伯特先生，我们终于摆脱了犹太人对德国数学的污染．”而希尔伯特的回答是：“是的，先生，自从犹太人离开，德国数学已不复存在．”他对数学从各个层面上都做出了许多贡献．他研究基础数学的发展，尤其是抽象概念和方法，他对逻辑和数学基础也感兴趣．他还对全世界数学研究产生了重要的影响，1900 年他应邀在第二次国际数学家大会（Second International Congress of Mathematicians）发表演讲，通常人们会在这样的国际会议上报告自己的数学成就，大卫・希尔伯特却选择给出了一张没有解决的数学问题的清单，并且他预测这些将会成为20 世纪的核心数学问题．这些问题确实是20 世纪以来数学研究的主要方向．一些问题解决得相对较快，而其他一些问题则至今仍没被解决，我们期待这些问题能够在21 世纪被解决！

亨利・庞加莱在相对论的发展中起了重要作用，他实际上起步于工程领域．他学习于高等矿业学院（École des Mines，一所采矿或工程学校），至今也是法国很有声望的学校．庞加莱非常年轻时就展露出才华，入选法国科学院院士，在索邦神学院（Sorbonne）任教，成为那个时代法国最有影响力的数学家．他的非学术活动之一是在著名的审判中为艾尔雷德・德雷福斯[㊀]（Alfred Dreyfus）辩护．他和他的同事，数学家保罗・阿佩尔（Paul Appel）和让・加斯东・达布（Jean Gaston Darboux）给出了实证，即在一份书面报告中向法院提交了在严格的科学检查下用概率论证明指控不成立的声明．生活中的庞加莱也在其他方面表现出了很大的勇气．他在数学上活跃于数学物理和动力学领域，当时的瑞典国王宣告，在竞争激烈的背景下，他促进了三体问题的理解，即宇宙中三个或更多天体的动力学问题，例如，太阳和行星．在他的研究中，发现并描述了动力学行为，发展为今天所谓的混沌理论研究领域．

希尔伯特积极地接受了对公理的新发展以及它们和逻辑间的联系．他自己在欧几里得公理基础上制定了一系列更加完善的几何公理，并且成功地表明它们没有依赖不可靠的直觉，也不存在内部矛盾．庞加莱却积极地接受了逻辑上的依赖性，认为它是抵制数学的一种错误材料．然而，随着集合作为公认的数学基础，他们的意见开始出现分歧，希尔伯特主张集合论是人的创造力的最高成就．庞加莱则认为集合论是数学将治愈的疾病．本书的最后一章，在我讨论

㊀ 法国炮兵军官，法国历史上著名冤案“德雷福斯案件”的受害者．——编辑注

与数学教学有关的内容时，我们将会看到由集合论的争论所带来的影响.

60. 主要危机

除了少数数学家之外，数学界认同对集合论的依赖性. 戈特洛布·弗雷格（Gottlob Frege，1848—1925）是20世纪德国著名的数学家，他决定把集合论作为数学基础. 他发表了一部巨著，随后第二次数学危机爆发了. 伯特兰·罗素（Bertrand Russell）在弗雷格的书中发现了著名的悖论，并写在了他给弗雷格的一封信中，悖论的发现使得弗雷格停止出版了其书的第二部分. 一段时间里，弗雷格曾试图纠正理论中的错误，但最终他决定放弃了所研究的理论.

罗素是一位年轻且非常有声誉的英国数学家. 他后来被公认为是分析哲学的创始人之一，因他对社会政治的激烈观点而闻名. 他是一个和平主义者，在第一次世界大战中拒服兵役，并对全世界极端政权提出尖锐批判. 1950年，罗素获得诺贝尔文学奖，他的著名畅销书是《西方哲学史》，旨在宣扬追求人道主义理想和思想自由.

罗素的悖论实际上是对古希腊时代就已经出现的一个悖论的变动，即说谎者悖论. 一个人说他自己，“我是一个骗子”，我们能相信他吗？如果他的陈述是错误的，那么他说的就是事实，所以他是一个骗子. 如果他的陈述是正确的，那么他是一个骗子，所以我们不能相信他，他就不是一个骗子. 我们得出一个悖论. 同样关于集合，罗素定义一个集合，它是不包括它本身的所有集合的集合. 此集合包括这个集合的本身吗？如果不，集合本身是此集合的元素，所以包括在此集合中. 如果包括集合本身，那么由定义知此集合是不包括集合本身的集合. 这就出现悖论.

罗素悖论的解决方法与古希腊人解决说谎者悖论的方法一致. 解决方法是确定与自然语言相关的语句是不可行的，用数学方法分析它是不合理的. 此规则也可用于集合. 正如所有集合的集合被排除在一个可以被数学分析的集合之外，它可以决定集合定义本身是不是一个“合法”集，罗素用于悖论的集合就是这样的一个集合. 然而罗素悖论出现了一个更基础的问题，甚至连古希腊人都没有意识到，我们将再次研究推理的基本法则之一，排中律.

对任一条件P来说，P要么成立要么不成立.

正如这一推理准则与其本身有关，除此之外，都是不能被接受的. 在数学领域中排除此推理准则对数学界来说算是无法忍受的沉重打击．原因之一是反证法就是依赖于此推理准则而成立的．废除所有基于这一体系要回溯到开平方，例如在毕达哥拉斯时期，$\sqrt{2}$被发现不是有理数（见第7节），并从此开始怀疑一大部分数学的发展．很显然，这种解决悖论的方法行不通，因此，人们迫切需要找到问题的根源，重新审视数学基础．

尝试重建数学基础有三条关键途径：

第一条途径是由罗素与他的同事，著名的英国数学家和哲学家阿尔弗雷德·诺斯·怀特黑德（Alfred North Whitehead，1861—1947）共同提出的．他们意识到排除集合或合乎逻辑的声明不会产生预期的结果．相反，他们决定定义什么是可行的逻辑体系．他们首先对逻辑体系要求进行微妙的分类，构建逻辑“自下而上”的可行结构．他们把可行基础称为“类型”，并且创立了类型论理论，以使数学进一步发展．怀特黑德和罗素开始整理他们的理论并在一个很重要的期刊上发表了该理论的第一部分，这最终可能使数学得以发展，文章的标题是“数学原理”．他们不朽的工程并未完成，因为他们的方法过于复杂．例如，在第64节之前未出现等式$1+1=2$的证明．显而易见此体系在充满活力的数学上不能起到长久的作用．

第二条途径称为直觉主义，由荷兰的数学家鲁伊兹·布劳威尔（Luitzen Brouwer，1881—1966）领导一批数学家创立．适用于这种方法的数学仅限于具体的构造性操作．例如，如果你想表明具有一定性质的几何体存在，你就必须直接将它构造出来．以间接的证据作为证明从中得到结论“存在这样的几何体”是不被接受的．特别地，依据此方法，反证法是不成立的．布劳威尔和他的同事试图依据直觉主义来重新构建一大部分数学，但从此方法中可以看到数学中的尴尬状况，在现有的数学中需要放弃许多结果，使得数学界不接受这种方法．希尔伯特本人是反对直觉主义的，并重复和强调反证法是数学的核心．

第三条途径是追求把数学家所接受的知识作为一个整体．这是一种基于集合结构的思想，类似于怀特黑德和罗素从基础构建逻辑的方法，而不是声明集合在其他悖论的背景下充满危险的未来，在这里构造是“来自核心的”．我们从可行集开始，通过建立特殊的公理表明，集合可以由已有的知识构成．从数学分析的观点来看，只有集合可以通过公理来构造．恩斯特·策梅洛（Ernst Zermelo），我们提到过他对博弈论的贡献，他提出了这些公理，并且这些公理后来由亚伯拉罕·哈勒维·弗伦克尔（Abraham Halevi Fraenkel）完善．

策梅洛是一位德国数学家，学习于柏林，在苏黎世工作了几年后回到德国，任职于弗赖堡大学．在1936年因抗议纳粹政权对犹太人的压迫而辞职．在第二次世界大战之后他恢复了在弗赖堡大学的教授名誉．弗伦克尔也出生在德国，并在那里发表了他对集合论基础的研究成果和得到了教授职位．他是一位犹太复国运动的拥护者，在1929年他移居到耶路撒冷，进入了耶路撒冷希伯来大学，并在那里度过了余生．

由策梅洛创立和弗伦克尔完善的公理体系叫作策梅洛-弗伦克尔公理．此公理很有技术含量并且大众非常感兴趣，我们不会在此展示，但是这些公理一经被提出并尝试了一系列问题研究，似乎数学能以集合论为基础的希望就此点燃了．除了集合论公理体系，其他特殊的公理体系也在被检验．例如，关于自然数有意大利数学家皮亚诺（Giuseppe Peano，1858—1932）创立的自然数公理．自然数公理非常简单，而且纳入了一些不言自明的陈述，例如，存在自然数1，每个自然数的后面的一个数都会比它大1，以及作为一个独立的公理，如何运用归纳法进行加法和乘法运算．这些体系很简单，旨在表明数学可以基于简单公理，并且这些公理还可以翻译成与集合相关的术语．我们上述提到的欧几里得的几何公理也由希尔伯特进行了重新审视，希尔伯特新版本的几何基础对缺乏清晰性及对欧几里得和他的追随者的数学错误进行了修订．

在努力提高公理系统的基础上，也要将重点放在理解公理体系上，使它被广泛接受．正如前面所提到的，对于古希腊人来说，公理反应的是绝对不容置疑的真理．在更为现代的数学方法中允许选择公理体系，但是在不同的体系下甚至会互相矛盾．这里有两个基本要求．

相容性：从使用的公理出发得到的数学推论不会产生矛盾，换句话说，从公理出发的数学结论不应互相矛盾．

完备性：对于该系统中的每一个数学问题，要求都可以被证明或者使用公理自身可证明．

相容性的要求是不言而喻的．在大量的日常事件中，人们对逻辑矛盾的反应不会引起一次大动荡，因为我们经常不进行深入研究而接受它作为我们日常生活的一部分．然而数学，却不能让自身内部产生矛盾，即一个数学体系中不允许出现一个既正确又不正确的结论．

完备性的要求更为复杂．它的基本想法是，当我们提出假设后，任意说出一个数字，在公理体系中描述这个数字使得我们能够判断这个假设在此公理体系中是否正确. 如果不是这样，那有可能是满足公理体系的数字体系相互矛盾，我们将不会知道哪个是正确的或不正确的. 但这并不代表不完备就是无用的. 完备性的目的是确保在没有附加公理的情况下能判断一个语句是否正确.

策梅洛-弗伦克尔公理体系的制定是成功的，证实它的相容性和完备性的第一步令整个数学界都很兴奋. 公理合理并且被精心制定. 虽然它的相容性和完备性还没有完全被证明，但公理构造时的谨慎却显得完美无缺，第一步建立相容性和完备性是有希望的. 希尔伯特自己提出了一项宏伟工程：构建一个具有相容性和完备性的数学理论体系. 1930 年，他在退休时的一次演讲中宣布：

我们必须知道，也必将知道.

这同时也是他墓碑上的墓志铭.

61. 另一个主要危机

“肇事者”来自奥地利，他叫库尔特·哥德尔（Kurt Gödel，1906—1978），出生在布伦（今布尔诺），即奥匈帝国的捷克的一个小镇. 当帝国分裂时，他自然而然地成为一名捷克公民，但是他认为自己是奥地利人，并在维也纳大学学习，在那里他完成了博士研究. 两年后，即 1931 年，他发表了著名的不完全性定理，在下面我们将会提到这个定理. 当纳粹党在德国执政时，身在维也纳的他深深地被奥地利纳粹组织的反犹暴行所影响，其一便是莫里茨·施利克（Moritz Schlick）在大学里的台阶上被谋杀. 施利克是校学术委员会成员，也是维也纳逻辑哲学圈子中的一员，哥德尔也是其中一员. 19 世纪 30 年代，哥德尔收到了几次去美国的邀请，他访问了普林斯顿高等研究院，并与爱因斯坦成了好朋友. 哥德尔对维也纳的思念与日俱增，尽管他害怕回到奥地利. 在战争开始时，他作为德国公民生活在维也纳，他得到德国的公民身份是因为德国对奥地利的吞并. 随着压力的增大，他在 1940 年搬回美国，并接受了邀请，成为普林斯顿高等研究院的终身成员，直到 1978 年去世.

在博士研究的早期阶段，哥德尔对数学的基础以及逻辑与集合论之间的联系很感兴趣. 他的博士论文给出了希尔伯特所提出的公理体系问题的一个结果. 哥德尔证明了在满足相容性的有限个公理条件下，如果带有公理的每个体系具有某种性质，其能从公理自身出发加以证明. 这就向前推进了一步. 要完善希尔伯特的体系“只要”证明策梅洛-弗伦克尔公理体系是相容的，以及满足公理的某一体系中的每一条性质存在于满足这些公理的任何体系中．然而，两年后，哥德尔完全否认了希尔伯特的体系，并得到了一个新的著名的定理：不完全性定理．

这个定理表明，对于每一个包含足够多自然数的有限公理体系（甚至是无限的体系，如果它是由算术运算而获得的），总会存在既不能证真也不能证伪的定理．换句话说，这样的一个体系是不完备的．这个结果犹如一巴掌打在了所有相信在数学上没有我们不知道的事情的人的脸上，例如希尔伯特；换句话说，那些人相信基于公理的逻辑方法可以清楚地说明特定的数学论断是否正确．哥德尔的结果还与一些体系有关，例如皮亚诺构造的自然数体系，怀特黑德和罗素创立的某类体系，以及策梅洛-弗伦克尔的公理体系．对于这样的公理体系，他表明用公理本身证明体系没有矛盾是不可能的．也就是说，如果我们只依赖于体系的公理，然后，有一天我们会发现矛盾，或者我们将绝不会知道体系中是否包含矛盾．（可能存在更广阔的理论来证明相容性，但至今仍没有被发现．）不相容性定理不会影响直观的方法，但它也没有注入新的生命．强烈的愿望是在没有潜在矛盾的环境中运作，但不是以在很大程度上限制数学发展的范围为代价．

这是超越哲学层面和数学基础的问题，哥德尔的结果对数学研究实践有直接的作用．贯穿于数学发展，当一个数学家开始去证明一个定理时，他将要面对两种可能性．一种情况是该定理是正确的，他发现了一个证明方法．另一种情况是该定理是不正确的，他没有证明它，也没有给出反例或发现定理和其他结果之间的矛盾．不相容性定理给出了第三种可能性，那就是这个定理不能被证真或证伪．

让我们以“费马最后定理”为例，对任意四个自然数 X、Y、Z 和 n，如果 n 比 2 大，那么 $X^n+Y^n \neq Z^n$．在超过三百年的时间里，数学家都在试图证明或反证这个定理．随着哥德尔的不完全性定理的发表，又增加了第三种可能性：“费马最后定理”不能被证真或证伪．1995 年，安德鲁·怀尔斯（Andrew Wiles）发表了对这个定理的证明，围绕“费马最后定理”的不完全性乌云被驱散了．

哥德巴赫猜想是在 1742 年由克里斯蒂安·哥德巴赫（Christian Goldbach）提出的，是一个很简单的猜想：任一大于 2 的偶数都可写成两个素数之和．尽管猜想很简单，但至今仍没有人能证明或反证这个猜想，没有人知道它是不是哥德尔定理的应用之一.

现在讨论第三个假设，康托的连续统假设，即第59节中提到的问题：$C = \aleph_1$成立么？康托花费大量精力来试图证明或反证这个问题，用到的是单纯的集合论方法，而罗素发现这种方法有矛盾. 在策梅洛-弗伦克尔公理的背景下，问题转变成：等式$C = \aleph_1$在那些公理下是正确的，还是不正确的？

另一个公理在解决问题上也起着重要的作用，即选择公理，它是涉及人们发展直觉主义时的一种高度直观的主张. 给出非空集合的集族，从集族中的每一个集合选择出一个元素构成一个新的集合. 如果集族是有限个那么选择就很简单，但我们已经看到无穷概念是不可靠的. 选择公理被公认为是一个公理，并把它附加到策梅洛-弗伦克尔公理中，但会出现什么问题仍没有答案.

哥德尔对这个问题的答案做出了很大的贡献，他证明了如果策梅洛-弗伦克尔公理体系具有相容性，即它没有矛盾（还没有被证明），那么在体系中增加选择公理后这个体系仍然是相容的. 哥德尔附加了一个稍微令人困惑的发现，如果策梅洛-弗伦克尔公理体系具有相容性，那么即使我们增加选择公理，仍然不可能证明$C = \aleph_1$成立. 在不完全性定理之前，这个结果将会导致人们停止对真相的寻找：如果无法证明特殊的说法的正确性，并且如果任何说法都可以被证明或反证，那么这个特殊的说法就是错误的. 然而，在不完全性定理之后，又有了另一种可能性，即这个定理是一个不可能证明的事实.

保罗·科恩（Paul Cohen，1934—2007）是来自斯坦福大学的一位年轻数学家，他在1964年证明了连续统假设在那个范畴中. 而且他还证明，如果策梅洛-弗伦克尔公理体系具有相容性，那么把$C = \aleph_1$或者其否定加到体系中也不会影响体系的相容性. 策梅洛-弗伦克尔公理体系是否具有相容性，即不包含矛盾，至今仍没有答案.

沿着这些途径研究，即在不存在怀疑和不确定的条件下，人们试图去发现数学中那个没有矛盾的逻辑体系. 一方面，哥德尔定理的研究表明这种现象是非常普遍的. 例如，哥德尔对不完全性定理的证明方法是基于说谎者悖论，即与自身有关的论断. 从那时起，已发现的证明不要使用与自身相关的论断，这样我们就不能完全处理不完全性，只能要求它不允许与自身有关. 另一方面，尝试发现更多的完整体系有时会产生奇怪的结果. 例如，选择公理看似直观，并且我们可以定义其他不直观的公理，与选择公理矛盾，但作为集合论的基础公理与选择公理的地位相同．也就是说，即使把它们加到策梅洛-弗伦克尔公理体系中，我们也得不到矛盾（当然假设策梅洛-弗伦克尔公理具有相容性）．

那么，什么是正确的数学？超越所有怀疑而存在的数学是正确的吗？答案是显然的：我们不知道．在这种状态下存在信仰的空间．一些人认为在世界上，在物理世界和理想世界，有正确的数学，但是我们仍没有发现它．在那种数学里，例如，哥德巴赫猜想是绝对正确或不正确的．类似地，在那种数学里，$C = \aleph_1$ 是正确的或者不正确的．其他人认为没有如此绝对的正确．数学依赖公理来定义，不同的公理体系产生不同类型的数学，它们甚至可能是彼此矛盾的，我们必须要学会生活在那种二分法中．但是大多数数学家却并不在意，对数学多年的参与已经导致我们在数学信仰中没有基础矛盾的概念，并且可以继续工作．如果逻辑学家想要发现绝对的数学真相，通过公理或其他方式是否反而更好．但是即使不是这样，即使没有任何的逻辑上的“无可怀疑的证据”，我们产生的数学毫无疑问还是正确的！

第九章

数学研究的本质

- 早上，当数学家进入办公室的时候他首先会做什么？
- 在数学这个领域中睡眠是怎样帮助数学家解决问题的？
- 数学家的创造力会随着年龄的增大而减退吗？
- 为什么数学家会拒绝百万美金？
- 纯粹的数学存在吗？
- 为什么蒸汽轮船的发动机会突然爆炸？
- 外星人能计算出 2 +2 =4 吗？

62. 数学家是怎样思考的

从最基础开始：数学家思维过程的严谨性和其他学科的研究者没有区别. 在我们澄清这个问题之前，我们必须解释的是当我们用“思考”这个词时所表达的意思. 思考意味着激活大脑去分析情况，得出结论，并提出可行的解决方案. 关于这些功能，它们在大脑活动中有不同的层次，我们会集中在两个功能来谈. 这两个功能既有相同点又存在差异. 第一种思维产生的情境是你必须完成一个动作，在这之前你已经了解了该如何完成这个动作. 例如，你已经知道了制作蛋糕的方法，现在让你去做一个真正的蛋糕；或者已经有人向你解释如何使用路线图，现在你必须找到从一个地方到另一个地方的路线；或者，你已经被教导如何使用画笔和颜料画出静态事物，现在你希望画出插在花瓶里的花；或者，你已经学会了如何设计汽车发动机，现在你必须自己设计一个；或者，你已经学会了怎样解决代数学中的某类经典题型，在一次考试中，你必须解决这样一个问题. 以上所有都需要思考，而这种思考过程是与我们所学的或者以前尝试过的方法相匹配的，我们称这种思维方法为比较思维.

第二种思考模式发生在我们的大脑对某种事物并不熟悉的情况下，我们还没有学会如何操作，或者我们正在有意识的想偏离行动的正常轨道. 例如，身处一座荒岛上，你只能将所找到的蔬菜放在一起做一顿饭，你甚至不知道哪种蔬菜可以食用；或者，你到了一个完全陌生的环境，在没有路线图的帮助下，你只能靠自己找到路；或者，在你面前有绘画的工具，你决定以一种全新的视野，不同以往的风格画一幅画；或者，你必须设计一种能在小行星上移动的飞行器，而且行星表面的状况是未知的；或者，你试图找到一个从未被研究过的未知系统的特性. 在这些情况下，创造性思维就凸显出了它的作用.

这两种思维是紧紧联系在一起的，即使要求用比较思维，但是以前遇到的和现在遇到的一定还是有差异的. 在遇到全新的问题需要联系适当的解决办法时，衡量创造力是很重要的. 当我们遇到新情况或者要用到创造性思维时，这并不是无中生有. 在这之中，比较思维也会扮演一个重要角色. 比较思维侧重于搜索和匹配，它本质上是常规的，有时是自动的，有时操作则是可以由计算机来执行的. 相反，其他类型的思维则是基于直觉或感觉. 当一个人不得不面对问题时，大脑将根据人熟悉或者类似的问题决定是否启动比较思维或创造性思维. 大脑的“决定”一般不是一种有意识的思维.

比较思维不是孤立的教与学，换句话说，比较思维不能在抽象中学习. 在烹饪、工程、数学这些学科中，越来越多的时候它们可以借鉴到这样的思维能力，以至于额外的问题也会被纳入到一个人的知识范围内，所以他会根据比较思维给出简便的解决方案. 与比较思维不同的是，创造性思维是完全不可能被教会或者学习出来的. 创造性思维和直观思维仅仅可以被鼓励，试图去教会人们创造性思维是个积极的想法，但是它的影响力仅仅只是丰富了问题的收集. 关于直觉本身，你知道的越多，就越能拓宽领域，它可以锻炼你的创造力. 但是我们并不足够了解人类的直觉是怎样教会人们发展他们的创造性的.

一旦我们理解思考是什么，我们就可以重申：数学家的思考和其他学者的思考并没有什么不同，虽然他们思考的是不同领域的问题. 烹饪、绘画、工程和数学都是极不相同的领域，但是思考方法和思维模式却是完全相同的. 传说中，成为数学家需要一种特殊类型的大脑，这就如同说成为厨师也需要一种特殊类型的大脑一样，既正确也不正确. 这也同样适用于导航或者绘画能力的培养. 在数学调查中，人们在处理大多数新问题时，联系最紧密的就是不同类型的创造性思维，也可以说是任何一门学科的创造性研究. 数学研究和其他研究之间的一个区别就是数学活动所需要的直觉需要更多的思考时间，这是因为数学的研究主要涉及逻辑方面，而这是在进化过程中为数不多的在家就可以形成的能力. 在数学讨论中我们经常会听到“等一会儿，再给我点儿时间思考”这样的话，而在烹饪或导航的过程中就很少会听到这样的话. 因此，在数学家们大多数的研究时间里，他们都沉浸在反思和直觉思维中. 只有在找到了直观的解决办法之后，他们才开始按照严谨的逻辑语言记录解决方案. 庞加莱说过：“我们通过逻辑去证明，但我们却通过直觉去发现.”然而，证明本身属于第一种思维模式，是更具有技术性的思考.

数学结果的逻辑方法和直觉思维之间的区别反映在数学家之间的信息转换上. 数学学科中的对话不像我们看过的书本或者学术文章里面写的那样. 我们经常会被问到坐飞机去见忙于调查项目的同事的作用或者去外地参加数学会议的作用. 在这个电子通信时代，仅阅读文章或是发一个邮件来通信足够吗？答案是，在直觉思维阶段，面对面的会议是不可替代的. 信息在某种意义上是潜意识的，而且就其本身很难定义，只有在这样的面对面的会议上信息才会被传送出去. 这不仅局限于数学这一个学科，也包括其他领域的研究. 这里强调数学的这个方面是因为这是一种常见的误解，侧重逻辑的数学很少应用直观思维，直观思维处于思维的潜意识水平. 其实正好相反，大多数的数学调查都是基于直观思维.

我们所描述的差异符合这样的事实，即难以解释的事实和思维有关. 当然，这在其他学科也存在，但在数学中表现得尤为频繁. 有件事情很正常，一名同事让你帮他检查数学中的某些性质，例如，他坚持给你列出那些他设想出的问题，尽管你已经表达出由于对这个问题的不理解而产生的不满情绪. 他开始在你的办公室向你提问，并且已经写出了一黑板的问题. 过了一会儿，你一句话也没说，他停下来开始思考. 然后对你说：“非常感谢. 现在我明白是怎么回事了，你帮了我大忙.”的确，你确实帮助了他很多，就像同事们帮助你的方式一样. 事实上，我们在试图向对某方面略知一二的人解释我们的发现时，这一过程本身就给我们带来了很多帮助.

另一个众所周知的事实就是直观思维在很大程度上发生在潜意识里，甚至是在睡眠的时候. 对于这一点，我们之前提到过的庞加莱和另一位法国数学家雅克·阿达马（Jacques Hadamard），在他们关于数学问题的书中写道，他们试图花费较长时间来解决一个问题. 然而在处理与数学完全无关的事情时，一种完整的解决方案却突然在脑中浮现出来了.

这种现象在各种职业中都屡见不鲜. 最近，笔者曾全神贯注地解决一个数学问题，但是在日常工作中却难以取得明显的进步. 一天早上，笔者在起床的时候突然想到了这道题的解决办法，并自以为这是完整的. 当笔者在办公室检查的时候却发现这个解决办法是不完整的. 完整的解决办法需要熬夜才可以算出来. 笔者得出的结论是，当你在遇到一个数学难题时，并不是非得经过通宵达旦的努力才能得以解决. 集中投入时间并且努力是必要的，但是在你投入大量的时间和努力之后，休息一下并不意味着你的大脑就此停止了工作，大多数时候，休息是有益的.

潜意识思维的另一个方面就是环境. 在这里，一些思考的结果会真相大白. 笔者曾住在距离魏茨曼科学研究所办公室 50 分钟车程的地方. 令笔者无法解释的是，在开车回家的路上，有一处绿树成荫的笔直马路变弯曲了，就在那里笔者意识到当天自己在工作上出了点儿错误. 这会花费一天或两天的时间去纠正，但是，在回家时，在同样的地点，另一个错误也在笔者的脑海中突然浮现.（显然，当笔者离办公室越来越近的时候，文章中的需要改正的错误的个数会越来越少.）

同事告诉笔者，当他们在看电视的时候，问题的解决办法经常在这时浮现，或者解决问题的新思想就映入了脑海.（直到今天，笔者的妻子都很难相信笔者在看情景剧的时候实际上也是在工作!）这些情况可能没有太多的意义，也没有统计学上的解释. 而我们赋予它们重要性的事实是某种精神虚幻的结果. 这样的错觉来源于一些比较例外的事件，像在开车穿越树林时发现所写文章中的错误，这比在办公室里面正常工作时所发现的错误更值得纪念. 然而，这也许是我们大脑中的一些思维在不寻常的情况下意外造成的，就这样，一些解决办法突然出现在了我们的脑海里.

另一个令人惊讶的因素是在解决一个已解决问题和未解决的问题之间存在不同程度的困难. 已解决的问题指的是有人已经解决了这个问题，正如我们做的课堂练习一样. 未解决的问题则是新问题，还没有人能解决它. 后者我们称其为开放性问题. 这个故事说的是数学家约翰 · 米尔诺（John Milnor），在他的学生时代，当老师在黑板上写下一个开放性数学问题时，他在课堂上睡着了. 当他从打盹中醒来时，他看到了黑板上的题，并且认为这是下周必须完成的任务. 下周上学时，他就已经解决了这个问题. 约翰 · 米尔诺是一位顶尖的数学家. 1962 年，年仅 31 岁的他便获得了菲尔兹奖（数学领域中的国际性奖项），这个奖只授予 40 岁以下的数学家；1989 年，他获得了沃尔夫奖；2011 年，他获得了阿贝尔奖．当然，你必须是像约翰·米尔诺这样的数学天才，才能像解决一道课堂练习题一样去解出开放性数学问题．但是，众所周知，这类事情可以出现在数学研究的各种水平上：你可以用数月去研究一道开放性数学题，只有研究出解决办法之后，你才能意识到也许会有更简单的方法来解出这道题，这就是事后诸葛亮了．

事实上，这些被研究的问题，即开放性问题难以解决，这可比在班级上所布置的连学生都解不出的课堂问题难得多．在投入巨大的努力去解决一个悬而未决的问题后，人们发现自己可以用更简单的办法解决，就好像他们参加的各种课程中解决的其他问题一样．他们得出了一个结论，他们并不适合做研究，也许这是一个不正确的结论．目前还不清楚为什么一个开放性的数学问题更难以解决．在笔者看来，合理的解释就是比较性思维和创造性思维在大脑的不同部分发挥着作用．大脑的创造性思维的部分与比较性思维部分相比较，工作效率更低．当人们必须去解决一个问题时，为了操作这个问题，大脑把问题引向合适的部分，这也是人们解决一个练习题和开放性问题时难度不同的原因．笔者甚至可以说，创造性思维的能力正是人类区别于其他动物的原因，但这纯粹是猜测．

对数学的创造性思维会随着年龄的增大而减退吗？这是一个消除数学研究与年龄相关这种神化观念的机会．根据这种观念，在一定年龄后，一些人声称是30岁，数学家的创造力就会逐渐下降甚至消失．事实并非如此，现在让我们来解释为什么．一位笔者所知道的比较顶尖的物理学家，他认同在物理学上一些人在三十几岁时创造力就会减退这种说法，但这并不意味在那个年龄后这些人就不会为物理学做出贡献，只不过年轻的物理学家会有更多突破和发展的可能．尤瓦勒·内埃曼（Yuval Ne'eman，1925—2006）声称这并不涉及时间顺序，这与规定的时间长短有关（内埃曼在年龄比较大的时候才取得了他的博士学位），而创新能力下降的原因是人们积累了更多的经验，习惯于某种事实和研究方法，对他们来说，挑战已接受的范式和事实，反驳甚至改变它们都太难了．事实上，物理学上的突破一开始都是对人们根深蒂固的观念的反驳，但在数学中却不是这样的．古希腊人奠定的数学基础至今仍然适用．在数学史上，因推翻先前的基本理论才有重大发现的例子寥寥无几．知识扩展的巨大幅度增加了人们对新领域的研究，这使得意想不到的应用被挖掘了出来．目前的工作方法和古希腊时期的基本一致，由古希腊人及其整个后继者们研究出来的结果仍然密切相关. 在自然科学中，除了数学，没有其他科学能够声称有这样稳定的、积累性的特质. 因此，比起其他领域，知识和经验在数学研究中更加重要. 这就是为什么许多数学家可以在比较大的年龄时仍能够创造和做出新发现的原因，只要他们对这门学科的热情一直保持着，身体条件也允许.

那么，早上当数学家到达他的办公室时他首先会做些什么呢？答案是显而易见的：他会喝一杯咖啡. 然后呢？再喝另一杯咖啡. 这个说法并不是笔者发明的. 20 世纪比较活跃的数学家之一，匈牙利的保罗 · 厄多斯（Paul Erdös, 1913—1996）曾把数学家定义为在一端倒入咖啡，在另一端输出数学定理的机器. 一位数学家大多数的研究时间都花费在思考如何解决他（她）正在研究的问题上面. 如何激发数学家们的直觉呢？一些人愿意和同事一起探讨，另外一些人愿意在一个安静的房间里独自思考，还有一些人喜欢边听古典音乐边工作，也有一些人愿意边散步边思考. 最著名的例子之一是加州大学伯克利分校的斯蒂芬 · 斯梅尔（Stephen Smale)，他是一位 20 世纪杰出的数学家. 他得过许多的奖项，包括 1966 年获菲尔兹奖，2007 年获沃尔夫奖. 那时他得到了一笔资助，以便他整个夏天都可以投入研究. 资助者发现他整个夏天都躺在里约热内卢的沙滩上，从而要求斯梅尔归还已得到的这笔资助. 斯梅尔声称他躺在沙滩上时是在工作. 的确，就是在那时，他收获了其发现的最好数学思想中的一些. 他保证能够拿出有力的证据证明他的说法，并让调查委员会信服. 关于斯梅尔的例子，这可不仅仅是对这种事情的一个借口. 一次笔者参加了一个会议，在法国马赛附近的卢米尼举办，斯蒂芬 · 斯梅尔也是与会的一员，他坚持认为会议的时间应留给那些在美丽的地中海沙滩上获得灵感的人. 事实上，在沙滩上度过的时光确实提升了他在会议中演讲的质量.

63. 论数学研究

在本小节以及下一小节，我们会提出几个事例用来澄清数学研究的本质. 这些事例包括关于研究课题和研究人员的一些亲身经历.

首先，数学是众多研究者的发展成果. 任何人阅读数学研究的时候都会认为数学是由一小部分有天赋的人发明出来的（阅读这本书前几章的读者也许也是这么想的）. 其实事情的真相是，这些成果是许多数学家的贡献，没有他们就没有这么多的成果. 然而，随着时光流逝，这些却被人遗忘，只有领导者的光环才更加闪亮，奖项通常都是颁发给有名望的人，或者只给个人授予奖项或者奖章．虽然在很多情况下，这些奖项也可以授予那些同样应该获得它们的人，同样现在也是如此．近年来对于一些数学问题的解答，比如费马定理和庞加莱猜想，就都是许多数学家正在研究的问题．事实上，只是最后阶段的研究占据了所有的头条新闻，而只有完成了这个阶段的那位数学家才可以获得所有的荣誉和赞美，对比下来，研究中间阶段问题的数学家们却显得不是那么重要，也没有什么非凡的意义．

事实上古希腊的数学家与今天的数学成果密切相关，因为目前大多数的数学成果都是由那时发展而来，这对现在数学学科和数学家的工作方法有着重要的意义，这种情况不同其他学科，你研究了几十年的课题也可能会成为无关紧要的东西．这就是为什么其他自然学科的研究主要集中在几个大的方向上，而人们却认为数学值得研究的范围更广．范围的广泛和多样性是指，不同的领域的数学家彼此之间的专业化信息是互相难以理解的．所以说，作为数学家的本质特征之一就是当讲授者在前面讲他的研究成果时，你要认真听讲并且还要像什么都明白一样地点头，其实你对他讲的只能听明白一点点而已．显然这是一种夸张的说法，不过这正是一名听众对于数学演讲的理解，这基于直觉而非技术．你通常多少可以用一般和比较直观的方式明白演讲者试图达到的意图、所实现的目标，或者也可能是他使用的方法．然而你几乎没有机会听懂讲座的细节，除非你碰巧是在同一领域工作的极少数的数学家之一．虽然讲座内容一般只停留在逻辑层面，但听众的理解通常是直观的．比如说大学生讲座，你应该从逻辑角度了解他们正在研究的材料，这与研究人员在研讨会上的演讲有很大的不同．对于这一演讲，大多数参与者只能理解所讲内容的一小部分细节，这种不同是许多学生在刚开始做研究时进入的误区，他们把很难理解讲座内容归咎为自己在数学方面很薄弱，而且很难相信，技术上的理解的缺乏对全体高级教员来说是一样的．

在涵盖了大量的可能性的研究课题的范围之外，数学研究也提供了完全不同的研究模式，这需要各类专业知识．例如，一些数学家因他们解决问题的能力而闻名，给他们一个具体的数学问题，他们便会立刻解出它．其他数学家则擅长开辟新的路径，构建新的数学理论．除了天赋，一些人还拥有能提出恰当的问题的本领．时至今日，开放性问题在数学研究上仍扮演着重要角色．我们提出恰当的问题并不容易，这些问题不仅得很有趣，还得有被解决的可能．

我们提到了希尔伯特在1900年第二次国际数学家大会上的演讲，当时他提出了一系列数学问题，他认为在20世纪的数学史上将会留下它们的足迹．这个包括了23个问题的清单出现在了会议上，清单上的第一个问题就包括了希尔伯特提出的关于数学基础的问题，哥德尔表示这个问题不能继续进行讨论下去，在1964年，由保罗·科恩解决了连续统假设．另一个问题是"费马最后定理"，它在1995年已被安德鲁·怀尔斯解决．希尔伯特是对的，在20世纪这些问题确实占据了数学最高的地位．但也有可能是这些问题被提出于数学家大会，对其影响力产生了巨大的贡献．目前，希尔伯特提出的大多数问题都已被解决，但也有一些问题至今尚未解决．

在千年之交时，几个类似的清单公布了出来．其中最著名的问题是由克雷数学研究所公布的几个问题，他们还向能够解出某个问题的人提供100万美金，我们在第53节阐述了一个问题，即P与NP问题是否一样．克雷数学研究所的另一个问题就是庞加莱猜想，最早由亨利·庞加莱在1904年提出，于2002年被解决．后面会提及这件事，目前解决这个问题的方法仍然受人争议．保罗·厄多斯因在他的研究领域（即数论与组合数学）连续提出开放性的问题而闻名．为了鼓励人们解决潜在的问题，厄多斯用适量的金钱作为奖励给予那些可以解决他任意一个问题的人，这笔钱的数目大约在五美元到几千美元之间．他的目的是为了鼓励数学家．事实上，这些金钱上的回报和挑战使得很多有趣的问题有了解决办法，这比任何只靠自己解决问题的办法好多了．笔者在一次讲座上听过厄多斯被问到怎样才能承担已经分配给许多人的付款的财政负担，他说付款方式可以使用由他签署的支票，他希望拿到支票的人不会再把它以支票的形式存储起来，而是当作一个纪念品好好保管．但是当得奖的数学家真的将支票存储起来，并问厄多斯是否能将支票取回作为纪念品保管时，他倍感吃惊．

提出并解决这些不同难度的开放性问题是数学家们研究的一项内容．一次，笔者在华沙参加了一个会议，著名的波兰数学家切斯沃夫·奥莱赫（Czesław Olech）就提出了一个开放性问题，并承诺谁解决这个问题就可以赢得一瓶伏特加．笔者打算在会议结束前解决这个问题，然后将解决办法交给正在去机场的奥莱赫．两个月后一瓶伏特加被准确地送到了笔者的家中．这道题的解决办法呈现在了杂志上，是由笔者和与会的另外一个解决这个问题人共同署名的．同样是在波兰，笔者还赢得过另一瓶伏特加，那是来自蒙特利尔的数学家罗恩·斯特恩（Ron Stern），他曾承诺如果谁能解决他提出的问题便可以得到一瓶伏特加. 这个问题由笔者和一位名叫皮耶尔马科·坎纳尔萨（Piermarco Cannarsa）的人同时解决，我们也因此拿到了各自的奖励. 笔者也送过菲力佩·帕伊特（Felipe Pait）一瓶美味的甜酒. 因为笔者曾在新泽西州的罗格斯大学举行的会议上提出了一个问题，正是他给出了一个有趣的例子作为这个问题的答案. 这个例子也完善了笔者当时正在写的一篇文章. 读者可不要从这些例子中得出结论：数学研究就是我们这些数学家在会议上为赢得奖励而去解决问题. 这些只是我们工作中的一点花絮. 在大多数情况下，解决了数学问题是没有奖品提供的，但却可以获得专业领域的尊敬，这一过程本身就会获得满足感.

大多数的数学研究和其他学科的研究一样都是几个数学家一起合作的结晶. 数学研究的特性就在于它不同于研究自然科学的同事之间的合作类型，即使当数学家们一起研究时，他们也是单独思考的，无论是分开研究还是聚在一起研究，他们都是沉默地盯着黑板. 这也就是为什么当要试图确定一篇合作论文中的每一个作者的贡献时，无论是数学还是其他领域，各部分的和总是大于整体的. 在笔者回来的第二天或者在午餐休息后，和笔者一起研究项目的数学家不止一次发现我们对问题都有同样的解决方法. 这就是在数学界为什么会有这样的惯例，即以字母排序方式列出合作文章的作者，这与进行实验的学科的做法是不同的，他们列出的第一个人通常是做出了重大贡献的人，最后列出的人将是整个实验的负责人. 一篇数学论文的作者人数通常比生物、物理，或者需要大型实验的学科的论文的作者人数少. 也就是说，如果我们要列一张数学的联合论文作者的列表，那么所列出来的将比我们想象中的更密集.

保罗·厄多斯（Paul Erdös）有建立这样一个列表的基本权利. 他是有史以来最富成效的合作者之一，与他合作的数学家超过 500 名. 如果画一个图表，我们就会得到一个有趣的景象. 凡是与厄多斯合作过的数学家都是 Erdös1，我们把与 Erdös1 合作过的但没有与厄多斯合作过的数学家标记为 Erdös2，把不是 Erdös1 和 Erdös2 中的但与 Erdös2 合作过的数学家记为 Erdös3，如此等等（我当前是 Erdös3）. 这个网络表有一个令人惊讶的特性，特别是数学研究进展的方式. 在 2010 年年底，被标记为 Erdös2 的人接近一万，同时，被标记为 Erdös3 的人则更多. 现在有一些数学家可以不通过这个链接去找厄多斯的论文（我们通常称之为无限厄多斯数）. 那些和他有联系的人，平均厄多斯数是 4. 5. 今天在互联网上可用的工具很容易就可以确定链接中与厄多斯有关的论文作者的身份，甚至是任何两个数学家之间的联系. 这些链接是短的，就可以考虑到一个令人惊讶的事实，即这些人所涉猎的学科内容涵盖范围比较小.

在把数学论文发表在专业文献上之前，一些隐名的专家通常都会反复检查(同行评审)，然后评审人会根据论文的创新程度确定审查结果，在确信这个审查结果是正确的之后，再决定是否为杂志推荐这篇论文. 对于“确信”这个词读者可以开放式进行理解. 评审人并不打算对整篇论文是否有错误进行详细的检查，因为这样做起来实在太难了. 之后，结果以有序的逻辑形式写出，正如我们先前所述，对于人类的大脑执行情况来说，对随之而来的直觉进行逻辑要求是非常艰巨的，而所做的改动正是试图去呈现写作过程中那些潜在的直觉. 优秀的作家正努力做到这一点，但这是一个艰难的事业. 识别错误是非常困难的，后来之所以会有许多错误真相大白，是因为除了作者和评审人之外，其他人会很热衷于检查证明过程中的错误.

与数学的公众形象相反，数学错误司空见惯，人们虽然试图去避免错误，但事实上，顶多只有一部分可以成功而已. 数学史上最著名的一个错误之一涉及了四色问题. 我们在第 56 节提到过，这个问题是在 19 世纪中期提出的. 在 1879 年阿弗雷德·肯普（Alfred Kempe，1849—1922）的解决办法进入了公众视野，其方法被数学研究者高度重视. 直到 11 年后，佩尔西·希伍德（Percy Heawood，1861—1955）在证明过程中才找到了瑕疵. 正如上面所提到的，四色问题真正被解决是在 1976 年，即在佩尔西·希伍德发现证明错误的几乎 100 年后.

在出现错误的时候数学家并不沮丧. 笔者曾不止一次看到过评论家和审稿人这样评论一篇文章，认为它即使是有缺陷的也仍然非常重要，因为它包含了特别新颖的想法. 一般在数学研究中，一个假设的证明虽然不是那么重要，但有时候它比验证定理的正确性还关键. 很多数学结果在很多年后经过不同人研究才会被真正地证明出来，要么简化现有的证明过程，要么通过一种全新的证明方法给出不同的甚至更深层面的理论证明.

数学结果会以一个有序的、精确的逻辑形式列出来，这也是在学校里学习的数学. 除了由偶尔的错误制造出的意外印象之外，一个数学的证明应该是明确的. 在上一节中我们发现，当我们没有数学基础的时候，我们要将数学提升到一般意义上完全确定的水平. 然而，即使我们现在接受基础，集合论和公理的使用确保了无矛盾的数学，直接以基础依据为证据还是不合理的. 因此，逻辑写作没有其他选择，只能依靠作者和读者的经验知识. 知识根本无从检查，我们已经强调，你所谈论的信任是促进进化的一个特点，这也同样适用于数学实践．因此，在数学证明中，对于什么是允许什么是禁止的问题，整个数学界都没有回答以及给出一个完整的证明．每一个数学小组都制定了自己的标准，认为这就是一个完整的证明，这种做法也就是我们现在正在描述的例子，它有时会导致严重的纠纷．

庞加莱猜想与几何学有关，这很简单，我们在这里可以对其进行很充分的直观阐述．之前已经提到，这个问题于 1904 年被提出，当时是想试图更全面地了解自然的几何学和几何学的性质．下面直观描述这个猜想．

考虑三维空间中的一个普通球的边界（即球面），我们将把这个边界与一个鸡蛋或者立方体的边界进行比较．即使这三个物体看起来不同，但其实它们非常相似．例如，我们可以把球的边界上的点与立方体边界上的点连续地一一对应起来．也就是说，在球面上和立方体表面上的点之间能够建立起一一对应的关系，并且保证连续性，反之亦然．数学家将这种关系称作同胚，也称两个物体是同胚的，或者拓扑等价的．因此，球的边界和鸡蛋的边界以及立方体的边界都是同胚关系．同时，它们也可能与其他许多看上去不圆的物体是同胚关系．例如，若我们随意挤压球而不撕裂它或把它们粘在一起，它们与球的边界仍是同胚关系．还有其他的例子，但是那些例子就不与球的边界成同胚关系了．例如，戒指或者是曲奇饼干形状的物体．球的边界还有另一个容易检查的属性：如果我们考虑球面上的一个圈，我们可以把它缩小到一个点，而此过程中不把它从球面移开．这同样适用于立方体或鸡蛋的表面，也适用于任何一个符合同胚关系的物体的表面．然而，圆环的表面就不具有这个特性，对于围绕圆环中心而截圆环的一个圈（见下图），我们无法在不截断圆环的情况下使其在环面上被收缩．那么一些有趣的问题产生了：会有这样的物体么，其边界上的任何圈都可以不间断地收缩成一个点，但其与球的边界不同胚（即拓扑等价）？答案是，在我们所生活的三维空间里没有这样的物体．换句话说，将圈收缩成点的特性是同胚于球的物体所特有的．

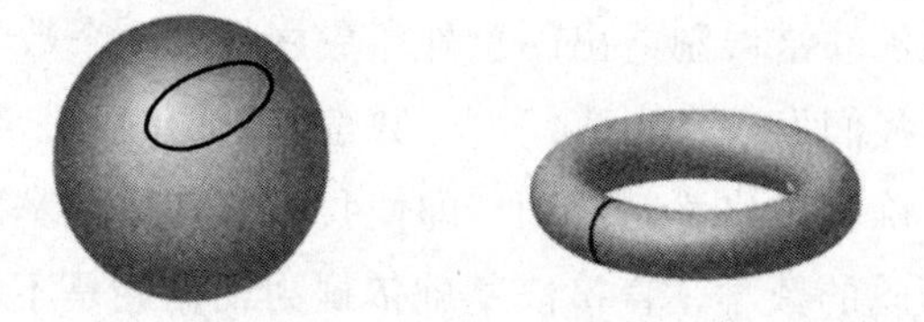

我们现在会问：这是否也适用于更高维度的空间，例如四维空间中球的边界．在第32节我们已经说明了事实：物理学家声称物理空间有比三个维度更多的维度，但是我们的感官无法感知它们，我们很难发展对多维空间的感觉或直觉，但是它们可以用数学术语来简单定义．如果我们根据笛卡儿的直角坐标系来描述三维空间的话，球面的标准方程是 $x^2+y^2+z^2=1$，描述四维空间的话，坐标就是 (w, x, y, z)，那么在四维空间中，球面的标准方程是 $w^2+x^2+y^2+z^2=1$，以此类推．在四维空间里的球面是三维的，在三维空间里的球面是二维的（想想球面上的小长方形或者正方形，它们每一个都是二维的）．

庞加莱问：在三维以上空间中，球的边界至少是三维的，其上一个圈的收缩性质能刻画么？他本人并没有指出答案正确的可能性．只是在试图发现这个问题的真实性的多年尝试后，收缩性质能够刻画球的边界的直觉反应才得以形成．事实上，在其他一些问题中，已经证明了六维以上空间中的球的边界能够用圈的收缩性来刻画．这是斯梅尔给出的证明，他也因这个证明而获得了菲尔兹奖．之后迈克尔·弗里德曼（Michael Freedman）证明这个属性也适用于四维的球的边界（这时的球是五维空间中的），他因此获得了1986年的菲尔兹奖．

人们对三维的球的边界（此时球在四维空间中）的问题尽管做了很多尝试但仍未解决．理查德·汉密尔顿（Richard Hamilton）做出了突出的贡献，他列出了这个问题的一个解决方法．2002年和2003年，来自圣彼得堡的格里高里·佩雷尔曼（Grigori Perelman）写了三篇关于这个问题的预印本论文．预印本指的是还没有收到专业杂志确认收稿并将要出版的手稿（出版过程要花费几年的时间）．现今，有一些互联网网站可以发表论文手稿，这是公认的做法，特别是在作者希望坚持和保留自己的第一发表权的时候，互联网就是他首先公布研究成果的地方．在论文里面，佩雷尔曼解释了关于庞加莱猜想的解决办法，这个方法是以哈密顿的方法为基础的．

在这一点，我们回到什么是证明这个问题上．美籍华裔数学家、哈佛大学教授丘成桐的两位学生——朱熹平和曹怀东——发表了一篇同行评审后的论文，阐述了对于庞加莱猜想的完整证明．他们自己也说他们的证明是以哈密顿-佩雷尔曼的方法为基础的．特别地，他们声称佩雷尔曼的证明并不完整，但是缺少的那部分并不是不重要．他们的观点得到了其导师丘成桐教授的支持，丘成桐是位杰出的数学家，曾在1982年获得了菲尔兹奖，2010年获得了沃尔夫奖．

这场争论是专业性的，问题的核心是什么才是完整的证明，尽管忽视第一个解决这个问题的人将会赢得丰厚的奖励和声誉是困难的. 作为克雷数学研究所千禧年问题之一，第一个解决这个问题的人将会得到100万美元的奖励. 当时对这个问题的争论非常激烈，双方各有说辞，佩雷尔曼是一个非常敏感的人，针对事件的反应是决定放弃数学. 其他人为他做着工作，完成了他的证明中缺少的东西，并声称遗漏的部分并不十分重要. 数学界认可了佩雷尔曼的研究成果，甚至连他的中国对手也承认他所做的工作. 在2006年，决定授予他菲尔兹奖，但是佩雷尔曼拒绝了. 克雷数学研究所也承认他的部分证明和其他数学家不断的补充构成了完整的结果，并决定像之前承诺过的授予佩雷尔曼100万美元的奖励. 但是佩雷尔曼再次拒绝了领奖，并且回到了圣彼得堡，目前他已经不在数学研究的舞台上出现了.

64. 纯粹数学与应用数学

这一节的标题似乎反映了两种类型的数学之间的区别，的确，这种区别被一些数学家所接受. 笔者认为这种划分是人为的. 并且反对纯数学这个术语本身，不纯粹的数学就真的不纯洁并受到污染了吗？当人们使用纯粹数学这个术语时，他们的意思是数学本身，也就是说，数学并不是由它本来所意图的应用所激励出来的. 我们可以看到，即使一个数学家从事的研究与研究结果的可能应用并不相关，他的发现还是有可能是非常有用的. 下面就是一些例子.

之前我们已经提到了完美的柏拉图多面体. 事实上，在柏拉图时代只有五个这样的正多面体存在. 直到我们能构造这些多面体，才导致完美的正多面体的发现并证明出只存在五个这样的正多面体的研究，这些正是为了数学自身的缘故而进行的研究. 然而，不久之后我们发现这个研究结果极为有用. 五个完美的正多面体是构建第一个宇宙模型的基础. 另一个企图使用“纯”数学的例子是由开普勒研究出来的结果（详细请看第17节），在时间的推移下，当有更好的模型用来描述世界时，这些用途便失去了它们的价值，然而，这些就是数学的应用，就像用数学描述世界的其他用途一样.

空间多面体结构的研究从柏拉图时代一直延续到今天，并且在其他方面，几何学研究者试图将多面体分类为半柏拉图体，也就是说，其表面与柏拉图多面体一致. 这个研究是几十年前由圣彼得堡的维克多·查加勒（Victor Zalgaller）完成的，目前他和以色列的魏茨曼研究所有着联系. 他证明了一共有92个这样的多面体，而且他全都找到了. 维克多是一位在几何和最优化领域中活跃的数学家. 2010 年 11 月，我们在魏茨曼研究所庆祝他的九十岁生日. 这也是与之前谈论的做数学研究与年龄有关的例子：在过去的两年里，他发表了数篇观点新颖的论文，其中包括一些作为独立作者的论文. 他对这个问题的研究就像发现所有完美正多面体一样，都是为了研究本身而进行的，但是我们期望这些研究结果也会被发现有用武之地.

另一个数学研究的例子就其本身目的而言可转化成铺砖问题. 大多数建筑物的地面用正方形或长方形的瓷砖装饰，也有用菱形或三角形的，等等. 在过去，古老的建筑，像在伊比利亚半岛的摩尔人建造的宫殿，甚至所用的瓷砖都不是凸图形（例如，可能是“L”形的），这样的地板非常赏心悦目，因为这种有规则的重复遵循着有趣的对称规则. 这也证明了具有某种性质的对称模式的数量是有限的，而所有这些都可以在宫殿的地板上看到，如西班牙格拉纳达著名的阿尔罕布拉宫.

现在这里有一个关于 20 世纪 60 年代的数学问题，可以用较少的瓷砖形状组成一个没有重复的瓷砖样式吗？瓷砖是不重复或者没有周期的，这意味着在某一确定方向移动使得瓷砖在移动后将与移动前的重合这件事是没有可能的，牛津大学的罗杰·彭罗斯（Roger Penrose），获得了 1988 年的沃尔夫奖，在 19 世纪 70 年代中期给出了一个有趣的答案. 他表示只用两种都是菱形的瓷砖有可能以不重复的方式铺满地面. 彭罗斯的构造是有数学依据的，得克萨斯州立大学实际上已经用彭罗斯的方法平铺了一个大厅.

1982 年，伦敦大学的晶体学家和计算机学家艾伦·麦凯（Alan Mackay）用计算机做了一个实验，发现了晶体中的原子以彭罗斯铺砖模式有序排列时其光的衍射图. 这种模式是晶体结构检测鉴定的主要工具，他的数学实验也可以看作是基于数学本身的，因为没有人想到或者相信原子可以在自然状态下自发地以非重复模式排列，正如教科书中所写的那样.

然而，也是在 1982 年，在以色列理工学院工作的丹·谢赫特曼（Dan Shechtman）当时正在华盛顿特区的美国国家标准局学术休假，他也对光的衍射进行了实验. 他发现，实验的结果与根深蒂固的理念相矛盾，即一个系统不与周期性结构相一致. 在没有数学模型的情况下，实验的结果只是对于发现的描述，并没有理解或者解释. 因此，谢赫特曼和他在理工学院的同事伊兰·布莱克（Ilan Blech）给出了一个解释结果的模型. 不久之后，宾夕法尼亚大学的两位物理学家，保罗·斯坦哈特（Paul Steinhardt）和多夫·莱文（Dov Levine）发现谢赫特曼所揭示的结构与麦凯理论性的实验结果（即彭罗斯的数学铺砖模式）是完全一致的. 数学给出了已发现事物的存在性的证实和解释，晶体学实验研究者也探寻并发现了这个现象的其他例子，但是处于领导地位的晶体学家仍表示怀疑，觉得在谢赫特曼的实验中可能出现了一个错误. 他们坚持用旧的数学来描述重复的模式，并认为那是唯一的描述自然界中晶体的数学. 当许多其他晶体也被发现没有重复模式时，晶体学家才同意采用“构建”了描述自然界中晶体的数学，因此，材料科学中最有用的领域之一的大门打开了. 这项突破使得谢赫特曼在2011年获得了诺贝尔化学奖.

我们在第31节中提到了应用数学的另一个例子，即群论是了解基本粒子结构的主要工具. 在19世纪60年代，我们发现了数学与粒子物理学之间的联系，但其实群论本身很早之前就已经存在了. 该理论在课本中是以一种抽象的形式存在的，下面是关于它的一些介绍.

一个群就是一个集合，把这个集合记为G，其中的元素我们用小写字母a，b，c，…来表示. 群中的元素之间有一种运算，我们用“+”来表示（这类似于数的加法符号，但在我们的例子中并不是数的加法，因为群的元素不一定是数）. 运算$a+b$的结果是群G中的一个新元素，这样的运算满足下面的性质：

1. 结合律：对于群G中的任意三个元素a、b、c，都有$a+(b+c)=(a+b)+c$.

2. 存在一个叫作**零元**或者“**中立元**”的元素，我们记为0，对于群G中的任意元素a，都有$a+0=a$.

3. 对于群G中的每个元素a，都存在逆元，记为$-a$，满足$a+(-a)=0$.

这些就是群G要满足的全部性质，我们再次强调，虽然我们使用了较熟悉的数的运算中的“+”的符号，并用0表示“中立”的元素，但在这里，元素不仅是数，其运算都是抽象的运算，使用通常的符号是用来帮助大脑吸收抽象的结构. 这里必须注意不能混淆常用符号的双重作用. 例如，根据我们列出的性质并不意味着等式$a+b=b+a$对群中的任意两个元素都成立. 但是对某些群，这个等式是成立的. 有此性质的群叫作交换群.

当然，整数集在加法下构成群，而自然数集不构成群，因为它不具有元素都有可逆元的这个性质. 在乘法运算下，正实数也构成一个群，此时的零元就是数字1. 也存在具有有限个元素的群，例如，平面的90°旋转变换构成的群，这在第31节中提及过. 抽象的群论试图仅仅依靠群的简单定义来揭示群的数学性质. 一旦证明出这样的性质，它就适用于所有的群.

除了群之外，数学中也定义了具有其他属性的集合，例如，域.

域在加法下构成一个交换群（译者注：一般要求加法有交换律），除了加法运算以外再给出另一种运算，我们将用表示乘法的“·”来表示这个运算，我们也称之为乘法. 这个乘法运算也有结合律（译者注：一般也要求乘法有交换律），同时它也有“中立”元素，记为1（再一次指出，不是数字1），每一个不为零元的元 a 在乘法下有逆元，我们记为 a^{-1}. 加法运算和乘法运算之间存在着联系，即分配律成立，就是说，对于域中的任意三个元素 a、b、c，都有分配律 $a\cdot(b+c)=a\cdot b+a\cdot c$ 成立. 这里再次使用了我们熟悉的符号，的确，数集也能构成域，但是该理论的目的是为了发现域的性质，而不涉及任何具体的特例.

多年来，群论、域论和其他相似的理论被视为“纯”数学的标杆，直到它们在描述自然中的作用被发现. 群论和域论始于埃瓦里斯特·伽罗瓦（Évariste Galois，1811—1832）的工作，作为他试图验证和刻画多项式方程的根的一部分内容，即找到多项式方程 $p(x)=0$ 到底什么时候有根，有多少个根. 从此人们便开始考虑找到这样的方程的根，这在今天的数学应用中也起到了很大的作用. 伽罗瓦时代的多年之后，抽象的群和域的概念才被定义出来. 因此，群论是数学中从应用发展出来的一个很好的例子，它的定义是基于已知例子的抽象化，“纯”数学作为一个主题就这样产生了. 正如我们之前介绍过的粒子群，令人惊讶的是，有时竟会在完全不同的领域内发现了它的应用.

数学的日常实践有时注重的是理论方面，很大程度上忽略了是什么推动了数学的发展及其可能的应用. 受数学的基础的研究发展的影响，法国数学家在19世纪30年代形成了一个群体，目的是系统地、严格地记录和发展当时已知的数学，强调数学本身. 他们决定出版一系列书籍，并且全部以尼古拉斯·布尔巴基（Nicolas Bourbaki）署名. 这个布尔巴基学派活跃了几十年并出版了许多书籍，在数学界有着相当大的影响. 没有人质疑这个团体的贡献，但其实他们在工作中已经产生了分歧，许多人不同意布尔巴基学派这种专注于数学的方法，其全然不顾及非数学动机和应用目的. 布尔巴基学派的影响仍然存在于某些圈子中，现今欣赏“数学可以独善其身”的这种观点正在消退，不断增长的非数学学科对数学有所贡献的观点得到认同.

下面的例子描述了数学解决了一个实际问题，并且随着应用数学的发展，抽象数学也发展了起来. 这个例子就是用抽象数学和应用数学共同解决了一个问题．这个问题始于19世纪早期，那时蒸汽轮船飞速发展．现今用于稳定轮船速度的工程系统最著名的仍是瓦特蒸汽机，这是以英国科学家詹姆斯·瓦特（James Watt，1736—1819）的名字而命名的，同时，“瓦特”也是电功率的单位．蒸汽机能够有效地运作，除了螺旋桨外，还因为它有一个双杆汽缸．当蒸汽机在做往复运动时，离心力带动杠杆．当往复运动速度减慢时，杠杆就会处于比较低的位置．杠杆连接着活塞和汽缸底部，所以，当杠杆升高时，活塞就会挡住进气口，使蒸汽不能进入汽缸；当杠杆下降时，就会有蒸汽进入到汽缸中．所以，以一个较快的速度升高杠杆，就会减少汽缸中的蒸汽量，从而会降低往复运动的速度．如果以一个缓慢的速度降低杠杆，那么，汽缸中的蒸汽量就会增加，往复运动的速度就会提高．该系统一直工作得挺好，但是直到工程师提高了活塞和汽缸的质量之后，发动机便开始解体．

工程师无法解决这个问题，只好去求助于麦克斯韦，这位著名的科学家对我们以前所描述的科学做出了巨大的贡献（见第25节），他果然解决了这个问题．他所做的第一件事就是告诫工程师，也是告诫自己：人不能相信自己的直觉．我们在上一段描述的调节器的作用是基于对以前经验产生的过程的直观感知．没有以前的经验，我们只能在直觉的基础上理解演变，但是轮船不是进化过程的一部分．因此，想要验证直觉是否正确就必须要用到数学，就像2400多年前古希腊人所教的一样．麦克斯韦写下了几种描述活塞运动的微分方程，方程显示工程师的直觉是错误的．失败的原因是，上述与机械能有关的机器，调节蒸汽时是静止的，工程师没有考虑到机器的状态，从低到高又从高到低位置的过渡．蒸汽机的改进使得活塞的运动速度提高，而这引起的过度反应却破坏了发动机．麦克斯韦根据数学方程看出了这个问题，并知道了解决办法，他在1868年的一个数学专栏杂志上阐述了他的发现．他的应用研究解决了工程问题，同时开辟了一个被称为控制理论的新的数学研究领域．麦克斯韦的同事，在剑桥研究所工作的很出色的科学家，爱德华·罗斯（Edward Routh）很快进入这个领域，找到了系统稳定的一般数学依据．从那以后，该领域一直在平行推进数学和应用数学．几乎在任何工程系统的控制理论中都发挥着重要的核心作用．最近在经济学和金融学中也发现了这一理论的应用，处理控制论的数学家们对工程方面都有很大的贡献，这些领域都应用到了很多的理论，这对数学本身也有极大的好处，说明数学本身起着极大的作用．

下一个有趣的例子一方面说明了智力挑战如何引导重要结果，另一方面也说明了快速的解决方案与“简洁”的解决方案之间的差异，比如一个有技巧的解决办法和一个有用的解决方案. 为了提供这个区分的背景，我们是否还记得，讲清楚数学证明的目的比说服读者相信结果是正确的还要重要. 这个证明的作用是解释为什么结果是它，学习如何在类似的情况下解出这种问题.

显然，古希腊人最先研究了在最短的时间内规划从一个地方到另一个地方的路线的问题. 这种问题通常被叫作最速降线问题（古希腊时代叫作“最短时间问题”）. 已知问题如下：

在垂直面中给出点 A 和点 B，如下图所示，点 A 高于点 B，无摩擦，计算小球从 A 滑到 B 的最短时间.

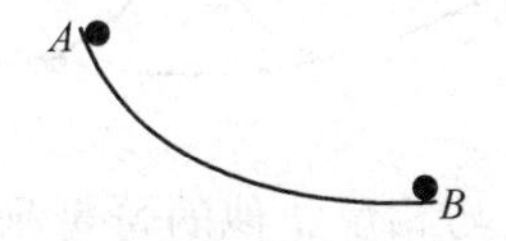

古希腊人认为最佳答案是按照直线下滑，因为两点之间线段最短. 但是当人们后来发现了运动定律，尤其是自由落体定律时，这种说法就被反驳了. 伽利略表示小球最快的运动路径应该是抛物线（圆周的一部分），但是他并没有完全证明出自己的说法，这个问题也没有引起太大的关注. 1696 年 6 月，雅各布 · 伯努利的兄弟、丹尼尔 · 伯努利（Daniel）的父亲约翰 · 伯努利（Johann Bernoulli，1667—1748）发表了一封信，他说他已经有了一个完整的解决方案，并向数学界提出挑战，是否数学界可以在明年一月之前也给出正确的答案. 这封信被刊登在了《教师学报》杂志上，并且吸引了众多数学家. 莱布尼茨甚至要求约翰 · 伯努利延长提交所有解决方案的最后期限. 最终，解决方案提交了上去，1697 年 5 月答案被刊登在了杂志上，包括约翰 · 伯努利自己的那一份答案，另一份是由他的哥哥雅各布 · 伯努利给出的，有一份答案是莱布尼茨的（事实上已经登在了别处），还有一份答案是由牛顿提出来的. 其他的答案是由法国数学家洛必达（Marquis de L' Hôpital，1661—1704）以及德国数学家埃伦弗里德 · 冯 · 契恩豪斯（Ehrenfried von Tschirnhaus，1651—1708）给出来的.

约翰 · 伯努利的方法确实是最简洁明了的，他说，即使这是球的运动问题，我们也可以把它想象成一束光从 A 到 B 的运动情况. 通过一个介质，描述其中光的速度变化，它的速度变化是根据能量守恒定律而得到的，由势能变为动能，即由高度差产生的势能转换为动能，这一过程与相对速度的平方差有关. 这束光线，就是费马的从一个点到另一个点的最短时间的路线. 折射定律（见第 21

节）定义了沿着光束传播的路径的斜率，在我们的问题中就是路径的斜率. 这说明一旦与该定律联系起来，便可以用到之前的知识，特别是由费马和其同代人发现的数学定理，它们都表明其路径是摆线，也就是说，圆周上的一个点滚动时的轨迹，比如说圆形硬币在平面内滚动时，硬币边缘的一个点的轨迹（见下图）.

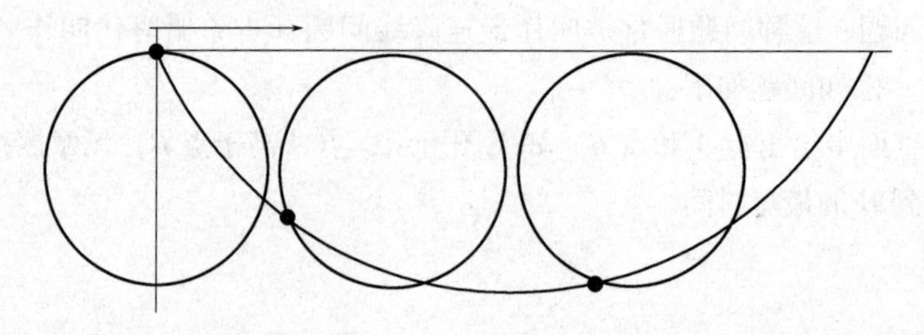

与约翰·伯努利所用的技巧相反，他的哥哥雅各布·伯努利提出的解决方案是复杂的，他认为这一路径像光束的路径，并且需要大量的数学实验和操作.

雅各布·伯努利是从已知直线入手，探索如果直线变化了一点会发生什么呢？如果已知直线是解决方案的话，这个变化会导致球需要更长的时间才能到达目的地. 如果我们计算出时间的差异，就会得到对今天来说更为容易的方法，但是在以前这些计算是非常复杂的，比如雅各布·伯努利试图解决的方程的类型也依赖于早期的研究，并且最后他也证明出来了结果是摆线.

两兄弟之间的关系并不是特别好，委婉地说，约翰·伯努利甚至公开嘲笑过他兄弟的解决方法，作为回应，雅各布·伯努利用他自己的方法解决了其他最小化的问题，而且没有使用其兄弟的任何技巧或其他伎俩.

约翰·伯努利解决最短路径的方法仍是一个有吸引力的技巧，但是却没有进一步使用. 与此相反，由雅各布·伯努利发展而来的笨拙且复杂的方法却成为数学领域上广泛而重要的解决方法，被称之为变分学. 这一数学领域，到目前为止，在数学的内部和外部都有着许多广泛应用，并且对纯粹数学领域提出了很多挑战性问题.

在上面的和我们还没有阐述的例子中，我们可以看出抽象数学的研究和它的应用之间的联系. 有时，数学的实际应用会影响数学本身的抽象理论发展，这也往往会导致新的实际应用. 在其他情况下，研究通常都是以数学家自己的问题开始，纯粹是由数学家的好奇心引起的，显然对任何实际目的没有兴趣，但是其解决方案通常被发现会在生活之中有显著的用途. 这仅仅是巧合吗？或者是统计错觉？还是有可能这就是现实的必然性？

我们很可能是幻觉的受害者．几百年来，数学家们发展了许多不同的理论，其中大部分理论被遗忘是因为它们无关紧要，在科学而不是数学领域有更广泛的探索的理论比那些在纯数学中被保留的理论更加普遍地被人们所了解．因此，应用数学在我们身边似乎更常见．同样，当自然科学的研究人员正在试图寻找一种新的数学理论来解释他们的发现时，他们首先会搜索那些已经被发现的理论，包括纯粹的数学理论，这就可能会导致错觉，即纯粹数学本身在数学应用中起着核心作用．人们对此有几种不同的解释，然而，笔者觉得这个似乎更加合理：纯粹数学本身也是由人脑开发的，大脑也要学会显示自然界中出现的模式，但是大脑并没有能力显示出自然界之外的模式．当数学要展现模式时，便自动地应用到自然界中，这就不足为奇了．

65. 数学美的功效和普遍性

人们普遍认为美是一种个人品位问题，美和享受美也是进化演变而来，对于美和享受美的最基本的感受大多数人都是一样的，与人类其他方面的行为相同．由美激发情感的简单例子就是感知认识模式、对称性，等等．认识到一种模式或者对称性给人们提供了极大的乐趣，在令人惊讶的情况或者环境中，人们并不会预期去寻找秩序，其实发现它们会获得更大的乐趣．这在生活的各个领域内都是真实存在的，从自然风光到创造性艺术，再到社会文化环境，等等．模式也是数学实践的基础，因此，定义一个新的定理或新的几何方法会让我们很快乐．在大多数这样的情况中，模式享受的是智力因素而不是视觉思维．然而享受数学模式之前，我们必须明白其专业术语，理解和学习这些特殊的专业术语并弄明白其中的数学内涵，有时甚至对专业人士来说也是很难的事情．这些因素使得广大公众远离了数学以及数学的乐趣．我记得一则漫画显示，三位数学家兴高采烈地讨论黑板上的复杂公式，其中一个人对其他人说：“我知道你会大笑出来的”．正如其他学科一样，数学中确实有专业笑话和职业乐趣．不过，笔者不得不重复一下这本书开篇的一句话，正如一个人可以从听音乐而不是看乐谱中寻找乐趣一样，一个人也应该能够从数学模式而不是只通过阅读数学笔记来获得乐趣．当然，我们也可以知道作为一种解释自然的工具，数学是如何从中发挥作用而使其获得乐趣的．笔者希望读到这一节的“非数学”的读者也会同意这些观点.

不管怎样，一般人有时也会给出享受数学美的其他例子. 不久之前，笔者收到了一封邮件，其中带有下面的塔形表格，标题是“数学之美”.

$$1\times 8+1=9$$

$$12\times 8+2=98$$

$$123\times 8+3=987$$

$$1234\times 8+4=9876$$

$$12345\times 8+5=98765$$

$$123456\times 8+6=987654$$

$$1234567\times 8+7=9876543$$

$$12345678\times 8+8=98765432$$

$$123456789\times 8+9=987654321$$

该表中添加上了美丽的颜色，不同的数字用不同的颜色，颜色凸显了一种特殊的模式. 笔者的一些熟人当然也包括发邮件的人，都对数学之美表示赞叹. 在这个塔中，以数学的眼光看，我并没有发现有任何有趣或特殊的地方. 这的确在视觉上很享受，颜色也很吸引人，并且作为算术练习其中的有序性是很有趣的，但它并没有给我太多的惊喜之处，从数学角度上讲，笔者并没有发现任何的美. 笔者同意它所反映出来的算术是美的，但那并不是数学之美. 如果从更深层面来说，或者有人告诉笔者，隐藏在结构里的是一种特殊模式，那么笔者可能会在这个塔形等式中发现美. 但是笔者不认为它是这样的.

这里有另外一个例子，你可以看到一份《以色列日报》登刊的图表和谜题，标题是“享受几何”（见下面笔者给出的草图）. 草图中显示了四条从虚构中的河的一岸到另一岸的桥梁. 这四座桥梁各处的宽度是相同的，不过有些桥梁是直的，有些桥梁是弯的. 问题是给哪座桥喷漆花费的成本最少，哪座桥的成本最多?

答案是成本没有区别，所有的桥都有相同的面积. 把纸转过来，我们可以“很清楚”地看出答案. 每座桥都是以平行四边形为基础，桥面各处的宽度一直保持不变，所有平行四边形的高的和相同，所有桥的都相同（每个学习过并记得基础几何知识的人都会知道），因此桥的面积是相同的. 接着笔者要问：这其中的乐趣是什么呢？笔者认为，自己并没有从中得到任何乐趣，因为自己都没有找到解决办法. 此外，设置这个题的人认为我们应该立即看出答案，这就是笔者不喜欢它的另一个原因. 我们也会感觉自己被误导了，问题是哪一座桥花费的成本最少，哪一座桥最多？如果问题本身就是这样，它意味着一定有一座桥的面积最大，有一座桥的面积最小，如果不是这样的话我们就被误导了．即使我们从把图形放到一侧的窍门中得到了一些乐趣，这其中也混杂着一些失望，毕竟它只是一个技巧，更不用说你也不需要把一个平行四边形放到一侧去计算面积这一事实了，但学校可能是那样教的．笔者并不反对能获得如此乐趣的人，像笔者这样不欣赏这件事的任何人并不是说自己不能从数学中获得乐趣．我们有可能从窍门中获得乐趣，或者因没有发现而感到失望，但无论怎样，这类窍门都不是数学的本质部分．

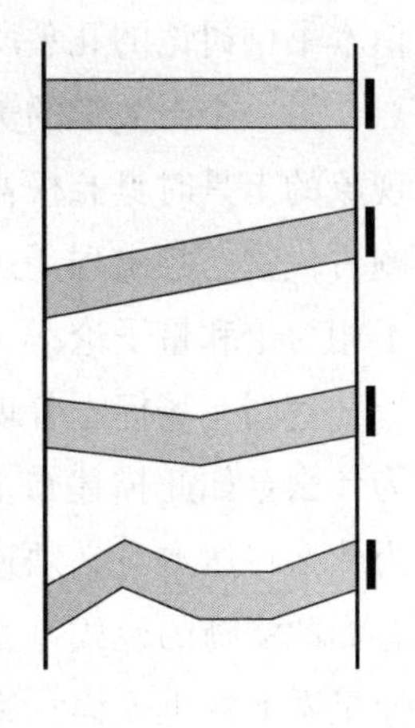

类似的情况来源于一个关于约翰·冯·诺依曼（John von Neumann）的众所周知的故事．一个朋友问了他这样一个问题：两列火车从相距100km的位置以50km/h的速度同时相向而行，同时，一只蜜蜂以300km/h的速度从一列火车飞到另一列火车，到达后再飞回第一列火车，之后以此类推，直到两列火车相遇时蜜蜂停止飞行．那么，问题是蜜蜂一共飞行了多远？在我们给出冯·诺依曼的答案之前，我们发现这道题有两种解决方法，简单方法就是从开始到火车相遇经过了一个小时的时间，所以蜜蜂飞了300km．第二个复杂的方法是计算蜜蜂从第一列火车到第二列火车时飞行的距离（这要求我们解一个比较难的方程），然后计算出它返回到第一列火车时飞行的距离，并继续以这种方式计算．它给出了一个无穷级数，可以相对简单地算出结果（对于记住该知识的任何人），若计算没有错误，最终答案是300km．现在回到冯·诺依曼，他简短想了想就直接给出答案，300km（他以思考快速而闻名）．他的朋友验证了他的想法确实是正确的，然后夸赞了他，说道“你真是一位出色的数学家，”并接着说“不过要是通过计算无穷级数的和来得到答案，这么做并不明智．”冯·诺依曼惊讶地看着他，问道：“难道还有其他简单的方法吗？”

这个故事说明数学并不是技巧的组合．相反，数学的本质是对已经揭示的或还没发现的真理进行有序的、有组织的分析．在上一节提到的最速降线问题中，我们看到了一个技巧和一个理论之间的差异．我们虽然可以接受，并且有可能受益于一些技巧，但真正的数学之美应该来自于数学中发现的模式和规则．令人惊奇的乐趣来自于我们所开启的模式和规则连接着的应用的本质．笔者相信本书中讨论的几乎所有材料，到现在为止，都反映了数学的这种美.

另一个与数学的美和快乐有关的方面是，数学有时在作为描述和解决自然现象的工具时具有极高的效率. 为什么恰好是数学如此适合描述自然，这个问题古代就已经出现了. 它的再现，直接导致了麦克斯韦的革命性工作，这引出了相对论和量子论.

直到一场标志着现代科学的革命开始之后，人们才意识到问题不在于数学为什么会如此描述自然，而在于为什么自然现象是按照那一规则体系发生的? 为什么自然本身必须遵循法则，也就是我们常说的自然规律? 为什么自然中会有如此清晰的模式? 为什么地球上的引力定律和月球上的引力定律一样，和其他星系上的也一样? 为什么一个小的、有限数量的粒子可以组成自然界中的所有物质? 为什么我们可以找到有序模式，甚至符合数学中群的结构来放置这些粒子? 我们可以将这些问题扩展，这些问题通常没有标准的科学答案，对这些问题的兴趣一般都包含于哲学家所谓的卓越领域中. 例如，伽利略认为大自然是基于数学书写的. 甚至在文艺复兴时期基督教会也同意是上帝以其伟大智慧用数学创造出了如此美丽的世界. 对于为什么说数学恰好是描述和分析自然的工具这个问题而言，这当然不是满意的答案. 我们应该牢记：自然规律不是自然的或者自我解释的. 古代文明发现，这样的规律确实存在，但他们并没有到深入其中或尽力揣摩. 此外，古希腊人宣称自然规律可以用逻辑来描述，人们需要数百年的时间才能吸收他们对科学世界观的理解. 地球运动定律和天体运动定律相同这一事实被发现，然后被接受，至今也只有三百多年的时间.

代代相传的数学总是在和其他方法竞争，这些方法对于自然法则提出了不同的见解，包括神灵崇拜、占星术和其他奇怪的理论，其中有一些被人们遗忘很久了. 今天，我们认为自然中的数学结构是显而易见的，但在遥远的过去却并非如此. 这也使得人们对于数学是描述世界的正确方式的想法更容易理解，因为它源于这样一个事实，即麦克斯韦的革命性认识——数学描述了人们经历过的主要事情，并加以了测量. 古希腊人看到行星在天上运动，并用几何学的知识来描述其表现形式. 牛顿发明了无穷小分析来描述我们可以观察到的运动规律. 从那时起，我们发现了数学可以描述事件，知道了数学是一种理解我们能感知的事件的有效工具. 之后，数学的发展也就不足为奇，它仍在继续发展，而人们从中探索出来的知识也越来越多.

更加令人惊讶的是，我们可以用相同的工具去描述我们所测量和经历过的现象，从而预知新的现象，包括我们没有意识到其存在的现象，以及我们感觉没有必要去理解的现象. 麦克斯韦方程是如何创建了电和磁之间的统一表达，并预测了电磁波的存在的呢？亨德里克·洛伦兹（Hendrik Lorentz）提出的变量的变化是如何对迈克耳孙-莫雷实验的结果提供了正式解释的？这个结果使人们认识到每件事情都是相对的，世界的几何形式并不是我们所看到和经历的那样. 粒子的行为又是怎样的？它对我们的影响也无法直接感知到，但是我们可以测量它的影响，并用方程的解最好地描述了相关的波，尽管在事实上，我们无法在任何介质中识别这些虚拟波的移动. 现在，这些问题仍没有答案，但它们没有超出范围，也就是说它们并没有超出科学领域讨论的范畴.

通过承认所有的新现象都和进化为我们而准备的是一致的，我们可能获得对这些问题的部分理解. 甚至当数学来源于实验时，它也会引导我们发现完全新的现象. 为了理解它们，我们把它们翻译成我们所熟悉的一种术语. 谈到电磁波，就是因为我们熟悉大海中的波浪，并且知道波听上去是什么. 我们用几何工具描述相对论，因为那些几何是我们了解的. 尽管我们不能感知世界的几何不是欧氏几何，但是在其他地方也遇到过非欧几何，例如球面几何学. 因此很可能，大自然要服从这样的基本定律，因为这就是我们正在寻找的基于定律的进化产物的系统. 爱因斯坦说过，自然规律的特点是简单，而一个简单的规律必定优于复杂的规律. 然而，爱因斯坦声明这是他一厢情愿的想法，而不是对现实的真正描述. 尽管我们能够清晰地发现规律缺失的表现形式，例如数学中的混沌现象（存在于混沌理论中），但我们仍然致力于在混沌中寻找秩序. 我们将在这方面展开一点论述.

在 1961 年，爱德华·洛伦茨（Edward Lorenz，1917—2008），一位麻省理工学院的数学家、气象学者，他对相关气象方程进行了计算机模拟实验. 他发现虽然相对来说，方程是比较简单的，但是模拟结果却是不可预测的. 原因是数据的微小变化导致了结果的巨大变化. 对计算机模拟来说，这是至关重要的，因为如此的计算是不可能获得完美的计算精度的. 然而，他立刻就清楚了，误差超出了数学计算的范围. 洛伦茨的发现与庞加莱先前所指出的数学结果有关，其结果显示天体运行的轨道，如太阳及其行星，会有显著的不规则性. 庞加莱的研究结果在更加一般的运动方程中也有所体现，例如，那些由雅克·阿达玛（Jacques Hadamard）等人给出的与天体运动有关的方程. 另一个相关的发展是由斯蒂芬·斯梅尔（Stephen Smale）提出的，他显示某些方程满足相对简单的条件（以斯梅尔马蹄函数而知名），但是它们所表示的动力学却是非常复杂的．在这个方面有着重大贡献的人是詹姆斯·约克（James Yorke）和他在马里兰大学的学生李天岩（Tien-Yien Li），他们发现方程的简单条件导致了复杂的动力学结果，在该数据中的微小变化导致了结果的巨大变化．他们还为这一研究成果创造了*混沌*这一术语，并且这个词出现在了他们的论文标题里面．有一则轶事也指出了研究的本质和人的本质之间的关联．在李天岩和约克的发现出版后不久，他们便知道这只是若干年前由乌克兰的雅科文科·沙可夫斯基（Oleksandr Sharkovsky）发表的更先进结果的特殊情况．然而，乌克兰数学家的论文标题并没有足够吸引人的眼球，因此被漠视了．一段时间后，约克开玩笑地说：对于混沌理论，自己的贡献仅仅只是提出了一个混沌理论的名称而已．然而事实上，他的重要贡献在于，对复杂动力系统提出了关注其数学表达和直觉之间的联系．李天岩和约克的论文的出现，引发了人们对混沌效应的广泛研究，并且还已经扩展到了哲学和社会科学领域．

这是另外一则有关数学结果奇怪解释的故事．为了说明一个重大事件与非常小的变化之间的关系，这里用到了“蝴蝶效应”．据说，亚洲东南部的一只蝴蝶轻轻扇动翅膀就可能会造成大西洋的一场飓风．笔者听到一位电视评论员说，亚洲的蝴蝶在墨西哥湾引起了飓风，就好像这是一件众所周知、显而易见的事情．电视评论员没有恰当地区分“造成”和“可能会造成”．评论员可以放心：在大西洋并不存在能由亚洲东南部的蝴蝶引起的飓风．混沌这一主题已成为一个广泛的研究领域，并且是多产的数学分支，在物理和其他学科中有着丰富的应用．然而，大多数的研究侧重于在混沌现象或者产生混沌的方式中寻找秩序，或者探索其发生的统计学规律特征，也就是说，我们一般探寻相同类型的模式．就像刚才说的，数学研究的本质实际上就是在我们通常已经知道的知识范围内寻找模式的研究．

我们甚至可以延伸一点，进一步问，会不会有我们没有发现的自然法则？因为对于识别模式和识别与进化一致的规则来说，大脑的容量是有限的．在笔者看来，答案是肯定的．事实上，庞加莱和爱因斯坦都认为，我们通过数学所识别的自然规律仅限于我们用大脑所能创造出来的，而在自然界中存在着超出我们理解能力的现象．这些观点与现代理解的大脑运行方式相同，都是进化的产物，用于感知我们周围的世界．问题是，我们仅仅是研究了人类大脑，却并不清楚应该如何在人脑的指导下应对这些限制．

在这里，我们提出的最后一个问题是在我们目前的理解下较为普遍的数学问题. 在各种社会群体中发展起来的数学，他们或者是存在于脱离我们文明的孤立人类群体，或者是另外一个星系，或者是另外一个世界，他们的数学与我们掌握的数学必然相同么？盛行的观点认为答案是肯定的. 数学独立地发展，并且在不同条件下可能有不同的侧重，即某种不同的符号和术语表达. 然而，逻辑基础和基本技术要素是不变的，例如，自然数及其加法运算在所有的数学中都是一样的. 这就是为什么当人们将一艘宇宙飞船送入外太空，并希望它可以找到外星人时，就会在船上标记出数字 1，2，3，…，这好像就在宣布：我们会计数.

不过，笔者也提出了另外一种可能性. 就其本质而言这只是个猜测，因为没有办法证明或者反驳. 也许有人怀疑数学是统一的这个观点. 自然数是这一事实的结果，即我们的世界是由我们可以计数的事物构成的，并且这又导致了其自身的加法运算. 在一个完全连续的世界中，事物不是单独定义的或者将其作为不同的单位，自然数有其他含义是没有道理的［这种观点得到了迈克尔·阿蒂亚爵士（Sir Michael Atiyah）的认可，我们这个时代最杰出的数学家之一］. 毫无理由，在如此的世界中，数学家应该能理解皮亚诺公理，更别说像 $2+2=4$ 这种具体操作了. 换句话说，在其他不同发展的世界中，我们可能会有其他的逻辑规则. 即使我们的大脑无法想象另一种逻辑的概念，也不能保证我们的逻辑会与其他世界的社会联系起来. 即使我们不去推测其他世界，也应该记住，我们所使用的逻辑规则包括了基本的推理规则，这是我们大脑的产物. 它是我们的大脑在逐渐进化的过程中经验积累的结果.

然而，我们很清楚，另一种逻辑可能存在于另一种世界，另一个社会中，这并不能得出结论说我们使用的逻辑就是错误的，或者我们必须寻找并尝试新的方法或者之前的方法. 我们所了解的数学正在持续发展，并已证明它是正确、恰当、有效的.

第十章

为什么教数学和学数学都如此困难

- 参加数学思维课程是有帮助的吗?
- 怎样才能把数学学习到母语的水平?
- 古人是怎样发现数学的?
- 三角形的本质是什么?
- 数学这颗大树和植物中的树有什么联系?
- 蜈蚣是怎样行走的?
- 学生对于理解平行公理有困难吗?
- 一个家庭中有三个孩子，第三个孩子是男孩的概率是多少?

66. 为什么学习数学

毫无疑问，从小学到大学的学习过程中，数学被认为是教育系统中最难学的学科之一，而且在数学方面的学习成绩往往低于我们的预期值. 然而，在讨论怎样提高数学的教学质量之前，我们应该清楚想要从中得到什么. 一旦明确了目的，我们就可以研究通过什么方式达到这些目标，并提高整个教学系统的成效. 这就要求我们要帮助学生建立起小学学习和中学学习之间的联系. 我们也需要将教师培训和更高的教育联系到一起.

第一个目标就是提供给学生运用于当今世界所必要的*基本数学工具*. 其中包括运用贸易、金钱、贷款、投资等的能力. 也包括能通过大量的统计数据理解这个世界的能力，当然这些数据部分是准确的，也有部分是不值得信赖的. 拥有估计和计算面积与体积的能力也是重要的，也就是说，利用基本几何工具处理现实世界的能力. 最后，为了能够在现代世界中正常生活，对发展中的技术世界有一个初步的数学认识也是十分必要的.

第二个目标就是熟悉*严谨的逻辑体系*. 事实上，我们在这本书中讨论过数学的发展，但这是由教育决定的. 毫无疑问，只有拥有了坚实的基础才能掌握完整的逻辑体系. 没有任何一个系统能像数学逻辑系统一样清楚地解释假设与结论之间的关系. 除此之外, 数学也能培养人们的执行力和利用工具进行数据分析的能力. 并且还能够通过使用数据来查询信息. 这是真的, 人的日常活动基于直觉, 而且这是不可能也没有必要改变的事情, 然而重要的是教育系统的毕业生应该具有遵循逻辑分析的能力, 甚至能够在重要场合进行逻辑分析的演绎.

数学教学的第三个目标是认识到数学是人类文化的一部分. 数学可以与历史、文学、音乐、造型艺术、社会哲学等相提并论, 它和其他科学一样, 都在人类发展中起着至关重要的作用. 作为一个受过教育的人应该知道在科学、艺术、技术和社会的发展及其理解的进程中, 数学已经尽了部分责任, 并将仍然肩负重任.

在此, 我们要提到的最后一个目标是"打开一扇窗", 不但为每一个对数学感兴趣的人, 而且为未来的一般科学和技术研究者, 还有为那些专门的数学研究者. 我们并不是说中等教育应该培养科学家和工程师. 至少正如学校所期待的, 应该充分地激发学生学习数学的兴趣, 应该给学生展示如何去学习以及从事科学和数学研究的可能性, 如此这样, 当学生必须选择接下来的发展道路时, 他们就有足够的信息, 能够做出恰当的决定, 并且符合自己的目标和能力. 教育系统也应该给予那些继续坚持科学之路的人以基本的能力, 使他们能够实现潜能的发挥.

不幸的是, 目前的教育体系在实现所有的这些目标上仍然存在缺陷. 以下章节中, 我们将试图说明导致这种遗憾事态的一些缺陷. 我们不会冒昧地提出一个"教什么"和"怎样教"的详细系统. 这是太艰巨的任务, 需要方法、人力资源、教学系统的进一步发展, 以及其他类似的严肃话题和局限性. 对于这个问题的原因的讨论已经超出了本书的范围. 但了解一些缺陷, 特别是那些关于什么是数学的问题, 可能会有助于我们修正一些理解.

67. 数学思维——不存在的东西

市场上充斥着书籍、教程、高级研修课程以及类似的诱惑, 承诺教授并提高我们和孩子的数学思维能力. 你所需要做的事就是同意支付上述所说的全部, 你的思维会得到改善, 并将成为正式的数学思维者. 有谁的父母会拒绝做出努力和付出，并阻止孩子失去从数学思维中受益的机会呢？没有数学思维，在现代世界便寸步难行．一家报社竟然发表过两三岁孩子学习数学思维课程的文章．笔者在互联网上搜索了带有关键词“数学思维”和“课外班”的内容，发现从一年级到高年级的课外班都十分受欢迎．甚至要求幼儿园的三岁孩子，将数学作为母语．家长抱怨以色列学校中的老师和校长不给孩子提供额外的数学思维课程．我们的孩子会因此而落后．笔者所在的研究所和其他高等院校为孩子提供了关于数学思维的课程，事实上，*根本就不存在数学思维这回事*．如果真是这样的话你可能会问：那学校都教什么课？其实老师只是简单地教授数学的学科知识和解决问题的方法．

在这一点上出现了许多问题，我们需要一一考虑，“不存在数学思维这回事”是什么意思？把在课堂中进行的活动称为数学思维，这样称呼是不是错误的？参加此类课程是否会造成伤害？它们会起到一定帮助吗？

在本书的前面，我们讨论了各种思维方式，特别是在第 62 节中，我们指出，思维主要是大脑的一种活动，用来分析情境和做出决定．一种粗略的划分可将思维活动分成两种方式．一种是比较思维，即人们会将他们面临的情况与其他类似的已知情况进行比较，从而找出解决问题的方案．另一种是创造性思维，它需要有创造性的反应，即使不熟悉的情况也在头脑思考的范围内，大脑知道该如何做出回应，但大脑必须适应和更新想法．必要时，它必须拿出一个新的创造性的方案．这两种思维要素是所有学科的共同点，不局限于数学．这两种类型的思维方式都是不能被教授的．你知道的越多，对你所思考的主题的经验就越多，你的比较思维的效率就越高，你的反应也就越好．你知道的越多，你的创造力也就越强．因此，去学习各种科目来丰富你的知识库，提升知识和经验是非常有价值的．你学的越多，练习的越多，就会越成功．这个规律对于所有的学科都适用：你从来没有学习过如何思维，但实际上却已经在思考了．

有数学老师问笔者为什么会这样迂腐．他们认为大众所关心的像“数学思维”这样的逻辑问题只是表面的，并不能真正了解本质．对于这种问题真正的受害者应该是那些教授，他们都忽略了语言的作用，让我们来解释一下：数学中被大众接受的就是定义，也就是给数学实体或者特殊模型起名字．例如，树状图、矩阵、流形、自动机和机器等也在数学中出现．定义的目的就是为了清楚地描述一个事物或者一个集合的特征．我们会给事物一个数学名词作为它的定义．我们所讨论的可能是没有任何意义的胡言乱语，然而定义却不是随便的

(在数学课程或者更高的教育中是不用证明的事实). 没有权威可以禁止你选择数学概念的名字. 例如集合，你可以说它是一头大象，或者你可以把树状图叫做摩西，或者你也可以编造一个无意义的名字. 然而，这不是数学实践. 定义树状图的原因是在一定程度上使人想起枝干之间一系列的联系，选择“群”这个词是因为其中既指构成元素的集合，又指元素之间的关系，其他名称也是一样的. 思维过程是相互关联的，如果我们把“树状图”称为“轮船”，而把“函数”一词用“大象”来代替，它就会对人产生干扰，因为这样的名字在脑海里想象出的图像有可能会是河流或动物园. 这是真的，即使有一个很好的理由选择一个特定的名称，它仍然可能会导致混乱. 数学中的树不是植物界中的树. 这个词不会使数学专业的人混淆，但可以很好地混淆没有数学思维的人. (这个故事来自于数学家迈克尔·拉宾的一篇关于自动机的重要论文公布后，他被邀请到一个农业学院做一个关于这一主题的讲座!) 因此，不要误解，选择一个非任意的名字是非常重要的，一个名字能引导人们对于一个概念的想象.

数学上取得高学位的人的“数学思维”是训练有素的，他们的头脑中形成了数学术语的系统. 然而，思维是超出所学习的范围的. 把数学思维理解成数学概念或者逻辑都是错误的，至少是有误差的. 提高不切实际的希望也会引起失望，在将来孩子或家长发现真实情况时会由于他们的结果没有达到预期而使自己伤心，他们思考的数学题目的难度很大，如果完成不了就很可能使他们认为自己比别人差. 毕竟，只有真正的毕业生才会在学习数学时经历从一知半解到真正理解的过程，而不是只学习了数学思维.

但如果忽略这个问题，我们应该思考学习数学逻辑、各种数学技巧的本身是否就存在问题. 当然，学习本身没有错，这取决于父母的经济状况，保姆的替代成本，以及孩子从活动中获得的快乐 (不和父母在一起). 然而，总是引导学生进行课外活动来培养数学思维的做法是不对的. 目前“数学思维”对于一定的数学之外的生活及其应用是非常有用的，当然也有可能会造成伤害. 笔者以前遇到一位老师，他在一个拥有良好声誉的知名中学教书，并为数学竞赛培养了很多优秀学生. 当老师听到笔者对“数学思维”所表达出的意见时，他十分生气. 他声称他不仅仅在数学方面，更确切地说，在各个方面都教授给学生他们应该具有的思维方式. 他认为学生们必须学习严格的数学思维. 可怜的学生，笔者心想. 就像蜈蚣正在非常舒适的散着步，直到它被问到：你是怎样管理协调你的脚步使你的右腿 23 左腿 12，左腿 17 右腿 19 呢？这样的问题并不能阻止生物移动它的腿. 在我们的日常生活中，我们没有时间去关注走路时每一步是怎样移动的. 我们必须根据自己的直觉，是直觉要求我们这样移动，甚至我们有时候会偏爱错误的直觉，无论数学还是逻辑都不能帮忙，如果它们控制我们甚至会成为我们的阻碍.

将数学思维加入我们的生活中真的是有益的吗？当然这也依赖于其他事物. 如果选择的是真人秀电视节目，数学似乎更受欢迎. 如果选择是一个剧团或文学团体，田径队或足球队的话，就将取决于孩子们的喜好.

这样的课程可能会造成间接的危害，因为它们提供尽可能多的练习，并给优秀学生加压. 这样追求卓越有时会导致学生的学习太过超前. 优秀学生已经知道自己更擅长哪些课程并达到了一定的水平，他或她有时会被送到大学参加特殊课程. 只有一小部分学生对于课程能足够理解，但对大部分人而言，在早期阶段研究数学难题是有害的. 这些学生没有吸收正确的学习方法，因此会被误导，这并不是因为他们不优秀，而是因为在他们开始之前，并没有经历思维成熟的必要阶段. 最近笔者参加了研究生面试，这些候选人在很早的时候就获得了学士学位. 对某些人来说，面试程序使他们失去了献身科学事业的机会.

更遗憾的是这里的另一个例子是用来说明数学思维重要性的. 伽利略说过，数学是自然的语言. 这只是一个可爱的类比. 数学语言并不是我们理解的那样用来表达数学概念的. 以色列的教育部委员——科学家和教育工作者哈伊姆·哈拉里（Haim Harari）把数学作为一种语言，并介绍给学校使学生对知识加以巩固. 显然，对于一个知名学校这是非常容易做到的，对于学生和家长来说，数学却被看成英语、法语之外的第三种语言. 而对笔者来说，这更像是主办方为那些课程所许下的承诺，三至六岁的孩子刚刚可以学习母语，他们将向这些孩子传授数学，孩子们会更加熟悉数学，达到学习母语的水平. 如果确实那样的话当然是好事，即孩子们会更加熟悉数学，但笔者并没有看到这些特殊课程的优势. 对于课程所许下的“母语”承诺，笔者是担心的，即孩子们如何会像吸收和应用母语那样获得数学的直觉洞察力.

68. 家长会

在此，描述一次笔者所参加过的家长会，当时是作为一个一年级孩子的家长. 这个描述是相当准确的，家长会发生在很多年前，尽管我们在会议上讨论的具体课程现在已经发生了改变，但出现在会议上的问题仍然适用．要补充的是，笔者并没有积极参与讨论，也没有透露自己是数学家．

年级老师们邀请了家长来讨论孩子们当年将使用的数学课本．主持会议的老师解释说，书中的材料是全新的，连老师都不太熟悉．因此，教育部的一个高级教师巴蒂亚（Batya）被邀请出席这次会议，并向家长解释他们的孩子在那一年的数学课上将经历什么．在简单的寒暄之后，这位演讲者开始了讲述．

“最近人们已经发现古代人是怎样发展数学的．”这时，其中一个家长小声说，“我想知道它是怎样被发现的．他们找到了一本古代人留下来的书吗？”他的声音大到足以让别人听到的水平，但是我不知道是否巴蒂亚也听到了．总之，她对这个问题没有反应．

巴蒂亚继续讲：“曾经有一个残酷的部落首领，他每天早上会让部落中的一个孩子去放羊．一天结束后，当这个孩子把羊群带回来时，首领都要重重地打他，说他把羊放丢了一些．其中有一个孩子叫奥格布（显然那不是真正的孩子的名字，只是为了增加故事的可信度），他很聪明，找到了一种避免挨打的方法．每天早晨，当他掌管羊群时，对应每一只羊，他给首领一块石头，当他把羊群带回来的时候，他就从首领那里取回一块石头来和每一只羊相对应．当首领注意到他没有石头被剩下时，就知道所有的羊都回来了，便不再打奥格布．”

对于这个故事，我的反应是它不是很有说服力．据我所知，每个古代部落首领，无论他是否有石头被剩下都会打奥格布．另外，从古至今，无论是残忍的还是善良的，这样的部落首领我一个也不了解，他愿意接受一个聪明的小孩（对那个事件来说，或者是聪明的成人）提出的这种想法，因为用石头代表羊来证明羊没有丢失是富有改革精神的过程．这个聪明的孩子用石头代表羊以证明没有羊丢失的想法是一种创新．我只是自己心里这样想．

巴蒂亚接着说：“因此，奥格布的聪明想法导致了从古至今一一对应（古代的石头和羊之间）概念的发展，一个集合与另一个集合的子集之间的对应关系奠定了我们所知的自然数的基础，因此才有了加法和减法，等等．”我暗自想，幸好首领有足够的石头，否则，假如石头不够了，这显然会导致负数的发现要比实际发现的时间早上几千年了．

我们略过家长问的问题，这种方法和材料对于他们来说是全新的．在讨论接近尾声时，巴蒂亚说一旦搞明白了古代人是怎样基于集合和匹配来发展数的概念的，我们今天就能够用这样的材料来更好地教这些基本概念，以至于孩子们将理解和吸收这些正确的概念，而不仅仅是机械地做算术练习. 她进一步说道："学习的目的是为了理解. 计算结果准确并不重要，理解才是最重要的."

尽管如此，其中一位家长问，如果计算是不准确的，又该怎样来检验他们的理解呢？巴蒂亚没有回答. 另一位家长提议（可能带有讽刺性），如果一个孩子在回答三加四等于多少时犹豫了，他可能很好地理解了，然而立刻给出正确答案的孩子可能是下意识回答的，他没有真正理解如何去加. 另一位受了挫的父亲拍着桌子大喊，他虽然不太明白巴蒂亚的话的意思，但他希望自己在送女儿买报纸时，她应该知道对方找给她多少钱才是正确的，而不用管她是如何"理解"的. 随着一声"我们拭目以待"会议的气氛变得安静.

孩子们一年又一年都在使用这些新课本，他们和他们的父母确实被深深地搞糊涂了. 发给孩子们的书很有趣，要求他们将物品进行匹配，通常是动物或者花卉，每一个孩子都有很多机会根据自己的艺术能力用漂亮的颜色填充. 然而，当这本书学要提到自然数时，一些心理障碍便出现了.

例如，有一天，我的儿子带着一些朋友回家，他们告诉我老师在教室里拿出了一些积木，每个孩子分一块. 然后老师把这些积木收集起来，放进一个袋子里，并带着全班同学去隔壁的教室里参观. 他们把自己的积木给了那个班的孩子，结果发现他们的积木不够. 结论是：第二个班级的学生比他们班的多. 很明显，目的是在孩子们学习自然数之前，向他们展示一对一的原理. 然而，他们对其却一无所知（或许不是这样），我问他们，他们怎么知道第二个教室的学生更多的，或许一些积木被落在了袋子中. 他们异口同声地回答"哦，不是"，"他们班有 32 个学生，我们班只有 31 个."

还有一个例子，发生在十二月的光明节，孩子们会点燃蜡烛，不必说，他们只会从 1 数到 4. 但是在光明节我们需要点燃 8 支蜡烛. 老师的解决方案是，"8"是一个客人，一个来做访问的数字，节日结束之后便会立即离开. 当然，几乎所有的孩子都熟悉并能使用更大的数字. 但是给学生展示的是教育部文件中的表达，根据这个文件孩子对大的数字在直观理解上存在缺陷. 显然，存在缺陷的并不是孩子.

又过了一个阶段，老师不得不给出适合整个数系的加法法则，$a+b=b+a$，a、b 表示所有数. 但这个属性孩子们早已经知道. 那么为什么加法会具有这样的交换律呢？老师又花了大约两个月时间才说服孩子，交换律是不言自明的，没有其他的可能性. 例如，根据顺序，我们先穿袜子，然后再穿鞋，但这个简单的操作是不能交换的．这样全班的人都相信这个法则是不证自明的，然后，$a+b=b+a$就被接受了．然而，为什么相等成立？这个问题的答案没有在课堂上给出．在给教师提供的背景材料中指出它是一个公理．也有人提出，相等的概念并不明确，老师的解释依然是它是一个公理．我们再重复一遍：老师只是说，$a=a$ 是一个公理，就像这样：这就是教育部制订的新的教学计划．

笔者的儿子在家为了展示自己（在没有家长鼓舞的情况下），可以从前往后顺着数数，也可以从后往前倒着数数（1，2，3，…或者 9，8，7，…）．评价小组的负责人所提出的问题之一是 6 之后的数是什么．笔者的儿子十分坦率地回答：这取决于你数数的方向．从负责人的面部表情可以很清楚地看出，她在质疑笔者的儿子是否已经准备上学了．直到笔者介入他们之中并解释了孩子的意思之后，才露出的释然的表情．负责人（她知道笔者的职业）说："你们数学家已经为我们解释清楚了数的本质．"当笔者回答说，数只是为了数数而没有其他本质时，她的反应就好像笔者在轻视或者嘲笑她一样．但笔者没有机会跟她解释，这里的"嘲笑"是因为其他的原因．

令笔者欣慰的是，这里作为缺陷引用的例子已经得到了公认，不再出现在目前的课程中．例如，一一对应这样的例子，在大部分一年级的课本中就已经去掉了．不幸的是，仍然还有一些超出小学学习范围的内容在传播着．导致这一问题的主要原因是学生和家长并不了解数学发展的更多知识．家长接受新定义、系统概念是非常必要的．最近，关于"家长不能理解八岁孩子的课本"有一个最新的研究成果，数学老师还因此出版了一本教育学的书．然而笔者在第一个例子中提到的数学教授却并没有理解这些问题．为了能够解决这些问题，读者首先要学习那些由作者们自己创造出来的一些术语．这是十分荒谬的．因为这样的疏离感对孩子们所造成的伤害远远超过了一种新方法的价值所在，而且，这种新方法在很多领域并不适用．

同时遇到的这些问题也使我意识到一个解决方案：我认为在低年级正式教数学是不值得的．我向教育部的数学教学主管建议，他应该尝试一个系统，不给前三年级的学生教正式的课程．教师可以通过提供真实的世界、游戏、故事等方式来给出比如数数、加、减、乘等的练习．这将依赖于非必修课程中学生已经遇到过的、认识到的、实际吸收的材料．主管喜欢这个主意，并向耶路撒冷的一所知名学校提出了建议，但这个想法被家长拒绝了．他们担心学习基础知识的延迟会对孩子未来的数学理解产生不利影响．

几年后，笔者也一直没有率先实践那个想法. 在 1929 年，新罕布什尔州曼彻斯特的一所学校的主管路易斯 · P. 贝内泽（Louis P. Bénézet）对数学教学进行了广泛的实验，实验对象涉及小学的六个年级. 课程中没有安排正式的材料、书本等. 教师也让学生认识所学习内容之间的联系，比如通过游戏、试验和纠错等方式来学习数数、数字、估计大小、计算、几何等. 偶尔，也需要给出数学符号，推导出形式化的方法，但那只是在实践中有所接触的前提下，并利用形式化和直观化相结合的方式呈现. 经过七年实验，进行了综合测试，和过去一直使用的教学方法进行比较，看哪种教学方法更好. 结果明确地显示，用 Bénézet 方法学习的学生的成绩较好. 笔者不知道接下来的实验中发生了什么. 在一般情况下，人们总是可以质疑这种测试比较的结果的有效性，一种创新的教学方法需要吸引教师和主管的关注，并促进他们的努力应用，教师已经厌倦了使用传统教学方法. 但是，理解数学不是通过形式逻辑实现的. 由此获得的基本洞察力，在今天仍然有效.

69. 数学教学的逻辑结构

数学中的很多内容都是层层递进的，也就是说，它们是由先前的知识推导出来的. 数学不像其他学科，如果没有掌握现在所学的内容就无法进入到下一个阶段. 这在某种程度上是真实的，但是在得出与教学相关的结论之前，我们必须了解数学建构的基础. 首先，我们必须知道作为完整逻辑结构的数学水平与人们对于数学的理解水平之间存在差异，而这个差异正是我们的教学所在.

数学教学存在的一个最大的绊脚石是对定义和公理地位的误解. 在介绍数学时，一般要将定义放在首位，然后是公理，最后才是定理和证明. 但是必须再次重申的是，这仅仅是介绍一门学科时其中的一种方式. 定义和公理的作用是阐明并给出所讨论问题的限制条件. 对于定义要阐明的某些事物，一定要在大脑里对其有一个大体的思路. 数学家和数学教师已经习惯并接受先来介绍定义，之后再呈现学科知识. 事实上，对于受过训练的学生来说，这使他们很容易跟上教学内容. 但有的时候也会让学生产生疑惑. 有一次一个非数学专业的大学生问笔者什么是群和域，虽然笔者尽己所能回答了他，但收效甚微. 这位学生还是去问了别人，不久之后他用有点轻蔑的语气再次来问笔者：“你难道不知道域是一个三联体吗?”许多数学书中确实在一开始就提到域是一个包含两种运算的集合，这就是这位学生所提到的三联体. 很显然，鉴于他获知的这个解释，加上笔者没有向他强调域是一个三联体的事实，使得他极大地质疑了笔者的专业水平. 这是专业扭曲. 在一本数学书中，很难展现直觉知识，只能以枯燥的形式开始. 这在思想上是一种负担，然而在数学的自然结构中，定义和公理正是出现在对数学知识的直观理解之后. 当你尝试向一个非数学专业的听众（如工程师或科学家）解释数学中的定义和公理时，他们的眼神是很呆滞的. 定义、定理然后是证明，这种结构只在数学研究中存在，但是当你向一位专业学者汇报数学结果时这显然是很有必要的. 然而，若是用于学校中，就会带来一定的坏处，那就是使学生疏远数学. 合适的方式就是先从直观的讨论开始，当课程被呈现出来的时候，使之明确就变得很重要，只有在这个时候才可以给出公理. 笔者意识到首先在直觉水平上呈现数学课程的目标和内容要比以它本身的逻辑呈现更困难. 基于数学教学要以不同的方式进行这样一个想法，我们把这种方式视为一个挑战，然而它却被很多数学教师所忽略. 这是数学教学的一个败笔.

那么，数学基础，即公理和逻辑结构，在数学中处于什么地位呢？当有必要向职业数学家展现某个数学话题的全貌时，我们当然可以从定义和公理开始，之后再讲一下它的应用. 如果这些内容是众所周知的一般数学结构，就可以先介绍集合论，接下来是自然数，然后是有理数和无理数，正如我们在第 59 节中所描述的. 然而，我们或许不能接受，这个理论仅仅是为了给数学建立坚实的基础，而不是为了让我们能够更好地理解如何应用数学，当然也不是为了使我们更好地教数学. 例如，对于每个实际的要求和可能的使用，最好是直接引入数字，即 1，2，3，…. 并假定它们是已知的和明确的，且不需要被定义. 同样地，很容易解释什么是实数的几何距离. 在此我们就可以使用自己大脑中已经存在的算术和几何基础. 尽管比较大小，如直观地比较哪一个集合更大，在头脑中早有定论，但是这种直观的比较并不是通过一一对应发展起来的. 人类大脑的工作方式是将新概念与熟悉的概念进行比较. 如果自然数是通过集合来教的，或者实数用戴德金分割的形式来教的（见 58 节），大脑就会“擦除”它已经知道的关于数的概念，之后再去吸收新的概念. 这不是一件容易的事，通常也不会这样要求. 教一门课程而忽视了学生已经了解的知识，是一种说教性的错误. 这一原理显然与所有学科的学习有关，并不局限于数学，特别是在学习语言方面. 因此，如果目的是教授简单的算术或微积分，那么运用学生已有的知识进行的教学就是很有意义的．尝试通过集合比较的方式去教一年级的孩子数数是一种教学错误，因为学生们早已经知道了什么是数．事实上，学生们已经知道了数是测量距离的方法，因此通过实数的戴德金分割教微积分在教学上也是错误的．

也就是说，我们有理由不用集合的方式把自然数描述为以空集为基础的集合，或者把有理数视为自然数对的等价类，或者将无理数作为戴德金分割教授给学生．这些概念的产生基于几何学，在微积分之后，它并没有提高人们对数的理解，反而阻碍了数的逻辑结构．不基于几何的结构远比传统的基于几何的结构要复杂得多，也更难理解．对于上述所有知识的使用将遵从学生对于概念的理解，几何结构是充分且更加有效的，这从逻辑的角度来说是正确的．如果目的是为学生提供数学工具，使他们能够在技术世界和数学世界上取得进步，那么建议这些概念是基于几何的．

那么，为什么以色列的教育部决定把数的教学基于集合上呢？老师和家长们为什么会被灌输这样的思想？（即没有对集合的认识，学生们就会在理解数学上缺乏重要的基础吗）为什么在大学的第一次授课中，讲师就把有理数定义为整数对的等价类，把无理数定义为戴德金分割，而没有解释这些结构的历史背景呢？在各个院校，甚至是笔者最近看到的为工程师写的一本书中也认为将无理数作为戴德金分割是因为缺乏专业的视角，事实真是这样的吗？那些以这种方式教学的人显然相信，没有这些基础，他们的教学就会有缺陷．然而，他们这样的想法是错误的．在几何基础上建立的数与基于集合建立的同样完备．

在一个类似的主题中，为什么一个大学讲师会告诉他的学生实数数列 a_1，a_2，a_3，…实际上是从自然数到实数的函数？从数学的基础上看，他是对的．如果你不知道或者不理解什么是数列（并且出于某些原因你知道了什么是从自然数到实数的函数），那么这确实是定义数列的方法．然而讲师能否使自己明确是否有必要在我们都很直观地知道数列是什么的基础上还要定义其含义，对于这一点笔者并不很确信．

将集合论视为理解概念过程中不能跳过的一步，构成了数学教学中的一个障碍．我们在上一小节讨论小学的数学教学时提到过这一点．然而，失败是更深层面的，不久前笔者参加了数学教育专业的研究生入学考试，一位教师培训学院的研究生说，她从大学里学到的集合论中收获了很多．我们请她解释，她说现在对“孩子属于某班”有了更好的理解．换句话说，在她看来，或在她的大学老师看来，“本杰明在2A班”这句话不够明确，而“本杰明是2A班这个集合中的一个元素”将会更明确地解释这一境况. 这是数学的失真和误传，也是一种有害的灌输. 数学是人类文化中的一部分，理解它的逻辑结构是很重要的，但是以这种结构开始教学是不正确的. 把数学基于集合论是由于对以前的基础的质疑，并遵循以往使用的缺乏精度的直观方式. 但是对逻辑结构的盲目研究实际上并不会产生帮助，反而会造成伤害. 定义和公理的目的是检验直觉，并防止错误和误解的发生，即便有时这会以难以理解的复杂性为代价. 它们检验直觉，使其没有多余的内容.

这一作用对教师以及他们的教师来说并不是很清楚的. 例如，平行线公理（见第27节）的故事作为理解人类文化的一部分是很有趣的，它也说明了数学是什么，以及公理在其中的作用. 最近以色列教育部任命的一个委员会审查数学课程后得出的结论是，对于以色列的学生来说平行线公理是很难理解的，因为它涉及无穷远直线. 委员会建议用矩形公理代替平行线公理，其中的细节与我们无关. 他们进一步提出了相关几何研究的详细程序，其中矩形公理代替了平行线公理. 之后，我们又处理了一个失败的例子. 首先，委员会的成员设想学生遇到的困难是人为造成的. “无限存在吗?”和“如果存在，那将会是什么?”是哲学家和数学家的问题. 并非所有的哲学思考都困扰着那些不是哲学家的人. 一般的学生，甚至更加优秀的学生，都不可能认为延伸到无穷远的直线是个问题，除非有人告诉他们这确实存在问题. 学生一般不会难以理解无穷远直线的概念. 如果有问题，那就是一种哲学问题，而非直觉问题. 此外，公理的目的是表达一个本身就是自然直观的性质. 在笔者看来，参考平行线比参考矩形更加自然. 即使委员会成员认为矩形公理比平行线公理更自然是正确的，还是不应该将其用于教学目的上. 平行线公理是人类文化的一部分，它在无数的书籍中被提及，并在互联网上占据着突出的地位. 在学校教学中，如果用另一公理代替平行线公理来讲授几何公理的话，就会使教材从普通文化中分离出来.

70. 数学教学中的困难是什么

我们在第4节和第5节中提到过，在数百万年的发展进化中，数学主题中有一些与人类直觉相适应，而其他的则在进化的斗争中没有提供益处，并且与自然的直觉相反．这项特质在教学方法中有所反映．不幸的是，情况并非如此．对问题视而不见导致了冲突和困难．

下面是一段模拟的师生之间绝对真实的交流，教师试图解释 2 的平方根为什么是无理数（我们在第 7 节讨论了它的证明）．

教师：我们将要证明$\sqrt{2}$是无理数．首先来假设它是有理数．

学生：但是如果我们想证明它是无理数要怎样假设它是有理数呢？

教师：稍后你将看到．假设它是有理数，我们将把它写成$\sqrt{2}=a/b$，其中，a和b都是正整数．我们可以假设它们其中一个是奇数，因为如果它们都是偶数，我们就可以用 2 进行约分，这样继续做下去，直到分子或分母中至少有一个是奇数．

学生：我懂了，原来是这样．

教师：现在我们将等式两边同时进行平方运算，得到$2=a^2/b^2$或$a^2=2b^2$．所以a是偶数，可以写成$2c$．

学生：好．

教师：用$2c$替换前面的等式中的a，得到$4c^2=2b^2$，等式两侧同时除以 2 可推断b也是偶数．但是开始我们为了证明，假设了a或b中必有一个是奇数．我们已经得到了矛盾．

学生：那又怎么样呢？

教师：这个矛盾源于假设$\sqrt{2}$是有理数．

学生：一开始我就说过我们不能那样假设．

上文是一段虚拟的对话，但是类似的情况在数学学习中经常发生．它所反映的困难源于这样一个事实，教师已经变得习惯于这样的争论，证明了很多次，却忘了反证法本身带来的困难．我们应该意识到并且需要记住的是毕达哥拉斯学派在证明过程中需要克服的障碍，出于他们自身的某些原因，很可能是因为证明很难理解，所以他们才会这样做．我们也应谨记，即使是在 20 世纪，在他们之间也会有人反对反证法．如果一种证明在直观上明显是正确的，那就不会出现对该方法的反对意见．笔者不建议青年学生接触到认为这样的证明方法有问题的传统，但在教学方面，应该让学生意识到这样的证明方法记住即可，但很难被理解．这种困难并不能被完全克服．最好的处理办法就是把这些隐含在原理中的讲解和证明区分开，并且还要有耐心，而不是期盼学生自己理解这些原理．

学生会在理解如逻辑量词“所有”“存在”或“不存在”的要求时遇到类似的困难. 例如，如果老师在证明时说三角形的某些属性适用于所有三角形，但之后他并不能期望学生从此就能学会运用这些知识. 对这一早已被证明了的事实，学生没有亲近感并不是因为忘了这一性质，而是量词“所有”并没有在学生的头脑中自然存在. 当老师使用思维规范性定律的第三条——排中律时（“命题P为真或它的逆命题为真”），学生也会面临同样的困难. 这条定律的使用不是直觉性的. 成功使用这条定律的唯一方法是将其隔离，并且无论何时使用它都要引起注意，之后再做相应的讲解.

源于大脑运行方式的主要难题之一就是它未能涉及相应的规定或条件. 大脑的思考不会受到条件的限制，一般也不会去发现那些分析情境所需要的缺失数据. 进化训练了我们设法完成不完整的图画. 我们的大脑发现缺少条件时所耽搁的时间会对人类进化产生可怕的结果，所以，今天我们通常会跳过那个阶段. 在数学中这一结果可能会带来错误. 我们会以一个可行性研究中的例子来解释这一点.

我们在第40至43节描述了概率逻辑方法和由它产生的困难. 现在我们会看到有经验的教师是如何面对错误的. 应该强调的是，我们举这个例子并不是要说明错误，也不是为了使文章作者尴尬或是贬低他. 我们给出例子的细节是因为我们认为这样可以找到错误的根源. 这一根源会在判定大脑开始制定和完成图片方面带来一定的困难. 我们扩展并详细讨论，来强调在分析这样的问题时需要提炼.

几年前出现在一本教师杂志上的文章标题很有前景，它是“悖论的来源——条件概率及其有趣的结果”. 数学思维是发现世界的一种重要手段，并且能够对似乎神秘又似是而非的现象做出合理的解释. 文章本身给出了悖论的例子，然后进行了合理的解释. 下面我们给出其中的一个例题.

男孩和女孩. 男孩出生的概率是1/2. 某个家庭有三个孩子. 这个例题有两问. 第一问是，在他们的公寓外，我们看到这个家庭的两个女孩. 那么另一个孩子是男孩的概率是多少？第二问是，除了两个女孩，我们还可以看到另一个婴儿的轮廓，即这两个女孩的弟弟或妹妹. 那么第三个孩子是男孩的概率是多少呢？

文章对问题的回答方法是有缺陷的. 我们将展示文章中给出的答案，然后指出其错误. 再次强调，我们的目的并不是要贬低文章的作者. 在数学中这是一种正常现象．我们的目标是指出错误的来源．首先，我们将展示文章中给出的解决方案．

作者在解决例题后指出，许多学生都确信第一问的答案是1/2．他们的解释是对称．第三个孩子是男孩的概率与是女孩的概率相等．然后作者给出了“正确”的答案．他用1表示男孩，用0表示女孩．在这些符号的帮助下，我们可以记录8个三位数字的排列，下面就是三个孩子的家庭所有的可能情况：

$$\Omega = \{000, 100, 010, 001, 110, 101, 011, 111\},$$

其中，011表示第一个孩子是女孩，其余两个是男孩．本文将继续沿着我们在第41节中描述的正规思路，我们将使用符号A表示事件“家庭中有一个儿子”，用符号B表示事件“家庭中至少有两个女孩”．我们必须计算条件概率$P(B|A)$，即$\frac{P(A\cap B)}{P(B)}$．这是一个相当简单的计算．文章给出了两种结果的相同方法．我们将在这里给出较短的一个：因为已知家庭中有两个女孩，所以作者给出了以上列出的8种可能性中满足条件的4种，它们是$\{000, 100, 010, 001\}$．在这三个孩子中，一个是男孩另外两个是女孩，所以概率是3/4．

文章之后又解决了例题的第二问．作者提醒到，鉴于上述结果，我们预计的概率也应该是3/4．但根据文章这是不正确的．注：我们知道，问题涉及到最后出生的孩子，所以可能的范围应该是$\{001, 000\}$，而现在的概率是1/2，而不是3/4．如上所述，作者认为这是一个令人惊讶的结果，或者说是一个悖论．

作者的解决方案是不正确的，悖论或者令人惊讶的结果也并不存在．作者没有注意到我们没有足够的数据来对这个问题做出明确的回答．首先，我们不能接受建议的解决方案的原因是在问题的定义方式上，这两问的解决方案相互矛盾．如果我们知道家里的孩子是最年轻的，或者排行老二，或者是最年长的，那么答案都是1/2．这是三个独立事件，放在一起就构成所有的可能性．如果这些事件中的每一个的可能性都是1/2，在我们不知道这三个孩子中哪一个在家里时，该问题的答案也是1/2．因此，从我们把1/2作为第二问的正确答案这一事实可以得出的结论是：1/2也是第一问的正确答案．

那么，这篇文章的作者错在哪里了呢？笔者可以简单地声称他被标题中的**条件概率**误导了，有时这在一些书籍中的意思是在事件B发生的条件下，事件A发生的概率（见第40节）．这是对条件概率的概念的误解，因为它忽略了事件B发生的条件．那些阅读过第40节的人会知道，要解决这样的问题，我们必须使用贝叶斯的思维过程. 如果文章作者试图运用贝叶斯方法，他就会发现，如果没有更多的信息，不可能找到一个明确的解决方案（我们在第42节举了一个例子，在选美比赛中6个竞争对手的故事. 一个类似的例子在这篇文章中也被错误地“解决”了）. 正如我们所说，如果数据缺乏，在解决问题时大脑会在不知不觉中提供缺失的部分. 以不同的方式完成图片会产生不同的结果.

我们将提出三种不同版本的图片完善过程. 也就是如何提供丢失的信息，每一个都会产生不同的答案. 第一种，假设在一个家庭有三个孩子，随机选择两个去外面玩. 那么该题两问的答案都是1/2（我们跳过计算）. 第二种，假设在那附近的孩子总是和另一个同性别的孩子玩，也就是男孩和男孩一起玩，女孩与女孩一起玩，如果一个家庭有三个男孩和三个女孩，年龄大的两个孩子一起出去玩. 在这种情况下，在该题的第一问中，留在家里的孩子是男孩的概率为3/4，该题的第二问的概率是1/2，正如我们在结论中所说的（这里我们也省略了计算，但需要注意的是，结论中的计算是正确的）. 第三种是，两个同性别的孩子总是一起出去玩，如果三个孩子同性别，那么去外面玩的孩子是随机选择的. 在这种情况下，该题的两问中，在家里的是男孩的概率都是3/4. 因此，我们看到，问题所提供的信息可以以不同的方式完成，会得到不同的答案. 补充丢失的数据的正确方法是什么？这篇文章的作者在数学公式的使用上出现了问题，他将问题本身未提及的假设（例如，我们上述提到的假设之一）和在公式中未出现的假设混为一谈. 这就是为什么笔者措辞谨慎，指出这篇文章的解决方法是错误的，而没有说文章中的数值答案是错的.（文章的作者只是提及方程，所以很难相信他考虑了各种可能性. 这里有一个重要的教训，任何人在数学中，要先检查是否与情境符合，再去使用数学公式.）

如我们所说，错误的根源在于这样一个事实：根据规定思考不是人脑的自然过程. 这篇文章的作者并没有认识到它，因而也没有发现他自己所得到的矛盾结果的来源. 他更倾向于把直觉所造成的不适看作是一种悖论，一种形式主义可以解释的悖论. 下面我们会看到另外一个类似的例子.

在缺乏清晰、不完整信息这方面，也许最著名例子就是“让我们做笔交易”（Let’s Make a Deal）这个电视游戏节目，其中竞争对手会互相给出智力难题. 以下是问题的确切表述：

假如你是游戏的参与者，节目为你展示了三扇紧闭的门. 有人告诉你，在一扇门后面有一个大奖品，而另外两扇门的后面都是一只山羊，你被邀请去选一扇门. 在打开大奖品或山羊的大门之前，主持人知道门后面是什么，他打开另一扇门，答案是一只山羊，他就会给你一个改变主意的机会，可以选择另一扇门. 你是否值得改变自己的决定，去选择主持人没有打开的门?

这个问题已经引起了大量的话题、讨论和争论. 互联网上充斥着关于这一话题的材料. 这种类似的问题也出现在教科书中，通常会给出一个解决方案，在大多数情况下，都没有表明缺乏的条件. 这个问题缺少的条件是主持人是否必须打开你没有选择的门. 如果他必须这样做，就不难发现，你不会失去，甚至可以为你提供另外一个机会（如果你想增加获奖的概率，你需要知道主持人选择打开的是哪扇门）. 如果他没有义务打开一扇门，正确的答案取决于主持人的意图，而这些不会出现在问题中. 例如，如果你选择了有大奖的大门，而主持人打开了后面有山羊的门，他这样做只是为了愚弄你，那么就不值得你改变选择. [人们接触到节目主持人蒙提·霍尔（Monty Hall），并问他是否有义务打开一扇门. 他的回答是，他不记得了.] 这里日常语言清晰度的缺乏就显而易见了. 许多人确信这个问题的措辞表明主持人必须开门，当然也有持反对意见的人. 大多数书中都忽略了一点，作者只是假设他们头脑中的解释和读者的解释是一致的.

教师以及在教师培训学院的教师忽视了这样一个事实，即当我们教数学时使用的是自然语言，而它并不符合数学逻辑的规则. 在一次会议中，一位数学教育方面的教授表达了数学教师必须知晓哪些事，并抱怨在学生和教师之间所使用的数学语言精度不够，而且他认为老师必须教导学生如何纠正这些错误. 他举了许多例子，包括一个教科书上的定义，其中指出，偶数是那些个位数字是0，2，4，6和8的数. 从他提出这一问题的方式来看，他很清楚，他认为每一个人都会发现这个错误，而在这个定义中我看不出任何精确性的不足. 教授坚持认为这个定义缺乏精确性，因为它会导致数字26.5被认为是偶数. 对于这个问题，在讨论的时候，他并没有解释当自己提到一个数字时，指的是实数还是小数. 在这种情况下，定义显然是不正确的. 然而，当笔者听到数字这个词时，脑海中想到的是整数，所以并没有看到定义中的错误. 这位教授从这本书中引用例子，并批判其语言缺乏精度，笔者并不知道这本书的框架和背景，以及它的阅读群体，但在大多数的例子中，他给出的都是语言模糊或不明确的类型. 显然，他不接受我们使用自然语言描述数学，而且没有办法逃避语言准确性的缺乏这一事实. 这是逻辑规则教学的难点. 逻辑分析不允许缺乏清晰度，但生活语言很大程度上是以直觉和结构的不严密为基础的，这源于人们对效率的渴望. 在我们的日常生活中，常常会以某种方式忽视了逻辑缜密. 父亲警告儿子："如果不吃香蕉，我会惩罚你." 在某些方面，如果他的儿子吃香蕉，就不会受到惩罚，尽管从严格的逻辑方面来讲他并没有做出任何这样的承诺. 但在数学课上，逻辑精确度不容忽视. 我们该如何调和这两个事实？让我们回到概率. 笔者的同事们声称，概率论的逻辑是如此脱离直觉，最好把它完全从中学课程中移除. 笔者很看好这一点. 这是很重要的，我们的确应该并且能够教给学生数学的逻辑基础，包括概率论的逻辑，但是我们也必须知道这是一件很困难的事，而且它不能被直观地传授. 教师和他们在大学里的老师很容易犯错误，如果他们不事先澄清每一个新的练习或者他们遇到的概率问题的逻辑结构的话. 数学是一个直观方法和合情推理的综合. 逻辑方面的意识，以及它们要与其他学科以不同的方式对待是改进数学教学的第一步.

话虽如此，直觉应该可以用于教学，并促进数学的适当部分. 例如，我们在第 4 节中提到过的数列 4，14，23，34，42，50，59，…，自然接下来是 72，这些数字是曼哈顿地铁站所处街道的号码. 数学家莫里斯·克莱因（Morris Kline）有一本关于批评数学教学方面的很有建设意义书，他评论道，教学中以找到这样数列的下一项为例子的类似问题是没有任何逻辑基础的. 当然，这个问题是不恰当的，或者与纽约暂住者无关，但搜索模式深深植根于人的直觉中，这种特性在某种程度上为人类服务，其重要性不能被过分夸大. 这个属性是数学研究本身的基石，同样地，也是值得尊重的，即使该数列的扩展不是来自纯逻辑，也应鼓励发展并且实践. 同样，我们可以利用数感，这一点学生很容易获得. 它是人与生俱来的，应该被加以利用，但是我们必须意识到小学生，或者确切地说是每一个没有学过代数或几何的人，基本没有机会去发展一种对逻辑运算、数学符号或者其他抽象系统的感官或直觉. 对于这一点教师必须警惕，并且应该以此在课程中制订相应的计划.

71. 数学的多面性

正如我们所说，数学教学的目的之一是唤起学生对它的兴趣，首先要做的就是让他们享受学习，还要让那些想要继续学习并在专业领域有所发展，甚至想继续从事高等数学研究的人充分得到所需的数学知识，教学中两者并不会相互冲突. 在此，我们可以找出一个与专业感相关的失败的例子. 比如 6 个盲人描述大象时就是基于他们的触觉，并提出了 6 种完全不同的描述，而数学就像是一头巨大的大象. 如果我们在某一较窄方面提到数学，我们就舍弃了那些对这方面不感兴趣的人，即使他们可能发现“大象”的其他方面很有趣.

首先，我们应该了解和描述数学的各个方面. 笔者承认自己在解决奥林匹克数学（以下简称奥数）中出现的以及需要使用某种技巧解决的这类题方面存在弱点. 与此同时，我们提到了约翰·冯·诺依曼，20 世纪最伟大的数学家之一，他解决问题的方法会被每个参加奥数比赛的竞争对手轻视. 数学问题确实具有通过技巧来解决的方面，但它也具有揭示模式和构建逻辑结构的一方面，当然它在解释自然现象和技术发展中扮演着重要角色，并且它也有历史和哲学的一方面. 所有这些都应该出现在课程中. 学生应该知道，如果数学的某一部分让他们发现困难或感到无聊，他们可能就会发现其另一个部分很有趣. 就像是有些不喜欢古典音乐的人仍然可以享受爵士乐一样.

在学校数学教学中缺乏的主要素材是关于这一学科所拥有的广阔前景. 在很大程度上，学校中的数学已变成了展示数学解题. 面对一个问题，学生必须学会如何找到它和正确的公式之间的联系，然后得出答案. 通过比较或比较思维来思考，这确实是一种人类大脑思考的自然方式，但是由大脑自己构建比较体系和由老师给学生列出必须学习的清单之间存在着巨大的差异. 从下面的阐述可以看出，这超越了学校管辖的范畴.

笔者最近在给数学教师上高等教育课程. 随着考试时间的到来，学生如何备考的问题出现了. 其中一个人（和其他人一样，一个实习教师）看到笔者的教学方法与他习惯的教学模式不同，建议笔者应该给他们一本新的题型，其中只需改动问题的数字！他是认真的. 显然，中学的做法可能是这样，这样做有很多原因，其中一个可能是通过标准的考试对教学与教师的成功与否进行评估. 结果是，学习关注的就是对典型习题的解决技巧，而牺牲了对课程的广泛欣赏，也不会引入其他有趣的和重要的数学内容. 我们不是借题发挥，但只是想强调，这会对数学及学生和他们的未来造成巨大伤害.

当然，如果连教师自己都分不清楚该如何处理好数学的认知基础，就不可能扩展数学教学的范畴，并将其变成一个有趣的研究领域. 每个人都会犯错误！如果一个历史系学生对某一事件给出错误的日期，或者一个化学系学生误认了化合物中的某种化学物质，那么教师不会就此得出结论说学生不理解历史或化学．在数学中，如果学生没有正确回答问题，就会被认为他没有好好理解．这种偏见是有害的．对于申请进入笔者所在工作机构的人应该问哪些问题，笔者与同事一直有争议．有些人要求申请人进行数学练习，并考查他们解决问题的程度．笔者强烈反对，并向同事解释，他们总是问自己已经知晓答案的问题．成功完成练习，特别是在考试中，只是数学能力的一个非常小且不太重要的部分．

最后，笔者对数学教学所表达的观点是基于多年来跟踪这个领域的发展和活动以及对这个主题的兴趣．笔者所描述的缺陷只是教育系统所存在问题中的一小部分．笔者没有提到物质方面的困难，例如过度拥挤的教室，或一些教师缺乏动力，等等．但是，对课程方面可以并且应该进行适当地改进．要成功地教数学，教师必须意识到良好的直觉和数学的逻辑结构互相冲突时所产生的困难．教师应该设计出特殊的教学方法来传授分析数学的逻辑和非直观方面的能力，同时还不应该指望学生发展这种对材料的直观能力．连同数学在许多方面所起作用的广泛认可及其在人类文化中的重要角色，它最终可以摆脱掉是学校中最难科目的名声，当然我们也不会过多地期待它被认为是最有趣的科目．

* * *

后　记

读者可能已经注意到了我在本书中反复强调的观点，即进化并没有为我们准备出一个完美无误的严格分析和讨论. 因此，我也希望各位读者能够以这种精神来对待你们在本书中发现的任何错误.

参考文献

笔者对书中观点及事实负全责. 尽管如此，在写作过程中还是免不了会参考大量的资料，其中就包括了以下参考文献. 感兴趣的读者不但可以从这些参考文献中发现一些受欢迎的文章，还可以延伸到其他主题的书籍以及与此有关的人物.

Aczel, Amir D. *The Mystery of the Aleph: Mathematics, the Kabbalah, and the Search for Infinity*. New York: Washington Square Press, 2000.

———. *Descartes's Secret Notebook: A True Tale of Mathematics, Mysticism, and the Quest to Understand the Universe*. New York: Broadway Books, 2005.

Adams, William J. *The Life and Times of the Central Limit Theorem*. 2nd ed. Providence, RI: American Mathematical Society, 2009.

Bertsch McGrayne, Sharon. *The Theory That Would Not Die: How Bayes' Rule Cracked the Enigma Code, Hunted down Russian Submarines, and Emerged Triumphant from Two Centuries of Controversy*. New Haven, CT: Yale University Press, 2011.

Bochner, Salomon. *The Role of Mathematics in the Rise of Science*. Princeton, NJ: Princeton University Press, 1966.

Blackmore, Susan. *The Meme Machine*. Oxford: Oxford University Press, 1999.

Boyer, Carl B. *The History of the Calculus and Its Conceptual Development*. New York: Dover Publications, 1959.

Cohen, Bernard I. *The Birth of a New Physics*. Revised and updated. New York: W. W. Norton, 1985.

Coyne, Jerry A. *Why Evolution Is True*. New York: Viking Penguin Group, 2009.

Crease, Robert P. *The Great Equations: Breakthroughs in Science from Pythagoras to Heisenberg*. New York: W. W. Norton, 2009.

Davis, Philip J., and Reuben Hersh. *The Mathematical Experience*. Boston: Houghton Mifflin, Birkhäuser, 1981.

Dehaene, Stanislas. *The Number Sense: How the Mind Creates Mathematics*. Oxford: Oxford University Press, 1997.

Devlin, Keith. *The Math Gene: How Mathematical Thinking Evolved and Why Numbers Are Like Gossip*. New York: Basic Books, Perseus Books Group. 2000.

———. *The Unfinished Game: Pascal, Fermat, and the Seventeenth-Century Letter That Made the World Modern*. New York: Basic Books, Perseus Books

Group, 2008.

Dixit, Avinash K., and Barry J. Nalebuff. *The Art of Strategy: A Game Theorist's Guide to Success in Business and Life*. New York: W. W. Norton, 2008.

Drake, Stillman. *Galileo: A Very Short Introduction*. Oxford: Oxford University Press, 1980.

du Sautoy, Marcus. *The Music of the Primes: Searching to Solve the Greatest Mystery in Mathematics*. New York: HarperCollins, 2003.

———. *Symmetry: A Journey into the Patterns of Nature*. New York: HarperCollins, 2008.

Ekeland, Ivar. *Mathematics and the Unexpected*. Chicago: University of Chicago Press, 1988.

Eves, Howard. *An Introduction to the History of Mathematics*. 3rd ed. New York: Holt, Rinehart and Winston, 1969.

Forbes, Nancy, and Basil Mahon. *Faraday, Maxwell, and the Electromagnetic Field: How Two Men Revolutionized Physics*. Amherst, NY: Prometheus Books, 2014.

Gessen, Masha. *Perfect Rigor: A Genius and the Mathematical Breakthrough of the Century*. Boston: Houghton Mifflin Harcourt, 2009.

Gigerenzer, Gerd. *Reckoning with Risk: Learning to Live with Uncertainty*. London: Penguin Books, 2002.

Hacking, Ian. *The Emergence of Probability*. 2nd ed. Cambridge: Cambridge University Press, 2006.

Harel, David. *Computers Ltd.: What They Really Can't Do*. Oxford: Oxford University Press, 2000.

Harel, David, with Yishai Feldman. *Algorithmics: The Spirit of Computing*. 3rd ed. Harlow, UK: Addison-Wesley, Pearson Education, 2004.

Hoffman, Paul. *The Man Who Loved Only Numbers: The Story of Paul Erdős and the Search for Mathematical Truth*. New York: Hyperion, 1998.

Huntly, H. E. *The Divine Proportion: A Study in Mathematical Beauty*. New York: Dover Publications, 1970.

Isaacson, Walter. *Einstein: His Life and Universe*. New York: Simon and Schuster, 2007.

Israel, Georgio, and Ana Millán Gasca. *The World as a Mathematical Game: John von Neumann and Twentieth Century Science*. Boston: Birkhäuser, 2009.

Kahneman, Daniel. *Thinking, Fast and Slow*. New York: Farrar, Straus and Giroux, 2011.

Kline, Morris. *Mathematical Thought from Ancient to Modern Times*. Oxford: Oxford University Press, 1972.

———. *Why Johnny Can't Add: The Failure of the New Math*. New York: St. Martin's Press, 1973.

———. *Mathematics: The Loss of Certainty*. Oxford: Oxford University Press, 1980.

———. *Mathematics and the Search for Knowledge*. Oxford: Oxford University Press, 1985.

Koestler, Arthur. *The Watershed: A Biography of Johannes Kepler*. London: Heinemann Educational, 1961.

Lanczos, Cornelius. *The Einstein Decade (1905–1915)*. New York: Academic Press, 1974.

Liberman, Varda, and Amos Tversky. *Statistical Reasoning and Intuitive Judgment* (in Hebrew). Tel Aviv: Open University of Israel, 1996.

Livio, Mario. *The Golden Ratio: The Story Phi, the World's Most Astonishing Number*. New York: Broadway Books, 2002.

Magee, Bryan. *The Great Philosophers: An Introduction to Western Philosophy*. Oxford: Oxford University Press, 1987.

Mahon, Basil. *The Man Who Changed Everything: The Life of James Clerk Maxwell*. Chichester, UK: John Wiley and Sons, 2003.

Mangel, Marc, and Colin W. Clark. *Dynamic Modeling in Behavioral Ecology*. Princeton, NJ: Princeton University Press, 1988.

Monk, Ray. *Russell*. London: Phoenix, 1987.

Nagel, Ernest, and James R. Newman. *Gödel's Proof*. New York: New York University Press, 1960.

Ne'eman, Yuval, and Yoram Kirsh. *The Particle Hunters: The Search after the Fundamental Constituents of Matter* (in Hebrew). Tel Aviv: Massada, 1983.

Netz, Reviel, and William Noel. *The Archimedes Codex: Revealing the Secrets of the World's Greatest Palimpsest*. London: Phoenix, 2007.

Rudman, Peter S. *How Mathematics Happened: The First 50,000 Years*. Amherst, NY: Prometheus Books, 2007.

Ruelle, David. *The Mathematician's Brain*. Princeton, NJ: Princeton University Press, 2007.

Saari, Donald G. *Decisions and Elections: Expecting the Unexpected*. Cambridge: Cambridge University Press, 2001.

Singh, Simon. *Fermat's Last Theorem: The Story of a Riddle That Confounded the World's Greatest Minds for 358 Years*. London: Fourth Estate, 1998.

———. *The Code Book: The Science of Secrecy from Ancient Egypt to Quantum Cryptography*. New York: Anchor Books, Random House, 2000.

Swetz, Frank J., and T. I. Kao. *Was Pythagoras Chinese?* University Park: Penn-

sylvania State University Press, 1977.
van der Warden, B. L. *Science Awakening*. Translated into English by Arnold Dresden. Groningen: Noordhoff, 1954.
Wilson, Robin. *Four Colors Suffice: How the Map Problem Was Solved*. Princeton, NJ: Princeton University Press, 2002.
Yavetz, Ido. *Wandering Stars and Ethereal Spheres: Landmarks in the History of Greek Astronomy* (in Hebrew). Or Yehuda, Israel: Kinneret, Zmora-Bitan, Dvir, 2010.